RÉFUTATION

DU

SYSTÈME DE COPERNIC

EXPOSÉ EN DIX-SEPT LETTRES

QUI ONT ÉTÉ ADRESSÉES A FEU M. LE VERRIER

TROIS RÉPONSES DE L'ASTONOME ÉCLAIRÉ

LE TOUT ACCOMPAGNÉ DE NOTES ET DE FIGURES EXPLICATIVES

PAR

Pietro SINDICO

Artiste Peintre

PARIS

ALPHONSE LEMERRE, ÉDITEUR

27-31, Passage Choiseul

—

1878

RÉFUTATION

DU

SYSTÈME DE COPERNIC

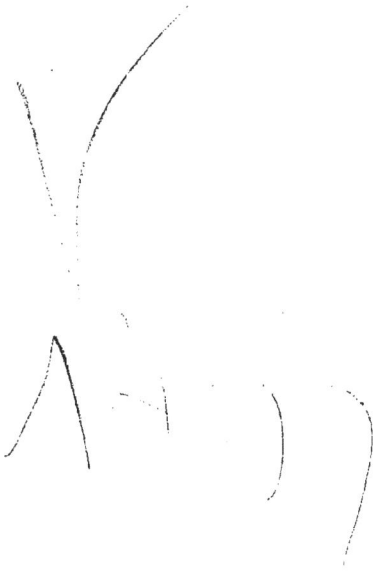

RÉFUTATION

DU

SYSTÈME DE COPERNIC

EXPOSÉ EN DIX-SEPT LETTRES

QUI ONT ÉTÉ ADRESSÉES A FEU M. LE VERRIER

TROIS RÉPONSES DE L'ASTONOME ÉCLAIRÉ

LE TOUT ACCOMPAGNÉ DE NOTES ET DE FIGURES EXPLICATIVES

PAR

Pietro SINDICO

Artiste Peintre

PARIS

ALPHONSE LEMERRE, ÉDITEUR

27-31, Passage Choiseul

1878

AVIGNON

IMPRIMERIE SEGUIN FRÈRES

—

1878

AVIS DE L'AUTEUR

La perte que vient de faire la science dans la personne de l'illustre et regrettable astronome, Monsieur Le Verrier, rendrait inutile cette publication, si la matière que contiennent les lettres que j'ai eu l'honneur d'adresser au savant Directeur n'avait pour but des éclaircissements sur le système de Copernic adopté par la science comme le seul qui représente le vrai système du Ciel.

Toutefois, comme les quelques éclaircissements reçus par un effet de sa bonté n'ont pas complétement résolu les questions posées, lesquelles n'étaient qu'une suite des objections contraires à ce système, j'ose espérer que cette publication tardive sera pourtant accueillie avec bienveillance par tous ceux qui voudront bien s'y intéresser.

Étranger à la langue française, qui m'est peu familière, je crois devoir réclamer ici l'indulgence du lecteur pour les imperfections qu'il remarquera dans cet ouvrage, écrit par un Italien.

PIETRO SINDICO.

ERRATA

RÉFUTATION

DU

SYSTÈME DE COPERNIC

Il y a dix ans environ que je fais partie de la Société scientifique dont Monsieur Leverrier était le président et le promoteur.

Depuis longtemps j'avais remarqué que certaines théories coperniciennes ne s'accordent pas toujours avec les phéno-mènes célestes. Comme je désirais m'éclairer sur cette ma-tière, rien n'était plus naturel que de m'adresser à notre il-lustre Président, mais j'avoue qu'alors l'idée ne m'en vint pas, et d'ailleurs je ne l'aurais osé. Ce ne fut qu'en 1871 que, poussé par l'empressement avec lequel notre prési-dent nous a tous conviés à la collaboration du bulletin de la Société, je me décidai à communiquer au célèbre astro-nome les observations que j'ai développées dans ces lettres. C'est M. Tarry, qui a profité le premier de l'innovation de M. Leverrier, et voici en quels termes il s'est exprimé :

1

Lettre de M. Tarry, Inspecteur des finances.

Nantes.

Monsieur le Président,

« Vous rappelez dans l'un de nos derniers bulletins (tome VIII, page 317) que ce sont les membres de l'Association qui doivent en fournir la substance, et que vous avez souvent demandé leur collaboration sans l'obtenir.

» Sensible à ce reproche, je ne veux pas tarder pour ma part à le mériter un seul jour, et je vous envoie un article que me suggère la note de M. Collomb, que je lis à l'instant.

» Quelque originale que puisse paraître, au premier abord, l'idée que j'ai exposée, elle répond si bien aux conclusions du travail que je viens de lire et à celles d'un mémoire lu cette semaine à l'Académie, que son opportunité (puisque la question est discutée) la fera peut-être admettre par vous. Seulement, comme pour faire passer une hypothèse qui heurte si carrément les idées reçues, j'ai cru devoir entrer dans des développements assez longs, il serait peut-être nécessaire de couper l'article en deux. »

Dans le *Bulletin*, cette lettre est suivie de la note que voici :

« Note. — Nous donnerons l'article que veut bien nous transmettre notre collaborateur, et qui est intitulé : *Le Pôle antarctique*. Et puisqu'il somme les astronomes d'en dire leur avis, nous le dirons en peu de mots. »

L'insertion du travail de M. Tarry dans le *Bulletin* me

décida à prendre la plume à mon tour, et j'écrivis à **M. Le-**
verrier la lettre suivante :

Paris, 7 novembre 1871.

MONSIEUR LE PRÉSIDENT,

J'ai lu dans le *Bulletin* hebdomadaire, n° 198, les lignes
suivantes :

« Le *Bulletin* n'a pas de rédacteur, ou plutôt il a pour
rédacteurs tous les membres de l'Association. C'est à eux
qu'il appartient d'en fournir les articles, et, s'ils veulent
bien, chacun dans sa spécialité, donner les revues intéressantes dont parle M. Follie, nous en profiterons tous ; le
Président l'a souvent demandé, mais sans l'obtenir. »

Eh bien ! Monsieur le Président, pour ma part, je serais disposé à présenter quelques remarques sur le système de Copernic, qu'on a adopté comme le seul qui ait été construit
conformément au véritable système du ciel. Si ma collaboration est acceptée, j'oserai vous faire part de mes observations, qui sont, à vrai dire, en désaccord avec les théories
reçues.

Veuillez, Monsieur le Président, agréer l'assurance de ma
considération la plus distinguée.

Maintenant, voici ce qu'écrivait **M.** le commandant
Follie dans le *Bulletin*, n°.....

Limoges, 11 septembre.

« Je souhaitais que le *Bulletin* fût plus complet, qu'il publiât d'abord les œuves des sociétaires, ou du moins l'analyse de leurs travaux ; mais, en plus, qu'il rendît compte de tous les faits importants que chacun serait heureux de connaître. »

Ce programme est bien conçu, il porte l'empreinte de cet esprit large et fécond qui devrait animer notre Société, dont le but est le progrès des sciences ; malheureusement on ne l'a jamais réalisé.

Dès ma première lettre on me fit sentir qu'on avait de l'éloignement pour mes idées, et l'on m'opposa des réserves que le *Bulletin*, n° 211, formule ainsi :

« M. Sindico demande si le *Bulletin* admettra des articles en désaccord avec les théories reçues. En présence du doute qu'il émet lui-même, il comprendra notre réserve. Nul article n'est refusé par le Président sans qu'il en réfère à la commission scientifique. »

Exclusivement préoccupé de l'importance de mon sujet, je fis abstraction de ces réticences et du résultat éventuel de ma polémique : j'envoyai, le 23 novembre, à M. Leverrier mon premier article sous forme de lettre. Le voici :

MONSIEUR LE PRÉSIDENT,

Comptant sur votre bienveillance, je prends la liberté de vous soumettre ces observations qui forment la matière d'une première étude. Comme le but que se propose notre Association est le progrès de la science, et que ce progrès tient essentiellement à la discussion des théories, quels que soient leur vogue et leur crédit, j'ose espérer que la Commission scientifique ne verra aucun inconvénient à ce que mon étude soit insérée dans notre *Bulletin*.

Si je me trompe, la démonstration de mes erreurs servira à confirmer une fois de plus, la vérité du système copernicien.

Ma première objection a trait au parallélisme constant de l'axe terrestre.

On sait que ce phénomène a été supposé, afin d'expliquer convenablement la succession des saisons, car pas de parallélisme, pas de saisons, et, sans saisons, que devient la révolution de la terre autour du soleil ?

Au dire de Lalande, le parallélisme de l'axe de la terre n'est point un mouvement particulier, comme le suppose M. Tycho : c'est une situation de l'axe qui ne change point, parce qu'il n'y a aucune cause qui le fait changer ; il suffit que l'axe ait été dirigé une fois vers un point du ciel, pour qu'il continue d'y être toujours dirigé, quoique la Terre ait un mouvement annuel suivant une certaine direction.

Ce ne sont là que des mots, car l'existence du phénomène que notre astronome suppose n'est nullement démontrée. En effet, plus loin il ajoute :

« Les planètes décrivent des ellipses et non des lignes droites ; elles courbent sans cesse leur route du côté du soleil, et reviennent, après une révolution, reprendre la même route et à la même distance du soleil. Il y a donc dans le soleil une force capable de détourner à chaque instant une planète de la ligne droite qu'elle venait de décrire l'instant précédent. Un corps poussé à la fois par deux forces différentes, dont les directions font un angle, et dont chacune pourrait

lui faire parcourir en une minute un des côtés d'un parallélogramme, en décrira la diagonale dans la même minute. »

Or, qu'est-ce que l'axe de la Terre ? N'est-ce pas une ligne imaginaire qu'on fait passer par le centre du globe, et
qui, par cela même, fait partie intégrante de sa masse ? Il
est donc évident que cet axe devra, de toute nécessité, suivre avec la Terre les diagonales des forces qui relèvent de
la force centrale du soleil et de la force initiale de la
Terre.

Cela posé, il s'ensuit que le parallélisme de l'axe ne pourrait pas avoir lieu. Pour l'obtenir, il faudrait une troisième
force qui guidât et maintînt le centre de la Terre avec son
axe incliné, constamment parallèle à la direction primor-
diale.

En effet Lalande, sans s'en douter, nous présente la troisième force nécessaire à l'accomplissement du phénomène
en question, lorsqu'il propose de représenter par des machines le mouvement annuel de la Terre autour du soleil,
et le mouvement diurne sur son axe constamment parallèle
à lui-même.

« Il suffit, dit-il, pour représenter le parallélisme de l'axe
de la Terre, que son axe soit placé fixement sur une poulie, qu'au centre du soleil on ait placé une poulie égale à
l'autre, avec un cordon sans fin qui passe sur ces deux poulies, en les serrant l'une contre l'autre. Alors on pourra faire
tourner la terre tout autour du soleil, sans que son axe cesse
d'être incliné et dirigé vers la même région du ciel et parallèle à lui-même. »

D'après cette hypothèse, le cordon glissant sur des poulies fixées au globe de la Terre et à celui du soleil figure-
rait la troisième force directrice. Mais, comme la Terre
se trouve isolée dans l'espace, sans cordon ni poulies, et

qu'elle est libre de ses mouvements, les machines de La-lande ne sauraient représenter, sous aucun rapport, le phénomène du parallélisme.

On peut en dire autant des expériences dont parle Arago dans son astronomie : les conditions imaginées pour repré-senter le phénomène en question ne sont nullement celles qui conviennent à la Terre planant dans le ciel sans appui. Elle n'est pas non plus transportée en bloc avec une partie du milieu où elle nage. Enfin sa circulation autour du soleil n'est point instantanée, puisque, selon les Coper-niciens, elle met un an à l'accomplir. Cela n'empêche pas Arago de prétendre, après avoir décrit ses expériences, que le parallélisme de l'axe de la Terre, pendant le mouvement de circulation de notre globe autour du soleil, loin d'exi-ger l'action d'une force qui le rétablisse sans cesse, est un phénomène conforme aux lois de la mécanique.

N'ayant pas connaissance exacte de ces lois, puisque Arago ne donne aucune explication, je serais vraiment cu-rieux de les voir agir sur quelque corps terrestre, mais dans des conditions identiques à celles qu'on suppose régir les mouvements de la Terre.

Maintes fois j'ai examiné les mouvements des aérostats planant dans l'atmosphère, et j'ai vu que, lorsqu'un bal-lon marche presque en ligne droite, et avec un mouvement de rotation, son axe, quoique incliné, conserve toujours son parallélisme ; mais dès que, par une ondulation atmos-phérique, le mouvement direct du ballon se change en un mouvement circulaire, l'axe perd tout de suite son paral-lélisme et l'un de ses bouts se dirige constamment vers le centre du mouvement de révolution.

Ici je m'arrête et je me réserve de vous adresser, si vous le permettez bien, M. le Président, quelques observations

géométriques concernant la position inclinée de l'axe terrestre et son parallélisme, qui, en l'admettant, empêcherait
selon moi la production journalière de certains phénomènes célestes.

Agréez, Monsieur le Président, etc.

Maintenant, voici comment Arago raconte les expériences
auxquelles j'ai fait allusion.

Cette lettre est restée sans réponse.

« Galilée montra, par une expérience très-ingénieuse,
l'indépendance des deux mouvements de la Terre : il prouva,
dans son troisième dialogue, qu'une sphère peut être douée
d'un mouvement de révolution plus ou moins rapide autour d'un centre éloigné, sans cesser de rester parallèle à
elle-même. Pour cela, ayant placé une sphère dans un vase
rempli d'eau, il prit ce vase dans sa main, et, le bras tendu,
il lui donna un prompt mouvement de révolution autour
de sa personne, en tournant sur ses talons. Ce mouvement
de rotation n'empêcha pas les parties de la sphère flottante
de rester toujours dirigées vers les mêmes régions de l'espace. »

Or, je le demande à toute personne sensée, cette expérience donne-t-elle l'expression exacte des mouvements de
rotation et de révolution librement exécutés par la Terre ?
Est-ce que la terre se trouve véritablement dans un vase
céleste, où elle demeure immobile, pendant qu'elle est transportée avec son vase et le liquide autour du soleil par un
mouvement de rotation rapide ? s'il en était ainsi, la conséquence qui en découlerait serait tout à fait contraire à celle

que Galilée voulait en déduire, c'est-à-dire que la Terre se trouverait privée du mouvement de rotation et de révolution à la fois, puisqu'on voit ce dernier mouvement s'accomplir par Galilée, et non librement par la sphère qui reste immobile au milieu de l'eau. Et cette immobilité est due au mouvement rapide du vase, qui ne permet pas au liquide, qui glisse sur les parois, de communiquer un mouvement quelconque à la sphère. Ainsi, une balle de fusil, animée d'une grande vitesse, peut traverser nettement une glace suspendue en l'air sans que cette dernière éprouve le moindre déplacement. Pour que le mouvement soit communiqué à toutes les particules d'un corps, il faut toujours un certain temps, et il en faut bien davantage pour une sphère flottant sur l'eau, car ce qui, en pareil cas, est avant tout nécessaire, c'est que les molécules du liquide soient mises en circulation pour qu'elles puissent communiquer leur mouvement à la sphère, et ensuite la diriger sur la ligne de leur parcours, et la forcer ainsi graduellement à effectuer une révolution entière sur la surface du liquide. C'est alors que je serais curieux de voir comment se comporterait l'axe de cette sphère incliné sur l'eau, par rapport à l'espace qui l'entourerait.

Passons à la seconde expérience qu'Arago a tirée d'un ouvrage de Bouguer.

« Supposons qu'un corps, dit-il, d'une forme quelconque, soit soutenu par une pointe très-fixe passant par son centre de gravité, et que cette pointe repose sur un plan de métal bien lisse. Cela étant admis, supposons que l'on donne à ce plan un mouvement de révolution autour d'un centre, soit en le transportant dans toutes les parties d'une grande salle, soit en le tenant à bras tendu à une certaine distance de l'observateur, qui alors tournerait sur lui-même, et serait le centre de révolution du plateau. Eh bien ! dans ces deux cas, une ligne quelconque, menée par deux points opposés du corps supporté par la pointe aiguë, restera parallèle à elle-même ou sera dirigée vers les mêmes régions, au lieu de pointer au centre de l'appartement où l'expérience s'est faite, où au corps de l'observateur tournant sur lui-même. »

Cette seconde expérience qui, sous une autre forme, n'est qu'une répétition de la première, n'a aucun rapport avec l'indépendance des deux mouvements de la Terre, indépendance que Galilée d'abord et Arago ensuite ont cru avoir démontrée. En effet, on voit dans ces deux expériences des corps immobilisés, tandis qu'ils devraient avoir un mouvement de rotation sur leur axe, pendant qu'ils tourneraient autour d'un centre. C'eût été là le seul moyen de prouver que les anciens philosophes eurent le tort de croire qu'un corps ne pouvait tourner autour d'un centre que s'il était soutenu par un corps solide. En même temps, Arago aurait prouvé que seulement quand les notions de mécanique se furent perfectionnées, on vit que le mouvement de circulation d'une sphère autour d'un centre et son mouvement de rotation sur elle-même sont tout à fait indépendants l'un de l'autre.

Quoiqu'il en soit, Francœur, qui probablement n'avait pas encore perfectionné autant qu'Arago ses connaissances en matière de mécanique, soutient que, à l'égard des deux mouvements de la Terre, sa rotation diurne sur son axe et sa translation annuelle dans l'écliptique, loin de regarder cette double action comme une complication, on devrait reconnaître que la translation était la conséquence des principes de mécanique qui ont pu engendrer la rotation.

Décidément, voilà des principes de mécanique, professés

par Francœur, diamétralement opposés à ceux que professait Arago.

Mais revenons à ma lettre. J'ai déjà dit qu'elle resta sans réponse. Cependant on m'en fit une, mais indirectement, par une note insérée dans notre *Bulletin*, n° 216, au sujet de l'article de M. Tarry. Cette note était ainsi conçue :

« Lorsque nous avons reçu l'article intitulé : *Le Pôle au Sahara,* nous avons hésité à l'imprimer, prévoyant qu'il amènerait une suite de correspondances contradictoires. C'est ce qui arrive.

« Nous prions nos correspondants de vouloir bien considérer que ces questions ont été traitées antérieurement d'une façon plus approfondie, et que rien ne permet, dans l'état avancé de la science, d'admettre un déplacement de l'axe terrestre à la surface de la Terre. Les observations les plus précises ne laissent apercevoir aucun changement, même le plus minime, dans les latitudes. D'autre part, quand on soumet la question à l'analyse, en tenant compte de toutes les forces connues, on reconnaît que l'axe du monde est invariable. D'où il faut conclure, avec d'éminents géologues, que les faits observés dans le Sahara ne sont pas dus à des glaciers. »

Je ferai d'abord remarquer que, du moment qu'on appelait les membres de la Société à fournir, chacun dans sa spécialité, les articles du bulletin, il fallait s'attendre à recevoir des correspondances contradictoires ; que, si l'on était décidé à repousser toute idée nouvelle, toute hypothèse en opposition avec les théories reçues, peut-être eût-il mieux valu se passer de la collaboration des sociétaires. On dit souvent : du choc de la discussion jaillit la lumière. Or la discussion n'est que le moyen, le but, c'est la lumière et ce n'est pas là ce que s'est proposé notre société, qui a été

ondée en vue du progrès des sciences ? Ce qu'il y a de plus
fâcheux, c'est la pensée bien arrêtée de ne pas avoir de
contradicteurs, ce que la note tend à faire comprendre, à l'occasion de l'article de M. Tarry. On a voulu couper court à
toute polémique qui heurterait les théories et les principes
établis.

Malgré cela, à l'occasion de la publication de l'article
concernant le pôle au Sahara, la Commission scientifique
éprouva le besoin de donner son avis, en disant que : « Rien
ne permet d'admettre un déplacement de l'axe terrestre à la
surface de la Terre. »

Mais alors pourquoi n'a-t-elle pas aussi trouvé bon d'ex-
primer son opinion sur une question bien plus capitale, à
savoir si l'axe de notre planète est, oui ou non, constamment parallèle à lui-même pendant son cours annuel autour du Soleil ?

Et pourtant tout es-là, car le parallélisme de l'axe terrestre est la base du système copernicien. Au lieu de répondre catégoriquement à ce sujet, la Commission scientifique a préféré terminer sa note par les lignes suivantes :

« Des aperçus vagues, des discussions incomplètes, des
conceptions de l'imagination plus ou moins heureuses ne
feraient pas avancer la science ; à moins donc qu'on ne discute sérieusement les travaux de Laplace, de Poisson, de
Besset, etc); à moins qu'on ne prouve que ces grands savants
ont erré, nous ne voyons aucune raison de donner suite à
ces discussions. »

Moi aussi je ne vois aucune raison de discuter sérieusement les travaux de ces grands savants, afin de savoir si dans
le ciel il y a quelque phénomène assez important qui puisse

donner la preuve matérielle du parallélisme constant de l'axe terrestre.

Il paraît que la Commission ne se doutait pas que raisonner ainsi, c'était faire un cercle vicieux, car elle avance comme prouvé ce dont on lui demande la preuve. Au lieu d'invoquer l'autorité des grands savants, pourquoi n'a-t-elle pas démontré, preuves en main, l'existence du phénomène controversé ? Elle se serait ainsi débarrassée de toute discussion ultérieure, et, du même coup, elle aurait prouvé que, sur ce point, Laplace, Poisson, Besset, etc., étaient parfaitement dans le vrai. Que si ces grands savants, pas plus que la Commission, n'ont fourni aucune preuve positive à l'appui de leurs hyppothèses, leur autorité tombe, et leurs écrits ne prouvent rien.

Ce qu'il y a de mieux à faire pour la science, c'est d'établir les théories sur des faits matériellement constatés. Animé de ces principes, j'adressai, le 7 janvier 1872, à M. Leverrier, la lettre suivante :

MONSIEUR LE PRÉSIDENT,

J'espérais obtenir une réponse à ma lettre du 29 novembre dernier, ainsi que j'ai eu l'honneur d'en recevoir une par le bulletin n° 211, lors de ma première lettre du 7 du même mois, et comme j'en vois donner aux autres associés.

Peut-être a-t-on cru me faire une réponse indirecte par la note du bulletin n° 206, où il est dit que : « A moins de discuter sérieusement les travaux de Laplace, de Poisson, Bresset, etc., on ne voit aucune raison de donner suite à la discussion des théories reçues. »

Loin de moi la pensée de discuter les travaux de ces grands savants ; ce que je me propose, ce qui me suffit, c'est de vérifier, par des faits palpables et à la portée de tout le monde, la vérité des théories établies et leur conformité aux lois immuables de la nature. Car enfin, pour ne parler que de Laplace, qu'a-t-il dit au sujet du parallélisme de l'axe terrestre ? qu'a-t-il ajouté d'important aux principes exposés par tous les astronomes coperniciens ? Je n'y vois que des calculs dont aucun ne saurait empêcher la déviation de l'axe terrestre de sa position primitive, comme conséquence inévitable du parallélogramme des forces, en admettant que ce principe soit vrai et qu'il s'accorde également avec l'énoncé suivant de Laplace : « Un corps qui décrit une courbe quelconque tend à s'en écarter par la tangente.

Je veux bien supposer, comme possible, que la seule force initiale de la Terre T, dans la direction c d, par exemple (fig. I), soit suffisante pour maintenir la position constante de l'axe a b, pendant sa révolution sur l'écliptique T, T', T", mais il arrivera toujours un moment où la Terre parvenue en T''', sa force initiale T''' V étant encore parallèle à c d, cette force se dirigera alors dans le sens exact du rayon recteur S T''', qui représente la direction de la force attractive du Soleil S, agissant sur la terre au point T''', ce qui fera que, malgré les plus rigoureux calculs, la Terre T''', par sa force initiale T''' V, combinée en même temps avec la force d'attraction S T''' du Soleil, serait lancée à toute vitesse vers le centre de l'astre lumineux.

C'est pour cela, sans doute, que par la théorie de la figure des comètes, publiée dans notre bulletin n° 215, M. Faye cherche à démontrer l'existence d'une force répulsive dans le Soleil, indépendamment de sa force attractive, afin, probablement, d'ôter de la théorie du parallélisme l'inconvénient de faire tomber la Terre et toutes les planètes vers leur centre de gravitation.

Pourquoi ne chercherait-on pas, par des observations assidues, à mettre d'accord les théories astronomiques avec les phénomènes célestes ? En attendant l'honneur d'une réponse, je vous prie, Monsieur le Président, d'agréer les sentiments de ma parfaite considération.

Le bulletin n° 219 daigna faire mention de cette lettre en ces termes :

« M. Sindico nous adresse une nouvelle lettre au sujet du parallélisme de l'axe terrestre. Cette lettre est renvoyée à la Commission scientifique. »

C'est-à-dire jetée dans le panier ! Mais cela ne contribuera guère à mettre d'accord la théorie du parallélisme et celle du parallélogramme des forces, laquelle a été définie par Arago même de la manière suivante :

« Lorsqu'un corps reçoit simultanément une impulsion suivant deux directions non concordantes, le corps se mouvra alors dans la direction intermédiaire. Cette proposition constitue ce qu'on appelle le principe du parallélogramme des forces.

» Et Francœur, dans son uranographie, disait que, si une impulsion agit sur un corps que n'arrête aucune résistance, que n'anime aucune force, le mouvement sera éternel, uniforme et rectiligne, c'est-à-dire que le corps décrira une droite indéfinie avec une vitesse constante. Si donc les planètes circulent dans les ellipses, ces corps ne peuvent être mus de la sorte en vertu d'une impulsion unique : il faut qu'une puissance soit sans cesse en activité pour les écarter de la direction rectiligne, et les ramener vers le soleil, dont elles s'éloigneraient à toute distance, sans cette cause qui balance leur force centrifuge. »

Nous voilà mis au fait de la théorie. On nous apprend que la Terre doit s'écarter sans cesse de sa direction rectiligne, afin de décrire un cercle autour du Soleil, qui est la puissance attractive du système copernicien. Francœur, à l'appui de cette théorie, donne cette démonstration géométrique.

« Soit en **M** (fig. 28) un mobile qui décrit uniformément la droite **M B** : imaginons qu'arrivé en **A**, il reçoive un choc qui le porte vers **S**, en sorte qu'il soit animé de deux forces, l'une selon **A A'**, résultat de son mouvement actuel, l'autre selon **A S**, produite par un choc. On sait par les principes de la Dynamique que ce mobile prendra une route intermédiaire **A C**, qu'on détermine par cette construction : prenez les parties **A B** et **A P**, telles que, si le mobile n'eût été sollicité que par l'une ou l'autre impulsion, il eût décrit ces parties dans des temps égaux ; achevez le parallélogramme **A B C P**, le mobile, par l'action simultanée des deux forces, décrira la diagonale **A C**, et parviendra en **C** dans le même temps qu'il eût employé pour arriver en **B** ou en **P**. Le mobile décrira donc uniformément la droite **A D** avec la vitesse **A C** ; mais en **C**, une nouvelle impulsion le pousse sur **S**, le mouvement changera encore, et un deuxième parallélogramme **D Q** donne la direction **C E** et la vitesse. une troisième impulsion **E R** produit un troisième changement et le mobile décrit **E F**, et ainsi de suite. Le corps parcourra donc un polygone **M, A, C, E, F, G**, en vertu d'une impulsion primitive, modifiée par une suite d'impulsions dirigées vers le centre fixe **S**, et exercées à des intervalles de temps égaux. Lorsque l'attraction s'exerce continuellement, on est conduit, conformément à la première loi de Klépler, à la notion du mouvement curviligne. Que les forces centrales cessent tout à conp leur action, le mobile décrira avec une vitesse constante le prolongement indéfini du dernier côté du polygone. Ainsi à l'instant même où la force attractive serait détruite, les corps s'échapperaient par les tengentes A, D, C, E, E, F, etc. en reprenant le mouvement rectiligne et uniforme. »

Il s'ensuivrait alors, comme conséquence inévitable du parallélogramme des forces que l'impulsion primitive MB de la Terre étant modifiée par l'attraction continuelle du Soleil, notre globe serait forcé de changer à chaque instant la direction de ses mouvements antécédents pour suivre les côtés du polygone M, A, C, E, F, G, etc., par les trajectoires C E, E F, F G, etc. Dans ce cas il est certain que l'axe de la terre, comme partie intégrante de celle-ci, devra, lui aussi, suivre tous les changements de position que la Terre accomplit autour du soleil sur son orbe polygone, de sorte qu'en un an, l'un des pôles de l'axe décrira nécessairement, en dedans de l'orbite, un cercle autour de l'astre lumineux, centre d'attraction.

Il paraît que le parallélogramme des forces seul empêche la Terre de tomber vers le Soleil ; sans ce parallélogramme, ou, pour mieux dire, sans les deux forces accumulées dans le Soleil, l'une d'attraction, l'autre de répulsion, qui, au dire, s'exerceraient tour à tour et par intervalle sur la Terre, il faudrait une troisième force qui eût pour le moins autant de souplesse que le fameux cordon sans fin appliqué aux machines de Lalande, pour qu'elle pût modifier sa puissance directrice, sur la Terre, en raison de la valeur angulaire T S t, t ST', (fig. 1), valeur qui résulterait des positions différentes qu'est censé prendre le rayon d'attraction à l'égard de la direction du mouvement toujours parallèle T D, *t*, *d*, T *d*, *e*, *c*, *t*, que la Terre exécute sur son orbite.

Ainsi, par exemple, lorsque notre globe serait parvenu au point T de l'orbe T*ap*T", où son mouvement parallèle doit s'effectuer dans la direction précise du rayon attractif T"S, du Soleil, cette troisième force devrait s'interposer comme principe pondérateur entre la force initiale terrestre et la force attractive du Soleil, afin d'empêcher que ces deux forces, agissant dans le même sens, ne s'ajoutassent l'une à l'autre, car, dans ce cas, elles entraîneraient rapidement la Terre dans le gouffre de l'attraction solaire. Voilà, à mon sens, un phénomène conforme aux lois de la mécanique.

Il reste maintenant à examiner comment le parallélisme de l'axe de la Terre, pendant le mouvement de circulation de notre globe autour du Soleil, n'a besoin d'aucune force pour se conserver inaltérable.

Comme Arago ne s'explique pas sur ce point, je vais citer Laplace, *Exposition du système du monde.*

« Dans la révolution de la Terre autour du Soleil, dit-il, son centre, et tous les points de son axe de rotation étant mus avec des vitesses égales et parallèles, cet axe reste toujours parallèle à lui-même. »

Cette façon de démontrer le phénomène du parallélisme terrestre, n'explique nullement comment, dans la révolution annuelle de la terre, laquelle pendant l'été et l'hiver s'accomplit sur des éléments de cercle, avec des vitesses toujours inégales, le centre de notre globe et son axe puissent se mouvoir indépendamment du reste de la masse, avec des vitesses égales et parallèles, et cela uniquement par la force initiale de la Terre et par l'attraction du Soleil.

Cette démonstration nous paraît d'autant plus insuffisante

que le mouvement de rotation, au lieu de se dérouler, ainsi qu'on le suppose, sur un véritable cercle, devrait s'étendre dans l'espace, sur les éléments d'une courbe qui ne mesure pas moins de 650,000 lieues de long, route journalière que parcourrait la Terre.

Supposons que T est la Terre ; TA (fig. 3) représente une partie de son orbite parcourue en un jour, et *a* un observateur placé sur la surface du globe. La Terre, par son mouvement de révolution, étant transportée de T en B, dans l'espace de trois heure, l'observateur se trouverait, à ce moment, sur le point *b* de la surface terrestre, de sorte qu'il aurait fait de *a* en *b*, un quart de tour sur lui-même en vertu du mouvement de rotation du globe. Trois heures après, lorsque la Terre serait arrivée en C, l'observateur aurait pris place dans l'espace, au point *c*. Continuant à marquer de trois heures en trois heures la place de l'observateur dans la translation sur la courbe TA, on le verrait occuper en D le point *d*, en E le point *e*, ensuite il passerait par *f*, *g*, *h*, de sorte qu'après 24 heures de marche, l'observateur se trouverait au point *i* du globe et de la courbe de révolution qui fait un angle d'environ 1°, avec la position *a* du départ.

Il est ainsi démontré, par le tracé géométrique de ses déplacements, que l'observateur, bien qu'il ait tourné autour de l'axe de rotation de la Terre, n'a pas du tout décrit, dans l'espace, le cercle diurne, car en joignant, moyennant la ligne *abcdefhi*, tous les points occupés par lui dans l'espace, on remarquera qu'il n'a fait que tourner peu à peu sur lui-même, dans le parcours des deux courbes *ae*, *ei*.

L'observateur n'a donc parcouru en réalité que deux lignes insensiblement inclinées, d'une longueur totale d'environ 650,000 lieues, sur laquelle longueur il a cru voir le ciel tourner en décrivant un simple cercle *amns*, de 10,000 lieues environ, tandis que c'était lui-même qui tournait dans le ciel sur les lignes presques droites *aeei*.

On peut encore remarquer que le centre de la Terre a occupé successivement tous les éléments de la courbe **TA**, faisant angle entre eux, et qu'il les a parcourus avec deux vitesses énormément inégales, celle de rotation et celle de révolution, ce qui serait totalement contraire à l'énoncé de Laplace, où il prétend que « dans la révolution de la Terre, son centre et tous les points de son axe soient mus avec des vitesses égales et parallèles. »

Mais comme le tracé graphique des positions du centre de la Terre sur l'écliptique nous montre que ce centre doit suivre les diagonales des forces initiales et attractives ; ainsi l'axe de rotation, qui fait partie intégrante du centre terrestre, devra lui-même et à chaque instant dévier de ses positions antécédentes, et parcourir l'écliptique en tous sens, excepté celui qui le ferait paraître parallèle à lui-même.

Par ce fait, la théorie du parallélisme constant de l'axe de rotation n'étant plus applicable à notre Terre, son mouvement autour du Soleil n'aurait plus de fondement.

Et pourtant, les coperniciens soutiennent l'existence de ce mouvement par une preuve qui, à leurs yeux, est une des plus éclatantes, et qui consisterait dans le phénomène de l'aberration de la lumière.

« A ce propos, Francœur disait : « Les déviations qu'on remarque dans la position apparente des astres, selon l'instant de l'année où elles sont observées, étant vérifiées de de mille manières, et par les observations les plus exactes, prouvent donc incontestablement le mouvement de la Terre et de la lumière. »

Eh bien ! désireux d'obtenir des éclaircissements sur des

phénomènes aussi remarquables, je m'adressai de nouveau à
M. Leverrier, à qui j'écrivis, le 29 janvier, la lettre suivante :

MONSIEUR LE PRÉSIDENT,

J'ai lu dans le Bulletin n⁰ 219, que ma lettre du 7 de ce
mois a été renvoyée à la Commission scientifique. Je suppose que ma lettre du 29 novembre dernier a eu le même
sort, quoique le Bulletin ne l'ait pas indiqué.

Le but de celle-ci est de mettre en vue certaines démonstrations dont les astronomes coperniciens, même les
plus éminents, se sont servis pour expliquer l'aberration des
fixes, démonstrations qui sont complétement en désaccord
avec la théorie du parallélisme de la Terre.

Ces deux théories mériteraient d'être étudiées par ceux
des membres de l'Association qui désireraient les voir soumettre à un nouvel examen. Je ne citerai ici que de Lacaille,
dans ses *Leçons élémentaires d'astronomie* ; au sujet de
l'aberration, il s'exprime ainsi :

« Si la Terre n'avait aucun mouvement annuel, un rayon
de lumière, parti d'une étoile avec une vitesse infinie quelconque, et arrivé à notre ciel sans avoir été détourné de la
ligne droite par aucune cause physique, ferait voir l'étoile
dans sa vraie situation, quelque temps qu'il employât à
venir de l'étoile à l'œil ; la même chose arriverait, quand
même la Terre serait mobile, si la vitesse de la lumière était infinie parce que la Terre serait comme en re-

pos à l'égard d'une vitesse infiniment grande. Mais si la vitesse de la lumière a un rapport fini avec celle de la Terre, l'impression du rayon dans l'œil ne se fait sentir ni dans la direction du rayon, ni dans celle de la Terre, mais semblable à l'impression d'un coup donné sur un plan mobile, elle se ferait sentir dans la direction de la diagonale d'un parallélogramme formé sur les directions du rayon et de la tangente à l'orbite de la Terre, au point où elle se trouve à l'instant que le rayon y arrive (car cette tangente est la direction du mouvement actuel de la Terre) et dont les côtés sont dans le rapport des vitesses ou des espaces parcourues en même temps par la lumière et par la Terre, de sorte que le lieu apparent de cette étoile doit être au point du ciel où cette diagonale paraît aboutir. »

De son côté, M. **Delaunay**, voulant lever toute espèce de doute sur les tangentes diversement orientées que la Terre parcourt dans l'intervalle d'une année, a eu le soin de présenter dans son *Astronomie*, une figure (231) où se trouvent tracées les routes tangentielles de la TA, T'a, T''a, que la Terre suit autour du Soleil. Or, si le parallélisme de la Terre était un fait acquis, pourquoi les astronomes auraient-ils supposé, pour expliquer plus aisément le phénomène de l'aberration, que la terre se meut dans des directions tangentielles à son orbite. Puis-je espérer une réponse satisfaisante à ce sujet ?

Agréez, Monsieur le Président, etc.

Pas de réponse, pas même d'accusé de réception ! voilà qui est commode ! Cependant ce silence ne serait-il pas un aveu d'impuissance ? En effet n'est-on pas en droit de se demander par quelle démonstration géométrique la Commission aurait pu concilier deux directions différentes, conjecturalement attribuées à un seul et même mouvement, celui de translation de la Terre autour de l'écliptique.

Comme j'ai donné plus haut la démonstration géométrique de Francœur sur le parallélisme des forces, je pense qu'il est bon de donner ici la démonstration du même auteur sur le phénomène de l'aberration. On lit, page 263 de son *Astronomie*.

« Menons du Soleil S (fig. 22) la ligne S*t'*, à une étoile *t'* dans le plan AEF de l'écliptique que décrit la Terre en un an. Comme cette étoile n'a pas de parallaxe annuelle, la lumière émanée de *t'* nous arrivera toujours parallèlement à S*t'*. Notre globe, dans sa révolution, change peu à peu la direction de son mouvement et reçoit ces rayons lumineux sous toutes les inclinaisons, par rapport à sa vitesse, précisément parce que ces rayons restent parallèles en quelque lieu que nous soyons. En vertu de l'aberration, le rayon sera sans cesse chassé devant la Terre, l'astre sera déplacé et vu un peu en avant de son lieu réel ; le parallélisme ne subsistera donc plus. Selon la région où notre globe sera placé, il aura un mouvement parallèle ou perpendiculaire, ou oblique à S*t*, tantôt d'un côté de cette ligne, tantôt de l'astre, et la déviation poussera l'astre *t'* ici vers *a'*, là vers *d'*. Lorsque la Terre sera en quadrature au point E ou B, la direction de son mouvement concourra avec celle de la lumière qui est parallèle à S*t'* parce que *t'* est situé à l'infini, il n'y aura pas d'aberration. Mais si la Terre est en D*t'* l'étoile *t'* devancera un peu son lieu réel, et elle paraîtra plus loin en *d'*, parce que la vitesse de Terre est oblique sur Dt' ou St'. En T, les mouvements sont à angles droits, la déviation sera plus forte, t' paraîtra en e' à 20" en avant. Au delà de T, vers C, la déviation sera moindre, et l'étoile se rapprochera de son lieu réel t'; elle sera vue en t' même, lorsque la Terre sera à la quadrature opposée B, après quoi elle semblera s'éloigner vers le côté contraire b' et c.,»

Dans cette démonstration on voit clairement que notre globe, pendant sa révolution, doit changer peu à peu la direction de son mouvement afin de recevoir les rayons lumineux des étoiles sous toutes les inclinaisons par rapport à sa vitesse, puisque ces rayons restent parallèles en quelque lieu que nous soyons.

Mais si la Terre, au contraire, étant en E, continuait sa marche sur son orbite, toujours dans la même direction Er, Ds, D$é$, parallèment à St', comme dans l'hypothèse du parallélisme de l'axe, cette direction de son mouvement concourrait toujours avec celle de la lumière qui, elle-même est parallèle à St', et alors il n'y aurait jamais d'aberration.

Ce fut donc pour savoir par quel mode la Terre exécuté simultanément son mouvement tangentiel et son mouvement parallèle sur le même cercle de l'écliptique, que j'écrivis à M. Leverrier une nouvelle lettre datée du 23 avril, ainsi conçue :

MONSIEUR LE PRÉSIDENT,

J'ai eu l'honneur, il y a plus de deux mois, de vous adresser une quatrième et dernière lettre, qui est restée sans épouse Dans toutes ces lettres j'exprimais le désird'é-

claircir mes doutes sur le phénomène du parallélisme constant de l'axe terrestre, lequel me paraissait inconciliable
avec les principes de la mécanique professés par les astronomes les plus éminents. Je pensai qu'il eût été facile aux
savants qui composent la Commission scientifique d'expliquer ce phénomène, qui, adopté par là science, forme la
base même du système copernicien.

Jusqu'à présent, rien n'est venu m'éclairer sur ce point ;
et pourtant j'eusse préféré que mes observations fussent
discutées par la Commission, plutôt que de les livrer au pu-
blic. Mais, si notre Commission, contrairement aux usages
des autres corps savants, ne permet pas qu'on discute les
théories reçues, ou si elle ne juge pas mes observations assez importantes, ou, s'il lui est indifférent que ce soit le soleil, la lune ou la terre qui occupe le centre de notre système
planétaire, je vous prierais alors d'avoir la bonté de me le
faire savoir afin que je n'importune plus M. le Président de
mes lettres.

En attendant, veuillez agréer, Monsieur le Président, etc.

Cette fois encore, comme à l'ordinaire, je n'obtins pas de
réponse aux questions que j'avais adressées à la Commission. Seulement, je lus, dans le bulletin du 5 mai, l'avis suivant

« M. Sindico écrit de nouveau au sujet de ses vues sur le
parallélisme de l'axe de la Terre. Sa lettre est renvoyée à la
même Commission que les précédentes.

Ce qui signifie qu'elle fut jetée, comme les autres, dans le
panier.

Je ferai observer que je n'avais exposé dans cette lettre
aucune idée nouvelle sur le parallélisme de la Terre ; je me
bornais à prier la Commission de me faire savoir si je pouvais, oui ou non, continuer à écrire à Monsieur le Président.

Quoiqu'il en soit, je ne savais plus comment m'y prendre pour connaître les idées de nos grands savants à l'égard du système copernicien, que ceux-ci paraissent avoir adopté. Mais voilà que tout à coup un article de M. Leverrier vint me tirer d'embarras, en m'offrant l'occasion inespérée de connaître la vérité tout entière relativement à ce fameux système.

Je donne la note qui précède cet article dans le bulletin du 26 mai.

« M. Leverrier a présenté à l'Académie un travail étendu sur les théories des quatre planètes supérieures : Jupiter, Saturne, Uranus et Neptune, en l'accompagnant de la note suivante :

» J'ai eu l'honneur de présenter à l'Académie, à diverses époques, une suite de recherches concernant le système des quatre planètes les plus voisines du Soleil : Mercure, Vénus, la Terre et Mars. Bien qu'à une époque antérieure je me fusse déjà occupé des grosses planètes, j'avais éprouvé le besoin, avant de poursuivre, d'établir sur des fondements solides la théorie du mouvement de la Terre qui sert de base à tous les autres. Cette étude m'entraîna dans celle des trois planètes les plus voisines et qui constituent la partie inférieure du système planétaire. »

Après cet exposé, je crus que je ne trouverais jamais plus belle occasion de m'adresser directement à l'éminent astronome qui, par ses propres lumières, pourrait enfin me donner la solution définitive que je poursuivais depuis longtemps sans cesse et sans résultat. Quel juge plus compétent que M. Leverrier, lui, qui avait pu établir, par un long travail, sur des fondements solides, la théorie du mouvement de la Terre.

Ces réflexions me décidèrent à écrire le 24 juin, à M. Leverrier la lettre suivante :

Fig.1ère

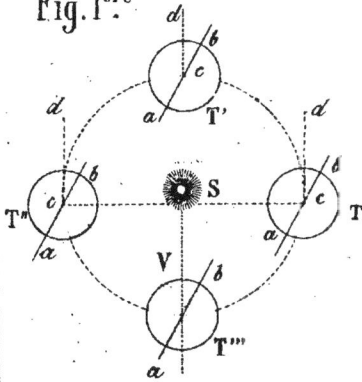

Fig. 28.

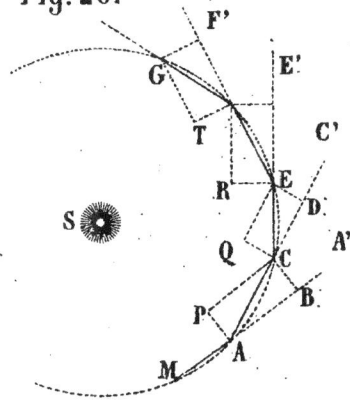

Fig. 3.

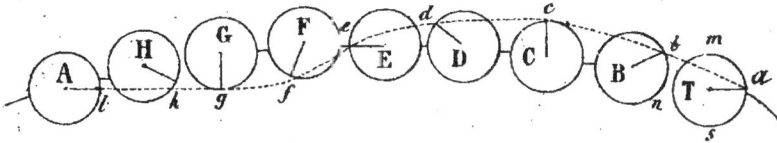

Fig. 231.

Fig. 22

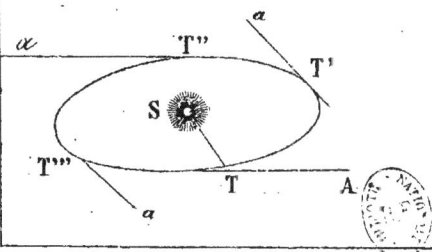

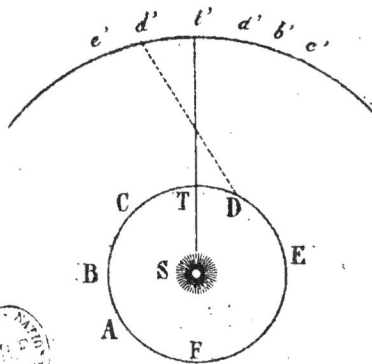

Monsieur le Président,

C'est avec une vive satisfaction que j'ai lu dans le bulletin
n° 238, que vous veniez de présenter à l'académie un rapport
des plus remarquables et des plus étendus sur la théorie des
quatre planètes supérieures : Jupiter, Saturne, Uranus et
Neptune.

Avant tout, vous avez éprouvé le besoin, comme vous le
dites bien, d'établir sur des fondements solides la théorie du
mouvement de la Terre, qui sert de base à toutes les autres. J'en suis ravi, car, ayant eu déjà l'honneur de vous
communiquer quelques observations astronomiques, par
lesquelles le parallélisme constant de l'axe terrestre était ré-
voqué en doute, personne mieux que vous, Monsieur, ne saurait faire disparaître ces difficultés et résoudre mes argu-
ments. Certes, ce qui a dû vous fournir la preuve de la réalité du phénomène, c'est la connaissance positive du fait.
Comment aurait-on pu déterminer autrement le mouvement de la Terre autour du soleil ?

Malgré mon obscurité, j'espère obtenir de votre bonté,
qui est au-dessus de tout préjugé, une réponse relativement
aux faits que vous avez été à même d'observer et dont je dé-
sirerais avoir connaissance.

Pardonnez-moi, Monsieur le Président, la liberté que je
prends et veuillez agréer, etc.

Cette lettre eut encore plus de mauvaise chance que les
autres, attendu que le bulletin n° 245 en fit mention en ces
termes :

« M. Sindico adresse une nouvelle lettre sur le parallélisme de l'axe terrestre. »

Pas un mot de plus ! Par cette phrase on donnait à entendre que ma lettre n'était que la suite de mes observations précédentes, tandis qu'elle était une prière adressée à M. Leverrier, de m'instruire du fait matériel qui lui avait prouvé l'existence réelle du parallélisme terrestre, sans lequel la Terre, en tournant autour du soleil, ne serait pas dans les conditions voulues pour opérer le changement des saisons.

Il est certain que de pareilles réponses ne pourraient dissiper mes doutes, au contraire elles les eussent plutôt confirmées, car qui ne dit mot consent.

Je gardai le silence jusqu'au mois d'octobre ; à cette époque, je reçus le bulletin n° 257, contenant un article sur : *Les organes essentiels de la reproduction des anguilles*, par MM. G. Balsamo, Crivelli et L. Maggi. La lecture de cet article m'inspira la lettre suivante :

MONSIEUR LE PRÉSIDENT,

Par suite de ma lettre du 24 juin, et confiant entièrement dans votre bonté, j'attendais impatiemment la communication de vos observations sur le phénomène du parallélisme terrestre, qui est complètement en désaccord avec la théorie de l'aberration des fixes.

Seul, Monsieur le Président, vous pouviez me donner, en toute connaissance de cause, l'explication désirée d'un phénomène dont je ne saisis, ni le mode d'accomplissement, ni le fait matériel qui le prouve et pourtant, jusqu'à présent, mon attente a été déçue. Peut-être ne trouve-t-on pas mes lettres dignes d'une réponse.

Il me semble cependant qu'on pourrait insérer mes articles dans le bulletin, pour que les autres membres de la Société, mes égaux, pussent en prendre connaissance, les discuter et, au besoin, les réfuter.

Quoi qu'il en soit, j'ose encore, Monsieur le Président, vous soumettre une observation qui a trait à Vénus et au Soleil, observation faite par Picard, et qui pourrait bien, elle aussi, se trouver en désaccord avec les théories reçues.

Dans l'*Histoire céleste* de cet auteur, publiée en 1741, à la page 33, on lit : que, le 13 avril 1673, le diamètre de Vénus était de 0',26" ; le 15, à 3 h. 1 m. du soir, hauteur méridienne du centre ne Vénus, 66° 3'.

« Cette planète avait paru dichotome le 10 avril, et elle commençait déjà à se creuser.

» Le 20 au soir, hauteur méridienne du centre 67° 18' 40".

» Le 9 juin, le diamètre de Vénus était à 51" $\frac{1}{2}$.

Donc le 10 avril, Vénus se trouvait en V (fig. 6) avec son centre exactement sur la même droite S V du centre du Soleil, à égale distance de l'observateur terrestre.

L'Élévation de Vénus V' au-dessus de l'horizon, lors de son passage au méridien, a dû paraître d'environ 65°, tandis que le Soleil S n'était que de 49° 24'.

Si les grandes variations de hauteur des astres au-dessus de l'horizon sont la conséquence de l'inclinaison différente qu'affecte l'axe terrestre sur l'écliptique pendant l'année, comment se fait-il que Vénus, étant au même plan que le soleil, et par conséquent sous la même inclinaison de l'horizon terrestre, se soit trouvée ce jour-là d'environ 15° plus haute que le soleil ? Car, si l'axe VS est réellement incliné de 3° 24 sur l'écliptique ou plan R S t du soleil, en admettant que ce jour-là la planète fut arrivée au plus haut de son orbite, elle n'aurait dû paraître qu'en V' lors de son

passage au méridien à 51° 48' au-dessus de l'horizon **OH**,
et nullement à 65°, à moins qu'on ne suppose que la planète
était en *u*, éloignée du soleil d'environ 100 millions de
lieus, pour que l'angle RS*u* d'inclinaison sur le plan du so.
leil SR de son orbite *u*S, au bout de laquelle se trouve.
rait Vénus, puisse donner la hauteur apparente de 65° lors
de son passage au méridien en V''. Si, au contraire, la pla.
nète n'est réellement distante du Soleil que de 28 millions
de lieus, alors l'axe V' M de son orbite serait incliné sur
l'écliptique R O de 15° au lieu de 3° 24'.

Les mêmes anomalies se reproduisent par rapport aux
autres planètes. Ici un dilemme se pose : ou l'inclinaison
des orbites planétaires est différente de celle déterminée
par la science, ou l'inclinaison et le parallélisme de l'axe
la Terre, ne donnant pas les résultats voulus par l'observation, sont imaginaires.

Il y a plus, le 13 avril, le diamètre de Vénus était de 0'
26'', tandis que, 57 jours après, il atteignait 57'' $\frac{1}{2}$. On doit
donc supposer que, le 10 avril, jour où cette planète avait
paru dichotome, ce diamètre était d'environ 24'' $\frac{3}{4}$, et par
conséquent 79 fois moindre que le diamètre du Soleil, qui
était ce jour-là de 32' 26''. Or, comme il résulte des calculs
que le vritable diamètre de Vénus est de 3.134 lieues, ce
nombre 3.174 $\times$ 79 donnerait 248,297 lieues pour le diamètre réel du Soleil, ce qui différerait considérablement des
356,384 lieues attribuées par les coperniciens au diamètre
solaire.

Et maintenant, permettez-moi, M. le Président, de vous
adresser une question. Comment se fait-il que la Commission scientifique, qui trouve intéressant et utile de publier dans
le bulletin des articles concernant les pluies, les orages, les
différentes températures, les variations atmosphériques, le

passage des étoiles filantes, les bolides, les coups de tonnerre, etc. ne semble pas avoir un gout prononcé pour mes articles qui, au point de vue scientifique, pourraient bien, à mon humble avis, avoir tout autant d'intérêt que « les points en litiges ou même inabordés au sujet des testicules droit et gauche des anguilles, » délicates récherches dont la commission a eu le soin de publier un résumé dans le bulletin du 6 octobre 1872 ; elle a même exprimé le regret que MM. Balsamo, Crivelli et Maggi « ne donnent malheureusement pas de détails sur l'histologie du testicule droit. »

Vraiment quel malheur !

En attendant une réponse, veuillez bien agréer, Monsieur le Président, etc.

Deux jours après, et pour la première fois, je reçus du secrétariat de la Société la lettre qui suit :

Association scientifique de France

Paris, 24 Octobre 1872.

Monsieur,

J'ai l'honneur de vous informer que la lettre adressée par vous à la Commission scientifique, à la date du 23 octobre, a été immédiatement transmise à la Commission scientifique.

Veuillez agréer, Monsieur, l'assurance de mes sentiments respectueux.

Le chef du secrétariat,

Signé : E. Collet.

Peut être ne dois-je cette réponse qu'à mon mot sur les anguilles, mot qui aura un instant égayé les savants de la Commission.

Le fait est, qu'il n'a plus paru dans le bulletin d'articles sur les anguilles. Mais, ce que je me proposais, par ma lettre, c'était de provoquer une discussion au sujet des positions de Vénus, lesquelles, calculées selon le système copernicien, ne s'accordent pas avec les positions du Soleil observées par Picard.

Je m'attendais donc à une rectification à peu près ainsi formulée.

Si M. Sindico avait tenu compte de l'inclinaison de l'axe sur l'orbite terrestre dont était affecté la Terre, le 10 avril, il aurait trouvé que l'horizon de Paris, ce jour-là, faisait un angle de   environ avec le plan du Soleil, et que, par l'effet de la rotation, trois heures après, lors du passage de Vénus par le méridien, cet horizon se serait encore rehaussé en plus d'environ 5°, de sorte que la position de Vénus sur son orbe incliné de 3° 24' vers le plan du Soleil aurait donné une hauteur de 65° au-dessus de l'horizon, ainsi que Picard l'avait observé.

A quoi j'aurais répondu :

L'observation que vous me faites, Messieurs, serait on ne peut plus exacte si réellement l'axe de la Terre se présentait constamment incliné de 23° $\frac{1}{3}$ sur l'écliptique. Mais, dans ce cas, remarquez, Messieurs, les conséquences qui découleraient de cette théorie, si la figure 14, dont Francœur s'est servi pour expliquer les changements de saisons, représente les véritables positions de l'axe terrestre, pendant le mouvement annuel de notre globe autour du Soleil.

« Supposons, dit-il, que la Terre ait en T la position pour laquelle la projection de l'axe PT sur le plan de l'orbite coïncide avec le rayon recteur ST, c'est-à-dire que le plan PTA (fig. 14) soit perpendiculaire au plan de l'écliptique. Cette époque sera le solstice d'été. Lorsque la Terre aura quitté le lieu T et sera arrivée au point T' diamétralement opposé, l'axe P'T', étant parallèle à PT, et se projetant de nouveau sur le rayon recteur A'ST, cette époque sera le solstice d'hiver. Quand la Terre est parvenue aux lieux t't, ou le rayon recteur Sa't', Sat est perpendiculaire à l'axe p't', pt, nous avons l'équinoxe du printemps et celui d'automne. »

Il me semble cependant que l'axe p't', pt pourrait bien être perpendiculaire au rayon d'une sphère, mais jamais au rayon d'un plan, tel que celui du Soleil qui est circonscrit par le cercle géométrique Tt' T't de l'orbe terrestre.

En effet, si les rayons recteurs St', St, étaient réellement perpendiculaires à l'axe, ou au méridien p't'g',ptg qui s'y projettent, alors les rayons SA, SA' par leur croisement en angle droit avec les premiers, devraient de toute nécessité se présenter dans le sens SS, S'S parallèle à la section des horizons oh', oh, au lieu de faire avec ces derniers un angle de 23 $\frac{1}{2}$, attendu que même ces horizons font un angle droit avec leur méridien p't'g',ptg, aussi bien qu'avec l'axe p't', pt.

Je vais vous en fournir la preuve.

Francœur disait, en parlant des méridiens, que : « Chaque jour à midi l'ombre d'un fil à plomb couvre la méridienne et que cet instant est le seul où cette coïncidence est possible. »

3

E!, bien ! voyons quelles seraient les conséquences qui en découleraient par l'application de cet énoncé à l'égard du système copernicien.

Soit A un globe incliné de 23° $\frac{1}{2}$ sur le cercle HO représentant l'écliptique (fig. 8). Tout au long du méridien *ad*, soit fixé des épingles *a*, *b*, *c*, *d*, par exemple, en sens perpendiculaire à leur parallèle *aa'*, *bb'*, *c c'*, *dd'*; cela posé, présentons ce globe A vis-à-vis du Soleil S, de façon que la « projection perpendiculaire *aef* de l'axe incliné MN sur le plan de l'orbite terrestre HO, coïncide avec le rayon recteur SNM*r*, tel que l'on voit dans la figure 9.

En pareil cas, il est évident que même le méridien *ad* se projettera comme l'axe MN exactement sur le rayon recteurs SN*r* du Soleil; alors, seulement, l'ombre des épingles semblable au fil à plomb ira couvrir la méridienne *ad* du solstice d'été, et c'est aussi à ce moment que les rayons recteur A'S, SA du plan écliptique se trouveront parfaitement parallèles aux horizons *aa'*, *bb'*, *cc'*, *dd'*.

Mais à l'époque de l'équinoxe d'automne, par exemple, lorsque la Terre en marchant parallèlement à elle-même, de T sera arrivé en *t'* (fig. 14 et 10), alors son axe *p' t'* devra de toute nécessité se présenter incliné de 23° $\frac{1}{2}$ en face du soleil aussi bien que vis-à-vis des rayons recteurs A' S, SA de cet astre.

Or, pour obtenir le même résultat avec le globe, il nous suffira de le faire tourner en B sur son pied de la quantité nécessaire à ce que l'axe MN, vu de face en B soit en C (fig. 10) vu de profil par le Soleil; afin qu'il se présente incliné de 23° $\frac{1}{2}$ sur l'écliptique, comme nous le montre en *t'* la figure 14, ainsi que le fait le globe C dans la figure 10.

Mais alors n'est-il pas évident que cette nouvelle position de l'axe, due à son parallélisme, forcera le méridien *ad* à se projeter lui-même incliné de 23° $\frac{1}{2}$ sur le soleil, et les rayons recteurs S $t't$, A'S, S A à l'époque de l'équinoxe d'automne et à celui du printemps ?

C'est ici l'erreur la plus manifeste du système coperni-cien.

Car, dans cette position équinoxiale de l'axe MN du globe C, lors du midi vrai, l'ombre des épingles a, b, c, d, au lieu de se diriger exactement sur la méridienne ad, et la couvrir comme à l'époque des deux solstices TT', cette om-bre partirait au contraire de la ligne ad, pour se projeter suivant les directions a 1, b 2, c 3, d 4, en raison de la posi-tion que chaque épingle occupe sur la courbe du globe C à l'égard des rayons recteurs du Soleil S.

Afin de se convaincre de ce « fait capital » sans dépla-cer aucunement le centre du globe C du rayon recteur S$t'r$, qui passe par le centre du Soleil S, nous n'avons qu'à changer la position inclinée de son axe et méridien ad, en une position verticale HO de l'écliptique, et aux rayons recteurs AS, SA' du Soleil, comme nous le montre la position du globe B (fig. 9) ; immédiatement l'ombre des épingles ira prendre place sur la ligne méridienne ad, tel que le fait « chaque jour à midi l'ombre d'un fil à plomb. »

Par cette expérience aussi simple, nous sommes mainte-nant instruits de la nécessité absolue pour les méridiens, de se projeter tous les jours devant le soleil sur des verticales constamment parallèles entre elles, et non pas, comme pré-tendent les coperniciens, que ces méridiens se projettent sur des lignes inclinées en sens divers dont l'angle total de leurs inclinaisons sur l'astre va jusqu'à décrire un arc de 47° et cela, pendant le temps qui s'écoule entre deux solstices, aussi bien que dans l'intervalle de deux équinoxes.

Voilà ce qui résulterait du parallélisme constant de l'axe

terrestre ! Et pourtant il serait si facile aux astronomes de constater si cet axe est, oui ou non, incliné sur le plan de l'écliptique. Ils n'auraient qu'à examiner la position que l'équateur du Soleil prend sur notre horizon dans le cours de l'année.

Je me suis réservé de soumettre, dans une autre lettre à M. Leverrier, l'application de cette méthode, afin de vérifier en dernier ressort, pour ainsi dire, le parallélisme de l'axe terrestre. Je dirai en attendant que, quelques temps après ma dernière lettre, le Bulletin du 3 novembre publia une note de M. Otto Struve « sur l'exactitude qui doit être attribuée à la valeur du coefficient constant de l'aberration déterminée à Poulkova.

M. Struve, sur l'invitation de M. Leverrier, rendait compte dans sa note de la valeur de l'aberration des étoiles, valeur qui avait été déterminée d'abord par son père et par M. Oom, ensuite par M. Nyren et enfin par lui-même.

Or, j'avais déjà fait ressortir dans ma lettre du 29 janvier le désaccord entre la théorie de l'aberration et celle du parallélisme.

Dès que je vis M. Leverrier demander des renseignements sur la valeur constante de l'aberration, j'eus la pensée de lui demander à mon tour s'il était du même avis que M. Bradley, sur la cause qui produit le changement apparent et annuel des étoiles autour de leur position réelle, et je lui adressai, à cet effet, le 11 novembre, la lettre suivante :

Monsieur le Président,

J'ai lu, dans le Bulletin du 3 novembre, une note de M. Otto Struve, laquelle commence par ces mots :

« Dans la note mémorable sur la masse des planètes et la parallaxe du Soleil, présentée à l'Académie le 22 juillet, M. Leverrier m'invite à me prononcer sur l'exactitude qui doit être attribuée à la valeur du coefficient constant de l'aberration déterminée à Poulkova. »

Monsieur le Président, la question que vous avez adressée à M. Otto Stuve, en a ammené une autre dans mon esprit ; la voici : Pensez-vous que la cause de l'aberration soit telle qu'elle a été déterminée par Bradley ?

J'ai déjà exprimé un premier doute sur l'exactitude de cette théorie dans ma lettre du 29 janvier, où j'ai fait ressortir le complet désaccord qui existe entre le parallélisme de l'axe de la Terre et l'aberration des étoiles. Maintenant, je chercherai à m'expliquer davantage sur la théorie de Bradley.

Cassini, à qui, selon l'avis de Bailly, on doit entièrement la théorie des satellites de Jupiter, du moins quant aux phénomènes principaux, dit au sujet des inégalités de ces satellites :

« M. Romer expliqua très-ingénieusement une de ces inégalités, qu'il avait observée pendant quelques années dans le premier satellite, par le mouvement successif de la lumière, qui demande plus de temps à venir de Jupiter à la Terre, lorsqu'il en est plus éloigné, que quand il en est plus près ; mais il n'examine pas si cette hypothèse s'accorde a ux autres satellites qui demanderaient la même inégalité de temps. »

Par là, on voit que la vitesse de la lumière n'est pas la conséquence de la révolution de la Terre autour du Soleil. En effet, Maraldin (Voyez *mémoires de l'Académie* 1734) a fait remarquer que, « la différence des méridiens, entre Grennwich et Paris, déterminée par les éclipses des satellites de Jupiter résulte sensiblement plus grande par les observations des immersions des satellites dans l'ombre que par les émersions... On m'a assuré, ajoute-t-il, qu'à Londres et aux environs, l'air est moins pur qu'à Paris, ce qui peut être une source de ces erreurs. La différence des lunettes pourrait aussi y avoir quelque part.

Il paraît donc, d'après les observations faites à Paris et à Grenwich, pendant plus de vingt-trois ans, que ces différences de $2^m 11^s$, entre l'entrée des satellites dans l'ombre, et leur sortie, ne dépendent pas absolument de la vitesse de la lumière, par suite du déplacement de la Terre dans son orbite, car cela se passe à une distance de 60 lieues tout au plus. Toutefois admettons comme vraie la théorie de l'aberration des fixes.

Clairant, écrivait à ce propos, dans les *Mémoires de l'Académie* (année 1837), que le rapport de la vitesse de chaque corpuscule de lumière à la vitesse de la Terre, dans son orbite, est celui de 10,000,000 à 969.

Il s'ensuit qu'avant que l'observateur perçoive la sensation du mouvement de la Terre, son œil reçoit une sensation 10,000 fois plus forte dans la direction de la lumière de l'étoile qu'il examine ; ce qui suffirait pour annuler la vitesse avec laquelle la Terre se dirige sur des tangentes à son orbite.

Mais continuons à citer Clairant.

Or, si la lumière de toutes les étoiles se meut avec cette vitesse, il est naturel de croire qu'il en est de même de celle du Soleil. Calculant donc combien de temps il faudrait à un corpuscule de lumière pour venir du Soleil à nous avec cette vitesse, on trouve environ 8 minutes $\frac{1}{2}$, ce qui est à peu près le milieu entre les 7 minutes que M. Roémer avait trouvées par ses premières observations, et les 11 minutes qu'il avais trouvées par d'autres. »

Fort bien ; mais je demanderai alors si ces différentes valeurs, qui ont été déterminées par suite de plusieurs observations, ne changeraient pas considérablement la grandeur du rayon de l'orbe terrestre à chaque observation, car ce rayon serait tantôt de 31 millions de lieues, tantôt de 38 millions, et parfois il arriverait jusqu'à 52 millions de lieues d'étendue, ce qui changerait aussi considérablement la valeur du diamètre du Soleil dans des proportions ignorées encore des astronomes.

Enfin, voici une étrange explication consignée dans l'*Histoire de l'Académie* (année 1734), explication qu'on a mise en avant pour concilier les contradictions que l'examen de la théorie de l'aberration fait ressortir.

« Quand l'étoile est en conjonction ou en opposition avec le Soleil, on pourrait croire d'abord que, dans le premier cas, l'aberration sera plus grande que dans le second, parce que, dans le premier cas, la lumière de l'étoile à tout l'orbe annuel de la Terre à traverser de plus que dans le second cas, ce qui doit causer un retardement. Mais on se tromperait ; il est arrêté maintenant que l'étendue de l'orbe annuel n'est rien par rapport à la distance des fixes, et cette étendue ne doit pas être comptée pour un principe d'aberration. Le principe fondamental est le rapport de la vitesse de la lumière à celle de la Terre sur son orbe. »

Il me semble que ce raisonnement est fort défectueux. En effet, c'est par l'étendue qu'on détermine la vitesse d'un corps pour un temps donné; c'est de l'étendue de l'orbe annuel de la Terre qu'on a déduit la vitesse de la lumière ; mais, si cet orbe n'est qu'un point à l'égard de l'immensité de l'espace qui nous sépare des étoiles, toute étendue s'évanouit, et alors, il n'y a plus de vitesse terrestre à comparer avec la vitesse de la lumière et avec l'étendue que celle-ci parcourt. C'est ainsi que tout s'efface : étendue, vitesse et aberration.

Et quand même la vitesse de la lumière serait un fait acquis, l'aberration, au lieu d'être d'environ 40" pour tous les corps célestes, différerait en raison de l'éloignement de chacun de ces corps de la Terre, car les étoiles mêmes se trouvent à différentes distances de nous, à moins de prétendre que la sensation lumineuse des étoiles n'est perçue qu'à partir de l'orbe de la Terre. Mais dans ce cas il faut en fournir la preuve.

En attendant, nous pouvons considérer la lumière comme instantanée pour l'organe de la vision, car, enfin, lorsqu'on regarde en même temps un corps lumineux à quelques mètres loin de nous et une étoile, nous les voyons au même instant, comme si ces deux corps étaient à égale distance de nous. Ce qui permet de supposer que les corpuscules lumineux sont toujours, en tous sens, en contact avec nos yeux, sans quoi, d'après la théorie, il faudrait attendre seize minutes pour voir s'effectuer les éclipses des satellites de Jupiter, lorsque cet astre est de l'autre côté de l'orbe terrestre, il faudrait attendre 3, 20, 50 ans pour revoir une étoile qu'on a perdue de vue. Le temps dépendrait de la distance que la lumière de l'astre devrait franchir pour arriver jusqu'à nos yeux.

Ainsi, quoique nos yeux puissent apprécier l'étendue par les angles différents sous lesquels on voit les corps, ils ne peuvent cependant pas apprécier la vitesse de la lumière qui émane des corps. C'est donc ailleurs qu'il faut chercher la cause de l'aberration.

Veuillez, Monsieur, etc.

Examinons maintenant de plus près la théorie de la vitesse de la lumière.

Lalande en donnant l'opinion exprimée par Cassini sur la demande de Roémer, ajoute :

« On voyait clairement dans le premier satellite une inégalité, mais il y eut quelque difficulté pour les autres satellites, parce l'inégalité semblait beaucoup plus grande que dans le premier, suivant M. Maraldi. Cependant M. Halley, en 1694, assurait qu'il fallait nécessairement introduire cette équation de la même quantité dans tous les satellites. M. Pound en publia une table, à laquelle il joignit la correction qui dépend de la distance de Jupiter à la Terre.

M. Maraldi ne doutait plus, après la découverte de l'aberration, qui prouvait invinciblement la propagation successive de la lumière, que cette équation ne dût être commune aux quatre satellites, et il trouvait que les tables du troisième étaient fort rapprochées de l'observation par le moyen de cette équation. M. Wargentin s'assura en 1746 de cette équation de la lumière par la comparaison d'un grand nombre d'observations. »

On voit par là que cette théorie n'est point basée sur des observations directes, elle est supposée, car, au bout de cent ans, on ne pouvait en assurer la vérité qu'en comparant un grand nombre d'observations.

Mais, si réellement la différence de seize minutes entre les éclipses du premier satellite est causée par la propagation successive de la lumière suivant la direction du mouvement de la Terre sur l'écliptique, comment se fait-il que les astronomes n'aient pas trouvé tout de suite la même différence de temps pour les éclipses des autres satellites au lieu de s'en tenir à de simples conjectures ? Cela paraît d'autant plus étonnant que ce serait tous les six mois après chaque observation, que la lumière atteindrait sa plus grande équation. Ils ont trouvé, dans le mouvement des astres, des différences de moins d'un tiers de temps, et puis, malgré la théorie ayant pour objet le premier satellite lorsqu'ils ont voulu déterminer par l'observation directe une différence de 16 minutes dont les trois autres satellites de Jupiter devraient être affectés, les voilà au milieu des incertitudes. Pour les en tirer, il faudrait que tous les phénomènes, objets de leurs observations, tels que la rotation de Jupiter, sa conjonction avec la même étoile, etc., phénomènes qui ont lieu sur l'orbe de l'astre ou sur l'orbite terrestre, et même au delà, subissent, comme l'éclipse du satellite de Jupiter, les mêmes retards dans leur apparition.

Mais ne serait-il pas possible que les anomalies observées dans les éclipses du satellite en question eussent été occasionnées par son mouvement épicycloïde autour de Jupiter en même temps que celui-ci accomplit également son épicycloïde sur une portion de son orbite, ainsi que cela se passe visiblement dans le ciel ?

Quant à l'aberration, Lalande, entre autres explications de ce phénomène, donne celle que Bradley a imaginée, et voici ce qu'il en dit :

« Il y a une autre manière de démontrer la vérité de cette proposition, et cette manière est celle de Bradley et de tous les auteurs qui en ont parlé d'après lui ; elle ne pa-

raît pas d'abord satisfaisante, comme M. Manfredi l'a remarqué, mais nous allons tâcher de la rendre palpable. Supposons le corpuscule lumineux en M (fig. 234) lorsque l'œil
était en N, et qu'ils arrivent ensemble en O, on sent que
lorsque l'œil a passé en G, le corpuscule de la lumière était en
H, en tirant, GH parallèle à MN ; car OG : OH : ON : OM.
Il en serait de même de tous les autres points que la
Terre parcourt sur la ligne NO ; l'on peut donc imaginer que
MN soit un tube qui se meuve parallèlement à lui-même et
parcoure toutes les situations GH ; le corpuscule de la lumière se trouvera, par ce moyen, n'avoir jamais quitté le
tube MN et par conséquent sera parvenu à l'œil en décrivant PO, ou suivant la direction PO ; or nous voyons un objet dans la direction suivant laquelle le rayon vient à nous,
donc l'étoile nous paraîtra sur une ligne PO, parallèle à
MN.

Il me semble qu'ici Lalande est en défaut. En effet, il oublie d'expliquer comment le corpuscule lumineux, ayant la
direction verticale MHO, a pu, avant tout, enfiler au point
M le tube incliné N, suivant la direction NM. Sans cette
explication préalable, sa démonstration géométrique n'a aucune valeur.

Quoi qu'il en soit, il reste toujours acquis que l'œil, qui
de N arrive en O, au même instant que le corpuscule lumineux M, verra l'étoile dans la direction suivant laquelle le
rayon MO vient à le saisir.

Dans le *Journal du Ciel*, rédigé par Vinot, n° 105, de
l'an 1872, il y a une note au sujet de l'aberration de la lumière, ainsi conçue :

« M. Ivan Villarceau est revenu sur cette question pour

compléter les renseignements donnés par M. Struve. On comprendra l'importance de cette détermination en réfléchissant que, si la la vitesse de la Terre autour du Soleil est insuffisante pour expliquer cette aberration de la lumière, le complément de cette explication se tire du mouvement qui entraîne le Soleil, la Terre et toutes les planètes avec lui, au milieu des étoiles fixes dans la direction de la constellation d'Hercule. »

Voilà donc que le seul mouvement de la Terre autour du Soleil, qui servait autrefois à expliquer irréfutablement par des calculs rigoureux le phénomène de l'aberration, aujourd'hui est trouvé insuffisant. MM. les astronomes se voient forcés à traîner toute la baraque planétaire dans le ciel pour arriver à donner des explications, qui plus tard seront jugées à leur tour insuffisantes.

Dans ma dernière lettre, je dis que, conformément à la théorie de la vitesse de la lumière, une étoile ne pourrait être vue une seconde fois qu'à la condition qu'on attendrait tout le temps qu'il faut à sa lumière pour parvenir jusqu'à nous. Cette manière de comprendre la vitesse de la lumière je l'ai empruntée à l'*Histoire de l'Académie* de l'année 1837. On y lit ce qui suit page 78 :

« Pour expliquer le retardement d'émersion du premier satellite de Jupiter, MM. Cassini et Roémer imaginèrent que le mouvement de la lumière pourrait être, non pas instantané, comme on l'avait toujours cru jusque là, mais successif. Cette idée ingénieuse, négligée dans la suite par M. Cassini, mais toujours soutenue vivement par M. Roémer a été embrassée par les inventeurs de l'aberration des fixes.»

Pl. II. Page 44.

Fig. 6.

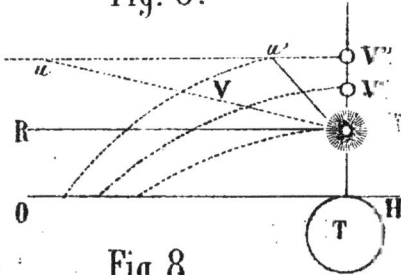

Fig. 14.

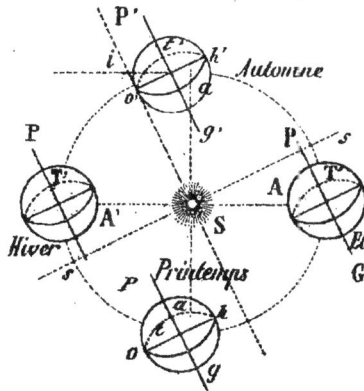

Fig. 8.

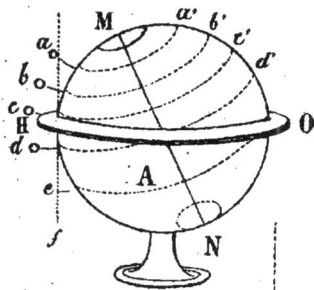

Fig. 9.

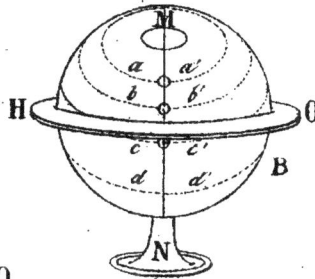

Fig. 10.

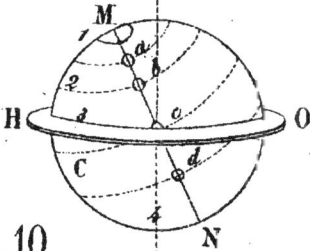

Fig. 234.

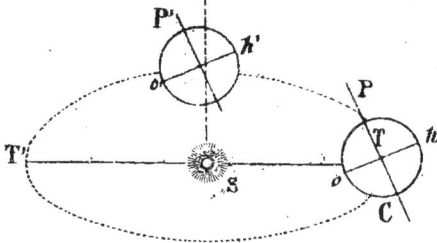

Il s'ensuit que ces deux théories sont de pure invention et que Cassini, après l'avoir conçue, l'avait entièrement abandonnée.

Voici ce qu'on lit ensuite :

« Je vois une étoile qui se lève à l'horizon ; si la propagation de la lumière parvenue de cette étoile à mon œil s'est faite en un instant indivisible, je vois l'étoile dès qu'elle est à l'horizon. Mais si cette propagation ne se fait que successivement, et par conséquent dans un temps fini, en une heure, par exemple, je ne vois l'étoile à l'horizon que quand elle n'y est plus réellement, mais élevée de la quantité qui convient à une heure. Les réfractions n'entrent là pour rien.

Il faut en conclure, ce me semble, que si la propagation de la lumière, qui parvient du soleil à nos yeux, ne se fait que successivement, on ne verra l'astre à l'horizon que huit minutes après son lever et lorsqu'il n'y sera plus ; Mars ne serait visible que 21 minutes après sa sortie de dessous l'horizon, Jupiter 49 minutes après Saturne, 1re heure 24 minutes, et ainsi de suite, proportionnellement à la distance entre l'astre et la Terre, ce qui modifierait énormément les positions relatives des corps célestes dans l'espace.

Du reste, les théories de la vitesse de la lumière et de l'aberration des étoiles ne sauraient être admises comme des vérités jusqu'à ce qu'on ait fourni la preuve matérielle de la révolution de la Terre autour du Soleil.

Enfin, pour revenir à ma lettre, voici la réponse que lui a faite le Bulletin n° 236.

« M. Sindico adresse, à la date du 11 novembre, une note relative aux masses des planètes et à la parallaxe du

Soleil. Cette note est envoyée à M. le Président de la Commission scientifique. »

C'est ainsi que, pour la seconde fois, on dénaturait le sens et le sujet de mes lettres. Je ne pouvais donc laisser échapper aucune occasion de répliquer, et c'est ce que je fis le 16 décembre, par la lettre suivante :

MONSIEUR LE PRÉSIDENT,

Je viens de nouveau vous importuner, mais cette fois, c'est pour vous signaler certaines erreurs qui se sont glissées dans la rédaction du Bulletin à propos des lettres que j'ai eu l'honneur de vous adresser.

Ainsi, par exemple, dans ma lettre du 24 juin, je vous priais de me donner connaissance du fait matériel qui vous a déterminé à établir sur des fondements solides, ainsi que vous le dites, la théorie du mouvement de la Terre, selon le système de Copernic.

Or, le sens de cette lettre a été dénaturé dans le Bulletin n° 245 de la manière suivante :

« M. Sindico, y est-il dit, adresse une nouvelle lettre sur le parallélisme de l'axe de la Terre. »

Pourquoi un tel changement ?

Dernièrement je lisais encore dans le Bulletin n° 263, ce qui suit :

« M. Sindico adresse, à la date du 11 novembre, une note relative aux masses des planètes et à la parallaxe du Soleil. »

Cependant, ma lettre du 11 novembre n'entame aucune discussion sur les masses des planètes, ni sur la parallaxe du Soleil. Je l'ai écrite dans l'intention de discuter la théorie de la vitesse de la lumière, ainsi que celle de l'aberration des étoiles, et pour vous demander en même temps, M. le Président, votre avis sur ces théories.

Voilà la vérité !

Mais puisque l'on me fait parler de la parallaxe du Soleil, eh bien ! j'en dirai ce que je pense.

Je prendrai pour exemple les observations faites à Tobolsk, le 6 juin 1761, observations que Lalande a consignées dans son *Astronomie* et dont il parle en ces termes :

« Le contact intérieur fut observé par M. L'abbé Chappe à Tobolsk, lorsque Vénus entra totalement sur le Soleil à $7^h 0^m 28^s$ du matin, et le contact intérieur lorsque Vénus commença de sortir à $0^h 49^m 20^s \frac{1}{2}$ après midi.

La durée du passage a donc été de $5^h 48^m 52^s 1/2$.

Au dire de Lalande, « le 5 juin 1761 à midi, la longitude de la Terre opposée au Soleil était de $8^s 14° 53' 34''$, et celle de Vénus de $8^s 14° 24' 47''$, d'après les tables dont Lalande se servait alors. Le 16 juin, la longitude de la Terre était de $8^s 15° 50' 67''$, et celle de Vénus de $8^a 15° 59' 55''$. Ainsi le mouvement diurne du Soleil ou de le Terre était de $57' 22''$, et celui de Vénus de $1° 35' 8''$. »

Je commencerai par faire observer que si « le mouvement diurne du Soleil ou de la Terre peut donner indifféremment » les mêmes apparences des mouvements célestes, ces apparences ne sauraient plus être les mêmes à l'égard de Vénus, si au lieu du Soleil on faisait marcher la Terre sur l'écliptique.

Certes, si c'est le Soleil S (fig. 12) qui se meut, son mouvement de S en s étant en sens contraire à celui de Vénus, qui se meut de V en v, fera parcourir à cette dernière, pendant 5^h 48^m 52^s $\frac{1}{2}$ un espace Vv de son orbite de 9' seulement, même par rapport aux étoiles E, e. Que si c'est la Terre qui marche sur l'écliptique (fig. 13) de T en t et dans le même laps de temps, son mouvement, étant dirigé dans le même sens que celui de Vénus, forcera cette planète à parcourir un espace Vv d'environ 23' de son orbite, ce qui, par rapport aux étoiles E', e, équivaudrait à un espace de 9' seulement, valeur bien différente de celle que Lalande a donnée, mais plus conforme à la théorie qui fait marcher la planète plus lentement lors de sa conjonction inférieure que lors de sa conjonction supérieure.

Maintenant, si l'on tient à la donnée de Lalande, et qu'on s'arrête à la valeur de 9'' pour la parallaxe du Soleil, et à celle de 31'' 62''' pour la parallaxe de Vénus on aura la certitude que l'espace que Vénus, en décrivant son orbite, peut parcourir en 5^h 48^m ne saurait s'étendre au delà de 74.000 lieues, en admettant toutefois que c'est le Soleil qui tourne autour de la Terre, car dans le sens contraire, c'est-à-dire si l'on fait marcher la Terre sur l'écliptique, Vénus devrait parcourir, dans le même laps de temps, un espace d'environ 188,000 lieues. Dans ces deux hypothèses, les différences d'étendue que présente la trajectoire de Vénus sont si énormes qu'elles ne permettent pas aux astronomes de rester stationnaires comme si nous étions encore au temps de Ptolémée. Parmi les différents systèmes du monde, inventés jusqu'à ce jour, quand donc chercheront ils à démêler la vérité ?

Puis-je espérer qus la présente lettre aura un sort meilleur que les précédentes?

En attendant, je vous prie, Monsieur le Président, d'agréer, etc.

Or, j'ajouterai ici quelques observations : parmi les différents systèmes du monde, imaginés, comme le dit Cassini fils, « pour expliquer l'ordre et l'arrangement des parties de l'Univers et de quelle manière les corps célestes se meuvent les uns à l'égard des autres, » les plus célèbres sont sans conteste ceux de Ptolémée, de Copernic et de Tycho, ils représentent tous « les mêmes apparences ».

« Le sentiment de l'immobilité de la Terre, ajoute Cassini, a été expliqué en deux manières différentes dans le système de Ptolémée et de Tycho. »

« L'autre sentiment de l'immobilité du Soleil, qui avait été proposé par Aristarque, Philolaüs et d'autres philosophes anciens, a été adopté par Copernic qui en a formé un système, lequel a été suivi par Képler, Galilée et la plupart des astronomes modernes.

« Tycho Brahé trouva la distance des étoiles fixes au soleil, qui résulte du système de Copernic, peu vraisemblable, et, supposant de même que lui que Saturne, Jupiter, Vénus et, Mercure tournent autour du soleil, il jugea devoir attribuer au Soleil le mouvement annuel autour de la Terre, comme les anciens. »

Mais, suivant Lalande, « Longomontanus, astronome célèbre qui vécut pendant dix ans chez Tycho Brahé à Uranibourg, dont Tycho fait mention d'une manière honorable et qui contribua à l'édition de ses œuvres, ne put se résoudre à admettre tout-à-fait le sentiment de Tycho ; il admit le mouvement de rotation de la Terre, pour éviter de donner à toute la machine céleste cette vitesse incroyable du mouvement diurne, qui, par sa force centrifuge, disperserait bientôt les étoiles et les planètes, à moins qu'on ne supposât

4

les cieux solides comme le P. Riccioli est obligé de le faire,
ou des intelligences conductrices. »

C'est d'après ce système que j'ai tracé la figure 12 qu'accompagne ma lettre. La figure 13 est calquée suivant le système de Copernic, perfectionné par Képler. Ce moyen écartait, pour mes démonstrations, toute sorte d'objections qu'on aurait pu faire, si j'avais pris comme exemple tout simplement les systèmes de Ptolémée et de Copernic. Ainsi donc, quoi qu'on en dise, ces deux systèmes ne donnent pas « les mêmes apparences de mouvement de Vénus. »

Je comprends bien la difficulté qu'il y a de choisir entre deux systèmes qui donnent les mêmes résultats d'observation ; mais, lorsque ces résultats diffèrent essentiellement les uns des autres pour chaque système, il paraît tout naturel de penser que les astronomes approfondis dans les phénomènes célestes, devront distinguer très-facilement lequel des deux systèmes représente celui du ciel.

C'est dans ce but que j'adressais à M. Leverrier la lettre ci-dessus citée, car je le considérais comme le savant le plus compétent en telle matière, le seul qui aurait pu me signaler sûrement le véritable système du monde, puisque l'on savait depuis longtemps qu'il travaillait infatigablement à compléter les théories des mouvements planétaires dont, jusqu'à présent, on n'avait pas des tables exactes.

Eh bien ! mon attente a été déçue. Cette lettre obtint la même réponse que les autres :

« M. Sindico, à Paris, adresse une note sur la parallaxe du Soleil, cette lettre est transmise à M. le Président de la Commission scientifique. »

Comme aucune satisfaction ne me fut accordée quant à la rectification des énonciations inexactes des sujets de mes deux dernières lettres, je ne voulus pas laisser inaperçu ce manque de complaisance à mon égard, et j'adressai à **M.** Leverrier, le 20 janvier 1873, la lettre que voici :

Monsieur le Président,

Par le Bulletin n° 269, j'apprends que ma lettre du 16 décembre a été transmise à M. le Président de la Commission scientifique ; mais je ne trouve pas les rectifications que je me croyais en droit de réclamer.

Puisque le bon plaisir se fait place parmi nous, je n'insisterai pas davantage et, pour aujourd'hui, je me contenterai de compléter ma pensée sur la parallaxe du Soleil.

Quoique l'avis de Lalande soit en tout conforme à celui de Laplace, lorsque ce dernier dit que « en supposant le Soleil, accompagné des planètes et des satellites, en mouvement autour de la Terre, en faisant mouvoir la Terre ainsi que les planètes autour du Soleil, les apparences des mouvements célestes sont les mêmes dans les deux hypothèses, » néanmoins, si l'on soumet à l'examen la théorie de ces deux hypothèses, on trouve que les apparences et les faits diffèrent considérablement, ainsi que j'ai cherché à le démontrer par ma lettre dernière.

En effet, si les tables de Lalande étaient exactes et en parfait accord avec les observations, de sorte que Vénus eût positivement occupé le 5 juin 1761, 8^s 14° 24' 47'' et le jour suivant 8^s 15° 50'' 50''', ce serait la Terre qui se trouverait au centre de notre système planétaire, parce que, dans ce cas seulement, les visuelles TVE, $TV'c$ de l'observateur, lesquelles passent par le centre de la planète (fig. 14), peuvent tracer sur la sphère céleste, un angle de 1° 35' 8". Mais si, au contraire, c'est la Terre T qui tourne autour du Soleil S, de même que Vénus V, cette dernière forcée, du 5 au 6 juin, à parcourir l'espace Vv, dans le même sens Tt de la Terre, ne tracerait dans le ciel, à l'égard de l'observateur t qu'un angle visuel E'te d'environ 37' 46" à cause de la visuelle TE', toujours dirigée parallèlement vers l'étoile E. D'où il résulte que les tables de Lalande ne seraient pas plus d'accord avec les apparences du ciel qu'avec la trajectoire de la planète, car nous avons déjà démontré qu'il y a une différence énorme et à peu près de 110,000 lieues en un laps de temps de 5 h, 49 m. seulement.

Comment donc peut-on trouver une parallaxe de 9" si, ne connaissant pas encore laquelle des deux hypothèses est la vraie, on est exposé à se tromper, dans l'espace de 24 heures de plus de 400,000 lieues sur l'étendue du parcours de Vénus.

C'est pour cela que les astronomes ont déterminé et déterminent encore la parallaxe du Soleil au gré de leurs idées et d'après la méthode qui leur convient le mieux, pour faire concorder leur parallaxe avec les observations faites à plusieurs endroits de la Terre ; c'est pour cela qu'ils vont jusqu'à changer les données de l'observation pour les concilier avec la parallaxe supposée.

C'est si vrai que Lalande dit avoir « si bien concilié quatre observations, qu'il a trouvé la même durée pour les deux stations de Cajencbourg et de la Baie d'Hudson », quoique les observations de ces deux stations aient donné une différence assez sensible dans la durée du passage.

Encore une fois, voilà ce qui prouve que presque tous les éléments de calcul dont Lalande s'est servi, en vue de la recherche de la parallaxe, sont supposés, de sorte qu'on est sûr de trouver par sa méthode, dans la détermination des parallaxes des astres, toute valeur qu'on désirerait faire prévaloir.

Cela étant donné, on comprend que les incertitudes qui régnaient en 1764 subsistassent en 1769, lors du second passage de Vénus, et qu'elles n'aient pas cessé d'embarrasser les astronomes dans leurs calculs, comme cela a eu lieu en 1868, lors du passage de Mercure sur le soleil. Trop d'obstacles inconnus entravent les astronomes dans l'observation du passage d'un astre, pour qu'ils puissent se flatter d'arriver à en déduire la vraie parallaxe du Soleil et des planètes. Je crois que c'est par une autre méthode plus simple et plus rationnelle, qu'il faut la chercher et se contenter encore d'une approximation, car jamais l'homme ne parviendra à connaître exactement le sublime mécanisme de la sphère céleste.

Je vous prie, Monsieur le Président, d'agréer l'expression, etc.

Il paraît que cette lettre irrita un peu les savants de la Commission scientifique, car quelque temps après, le 24 février, je reçus une lettre ainsi conçue :

Paris, 23 février 1873.

Monsieur,

« Vos lettres ont été successivement adressées à M. le Président de la Commission scientifique de l'association. Ces notes et lettres ayant essentiellement pour objet des demandes d'insertion dans le Bulletin de l'association scientifique de France, M. le Président de la commission me charge de vous faire connaître que la Commission n'est pas chargée de la rédaction du Bulletin, qui est publié sous la responsabilité de M. le Président de l'association.

« Agréez, Monsieur, l'expression de mes sentiments distingués.

Le Secrétaire de la Commission,

Signé : F. Le Blanc.

J'eus d'abord l'idée de répondre, mais, en y réfléchissant, je sentis que cela n'en valait pas la peine, d'autant plus que dans la lettre ci-dessus on ne faisait aucune allusion aux questions sur lesquelles je demandais des éclaircissements.

M. le Président savait bien que tous les articles adressés à M. Leverrier étaient immédiatement transmis à la Commission scientifique, et que « nul article n'était refusé par le Président de l'association sans qu'il en eût référé à la Commission scientifique.

Si j'ai adressé mes lettres à M. Leverrier, ce n'a été qu'après que le Président eut convié tous les membres de l'association à prendre part à la rédaction du Bulletin. Je rapporte ses propres paroles.

« C'est à eux (c'est-à-dire aux membres de l'association) qu'il appartient de fournir des articles et, s'ils veulent bien, chacun dans sa spécialité.., nous en profiterons tous. »

J'ai donc considéré comme un devoir de lui envoyer de temps en temps quelques articles. Si la Commission ne les trouvait pas de son goût, il valait mieux me le dire franchement et tout de suite, plutôt que d'avoir recours à des faux-fuyants. Peut-être s'est-elle fâchée en entendant dire que :

» l'homme ne parviendra jamais à connaître exactement le vrai système du monde » : bien que Laplace l'ait exposé si éloquemment! Mais que voulez-vous? L'esprit de l'homme est borné et la nature est indéfinie!

La question que j'ai soulevée n'est qu'un point dans la sphère de la science; mais encore pour la résoudre, c'est-à-dire pour déterminer la vraie parallaxe des astres, il faudrait connaître avant tout :

1° La forme géométrique de notre globe.

2° L'étendue précise de notre atmosphère.

3° La quantité et la nature des gaz qui constituent l'atmosphère.

4° La quantité et la nature des fluides qui inondent l'espace céleste et que les rayons visuels doivent traverser.

5° Si la lumière est exclusivement concentrée dans les corps lumineux, ou bien si elle est également répandue dans tout l'espace.

6° Si cette lumière fait partie de l'atmosphère des planètes, proportionnellement aux besoins de chacune d'elles, c'est-à-dire en raison de la distance de l'astre lumineux.

7° Si la lumière, combinée avec l'atmosphère de chaque planète, a les mêmes propriétés que la lumière provenant d'une autre source.

8° Si la densité propre de chaque atmosphère planétaire change le pouvoir de réfraction.

9° Si la couleur dont la lumière est affectée est une propriété moléculaire, ou simplement un effet de désagrégation que la lumière subit en traversant plusieurs milieux différents.

10° Connaître sous quel angle de réfraction parviennent jusqu'à nous les différentes lumières.

11° Savoir si la réfraction est une propriété inhérente à

la lumière, ou si, au contraire, elle n'est qu'un effet des déviations que la lumière est forcée de prendre pour passer à travers les interstices moléculaires, plus ou moins réguliers, suivant la configuration, la disposition, la vitesse et les oscillations des molécules composant chaque fluide que la lumière doit traverser.

12° Bien plus, il faudrait répondre aux questions suivantes :

A. La lumière se communiquant forcément à travers les interstices moléculaires des différents fluides, la résultante des directions qu'elle suit serait-elle une droite ou une courbe ?

B. Est-il probable que la valeur des angles curvilignes, soit de la lumière astrale, soit de la lumière réfléchie, diffère pour chaque corps, indépendamment de la distance ?

C Dans ce cas, comment faire pour trouver le foyer optique de ces mêmes corps, afin de déterminer leur véritable éloignement et leur grandeur, lorsqu'ils sont placés, les uns à l'égard des autres, à des distances différentes?

D. Ne faudrait-il pas s'assurer si les images des étoiles qui se transmettent sur tous les points de notre atmosphère arrivent à l'observateur terrestre parfaitement parallèles entre elles ?

E. Quant aux images planétaires, sont-elles transmises selon le rapport exact de leur distance à notre atmosphère et de la distance de l'atmosphère à l'observateur terrestre ?

F. Les rayons lumineux, dans la direction plus ou moins oblique qu'ils suivent lorsqu'ils viennent se réfracter, soit à la périphérie, soit à l'intérieur de notre athmosphère, peuvent-ils nous transmettre des images dont la grandeur soit en sens inverse de la distance des astres que ces images représentent ?

G. Les verticales des observateurs, ou les zéniths, vont-ils tous aboutir à un centre commun de la Terre?

H. Les méridiens sont-ils tous distribués parallèlement autour des pôles, bien que la surface terrestre présente des irrégularités sans nombre ?

I. L'Ecliptique céleste et l'équateur terrestre coupent-ils notre globe en deux parties parfaitement égales ?

J. Les mouvements de la Terre sont-ils capables de faire dévier de leur direction les rayons visuels perçus par l'observateur?

Ce n'est pas tout ; à cette longue série de questions non encore résolues, il faudrait en ajouter deux autres d'une importance bien grande : la première est celle qui concerne la conformation particulière de chaque observateur; la seconde est celle qui aurait pour objet la construction des instruments d'optique, instruments qui tous mettent obstacle à la recherche exacte de la parallaxe des astres ?

Plus haut j'ai émis un doute : je me suis demandé si, en réalité, les zéniths se réunissent tous au même centre de la Terre. Voici la raison de ce doute.

Afin qu'un corps ait un seul centre commun à toutes les molécules qui le composent, il faut que, l'agglomération moléculaire soit parfaitement sphérique, c'est-à-dire il faut que toutes les molécules soient de la même forme et de la même grandeur pour qu'elles puissent se disposer symétriquement autour d'un centre unique, qui devient alors le centre de la figure et le centre de la masse en même temps. Dans ce cas seulement, les perpendiculaires menées de tous les points de la surface sphérique de la Terre pourraient aboutir exactement, comme rayons, au centre unique du globe.

Mais comme le globe n'est qu'une agglomération de molécules hétérogènes, formant des masses particulières, superposées les unes aux autres, il s'ensuit que la Terre doit avoir deux centres au moins bien définis, l'un de sa masse, l'autre de sa figure. De là, il s'en suivrait entre ces deux centres un dualisme assez marqué, et qui semblerait n'avoir d'autre but que d'entretenir le souffle de la vie dans les êtres inanimés, et de causer peut-être et de faire durer le mouvement des corps célestes, lesquels, lancés dans un milieu fluide, ne peuvent pas rencontre une masse assez solide pour les arrêter et pour paralyser ainsi l'activité d'un des deux centres.

Cela posé, je me demande où iront aboutir, dans l'intérieur du globe, les verticales des observateurs, vu l'état informe d'agrégation moléculaire, qui ne permet pas à ces verticales de se diriger vers un seul point?

Considérons enfin que les curvilignes visuelles, par lesquelles nous voyons les objets, se comportent bien autrement que les visuelles qui émanent des lentilles optiques, et que celles qui sont tracées d'après les règles de la perspective. Ces dernières, dans leur conjonction en ligne droite vers un seul foyer optique, diminuent la grandeur des objets bien plus considérablement que ne font les curvilignes visuelles, par rapport aux distances relatives entre les objets et leur foyer optique particulier.

Je finis, en disant encore une fois que trop d'obstacles s'opposent à l'observation d'un passage de Vénus ou de Mercure, pour qu'on puisse se flatter de déterminer, par la méthode suivie jusqu'ici, la vraie parallèle du Soleil et celle des autres planètes.

Maintenant je reprends mon sujet.

A dater du jour où je reçus la lettre de M. le Président de la commission scientifique, mes occupations m'empêchèrent pendant quelques mois de continuer ma polémi-

que. Ce ne fut que vers la fin de mai que j'adressai à M. Leverrier, à l'occasion d'une éclipse partielle du Soleil, le résultat de mes observations sur ladite éclipse.

Voici ma lettre.

Paris, 31 mai.

MONSIEUR LE PRÉSIDENT,

Je prends la liberté de soumettre à votre appréciation les
phénomènes que j'ai observés pendant l'éclipse partielle du
26 courant.

N'ayant pu placer convenablement mes instruments pour
cette observation à cause de la projection trop oblique des
astres par rapport à ma fenêtre, j'ai dû me contenter d'une
simple jumelle de théâtre, dont je n'ai utilisé toutefois
qu'une seule lunette, garnie d'un vert bleu foncé.

Mais, comme l'éclipse était commencée, je n'ai pu rien
voir de remarquable jusque vers 8 heures $\frac{1}{4}$, et, à ce mo-
mement, des nuages planant dans le ciel passèrent sur les
deux astres. C'est alors que j'ai vu, à une faible lueur d'un
reflet jaunâtre, se dessiner au milieu des nuages, et à la
place de la Lune, un disque vaporeux et un peu plus grand
que le disque réel qui commençait à entamer celui du
Soleil.

Cet effet d'optique, semblable à un parhélie, se prononça
davantage vers 8 heures $\frac{1}{2}$, au moment où passa le dernier
nuage plus dense et plus volumineux que les précédents.

Je vous ferai remarquer, Monsieur le Président, que le
disque apparent s'est montré à l'instant même où le nuage

est parvenu à la moitié de l'espace occupé par la Lune, comme on peut le voir dans la figure première ci-jointe. Ces espèces de parhélies disparaissaient aussitôt que les astres planaient dans le ciel pur.

Enfin, à 8^h 35^m, une couche légèrement pommelée, dernier débris du nuage, voila les astres. Je vis alors le disque du soleil s'allonger du nord au sud, en sens contraire à l'apparence optique du Soleil couchant, ainsi que je le fais voir (fig. 11).

Pour en finir, après le dernier contact apparent des deux astres et au moment où la Lune sortait du contour du Soleil, une petite ombre, ayant la forme d'une queue, se dessina sur le disque solaire, entouré d'une pénombre curviligne, comme si c'était le disque de la Lune qui le projetât. Ce phénomène a persisté pendant plusieurs secondes, offrant en même temps un petit déplacement de la queue en sens contraire au mouvement de la Lune.

On pourra mieux juger l'apparence optique, en examinant la figure 3e que j'ai tracée pour mieux éclaircir le phénomène en question, lequel a quelque analogie avec celui que j'eus l'honneur de vous signaler en 1868, lors du passage de Mercure sur le Soleil.

Agréez, Monsieur le Président, l'expression de mes sentiments les plus distingués.

Comme cette lettre n'avait pour objet aucune discussion scientifique, mais seulement quelques observations sur certains phénomènes qui avaient accompagné l'éclipse, je ne doutais pas qu'elle ne fût publiée dans le Bulletin : j'en doutais d'autant moins que la Commission scientifique, en 1868 et en une circonstance analogue, eût assez de complaisance pour insérer l'article suivant que j'avais adressé à **M. Leverrier.**

Montmartre, 5 novembre 1868.

Monsieur le Président,

Je prends la liberté de vous soumettre les observations que j'ai faites sur le passage de Mercure.

Un peu avant le second contact intérieur, le contour lumineux du Soleil a formé une gibbosité autour du demi disque de Mercure, comme on peut le voir dans la figure 1re ci-jointe ; mais ensuite la gibbosité lumineuse a commencé à diminuer au fur et à mesure que la planète s'approchait du bord occidental du Soleil, et elle a fini par disparaître tout-à-fait au moment du contact intérieur, en donnant lieu à une sorte d'échancrure sur une partie du disque de Mercure, qui prit à son tour une forme allongée vers le centre du Soleil, ainsi que je l'ai montré dans la figure 11e. Le brouillard m'a empêché d'apercevoir distinctement le contact intérieur et la sortie de la planète du disque lumineux.

L'observation du passage de Mercure a été faite avec une lunette de 4 pieds.

Agréez, Monsieur le Président, l'assurance, etc.

Voici maintenant le résumé de ma lettre, tel que l'a publié le Bulletin du 15 novembre 1868.

« Sindico, associé, nous a transmis une observation du passage de Mercure qu'il a faite, à Montmartre avec une lunette de 4 pieds .. Un peu avant le contact intérieur, M. Sindico a cru distinguer que le contact lumineux du Soleil formait une gibbosité lumineuse autour du demi disque de Mercure. Cette gibbosité aurait diminué progressivement et elle aurait fini par disparaître au moment du contact intérieur. »

. On a oublié, dans ce résumé, de signaler le second phénomène que j'ai observé au moment du contact intérieur, celui d'une sorte d'échancrure sur une partie du disque de Mercure, qui à son tour prit une forme allongée vers le centre du Soleil.

Et pourquoi cet oubli ? à propos d'un phénomène qui paraissait d'une certaine importance, puisque M. Leverrier l'ayant observé lui-même, le décrit en ces termes :

« On sait que la plupart des observateurs des anciens passages ont signalé qu'au moment du contact intérieur pour la sortie, le disque noir de Mercure paraissait s'allonger subitement pour constituer un contact instantané, et dont le temps était susceptible d'être observé avec la dernière exactitude. C'est dans ces conditions que le phénomène m'est personnellement apparu de la manière la plus précise. Je ne saurais mieux le décrire qu'en disant qu'il s'est tout à coup établi comme un point noir, égal en largeur au quart du diamètre de la planète, et dont la noirceur s'étendait jusque sur le fond du ciel, au delà du disque du Soleil. C'est ce phénomène qui, pour moi, n'a pas présenté une incertitude d'une demi seconde de temps, que j'ai noté et qui me paraît bien être celui qu'ont décrit les anciens astronomes, nos prédécesseurs. Il a été surtout considéré dans la construction des tables de Mercure, et c'est à lui que doit se rapporter la vérification de leur exactitude.

» M. Stephan déclare n'avoir rien vu de pareil, mais avoir néanmoins observé instantanément la rupture du filet lumineux ; M. Stephan avait un immense télescope, tandis que je n'avais qu'une lunette de deux mètres de distance focale.

« Suivant la lettre que j'ai reçue de M. Wolf, Mercure a touché le bord du Soleil, en amincissant progressivement le filet lumineux, mais sans produire le phénomène de la goutte. Il sera utile que chacun des quatre observateurs de Paris fasse connaître son impression personnelle. »

Cette goutte donc, vue par M. Leverrier, devient un fait important ; observé par moi, on n'en fait plus aucun cas ! Aussi, le Bulletin ne fit pas plus mention des phénomènes que j'avais signalés, qu'il n'avait fait mention de ceux que j'avais décrits dans ma lettre du 31 mai, à l'occasion de l'éclipse partielle du Soleil ; il resta muet à mon égard, et ma dernière lettre n'eut même pas l'honneur d'un accusé de réception.

Ces façons d'agir ne me découragèrent pas. Piqué au jeu, j'adressai à M. Leverrier une nouvelle lettre. Ce fut le 5 juillet.

Monsieur le Président,

J'ai tout lieu de croire que ma lettre du 31 mai dernier vous a été remise ; cependant le Bulletin n'en fait aucune mention. Je suppose donc que vous n'avez pas trouvé assez intéressant l'exposé des phénomènes que j'ai observés pendant la dernière éclipse partielle du Soleil. Dans cette hypothèse, je renonce au projet que j'avais conçu un instant, c'était de soumettre à votre examen plusieurs autres phénomènes qui, suivant moi, pourraient bien intéresser la science, et que j'ai observés pendant quelques éclipses de lune.

Je reviens donc à mon sujet, et je prends une seconde fois la liberté de vous communiquer mes doutes, avec l'espérance, Monsieur le Président, que vous voudrez bien me donner quelques éclaircissements.

Je trouve ce qui suit dans l'astronomie populaire d'Arago. Cela se rapporte aux passages de Vénus sur le Soleil.

« On demandera sans doute pourquoi les passages de Mercure sur le Soleil ne pourraient pas, comme les passages de Vénus, servir à la détermination de la parallaxe solaire.

» Halley, dans son mémoire de 1725, avait déjà répondu à cette question. La différence, dit l'astronome anglais, de la parallaxe de Mercure et de la parallaxe du Soleil est si petite, qu'elle est toujours moindre que la parallaxe solaire, qui est la quantité à trouver. Quant à Vénus, la parallaxe de cette planète étant, dans ses passages, presque quadruple de celle du Soleil, rendra très-sensibles les différences entre les espaces de temps que Vénus sera visible sur le Soleil pour les diverses régions de notre globe. Or, ces différences constituent l'élément principal d'où l'on déduit la parallaxe du Soleil. »

Si c'est là le vrai motif qui a fait préférer le passage de Vénus à celui de Mercure, je me demande, et toujours je me demanderai pourquoi l'on n'a pas choisi le passage de la Lune sur le Soleil, puisque la parallaxe de la Lune est, en moyenne, 400 fois plus grande que la parallaxe du Soleil; et par conséquent «les différences entre les espaces de temps que la Lune sera visible sur le Soleil pour les diverses régions de notre globe, » pourraient se rendre 100 fois plus sensibles que les différences qu'en espèrent obtenir les astronomes au prochain passage de Vénus sur le Soleil.

A mon avis, on pourrait tirer des éclipses du Soleil un avantage immense : ce serait de pouvoir déterminer en tout temps et parallèlement, la parallaxe exacte du Soleil et celle de la Lune, par la méthode directe et facile de Lalande et Lacaille; tandis qu'on n'a aucun moyen de déterminer exactement et simultanément la parallaxe du Soleil et celle de Vénus.

Indépendamment de cet avantage, il y en a un autre : c'est que les éclipses du Soleil ayant lieu bien souvent deux fois par an, l'on s'épargnerait la peine d'attendre, pendant un siècle, la reproduction d'un phénomène sur lequel se base la méthode qui doit faire connaître la véritable parallaxe du Soleil.

Agréez, Monsieur le Président, l'assurance, etc.

M. le Président de l'Association daigna enfin me répondre. Jusque là, aucune de mes lettres, pendant deux ans, n'avait obtenu de réponse; cette fois-ci, je fus plus heureux.

J'avais demandé, dans ma dernière lettre, pourquoi, si la théorie d'Halley est exacte, les astronomes n'ont pas préféré les passages de la Lune à Ceux de Vénus.

Voici la réponse :

Paris, 8 Juillet 1872.

« Comment M. Sindico n'a-t-il pas fait cette simple réflexion que, si les passages de la Lune sur le Soleil pouvaient servir à cet usage, les astronomes l'auraient probablement bien trouvé?

5

Le jour où M. Sindico voudra étudier sérieusement l'astronomie, il mettra de lui-même de côté toutes les questions sans portée. »

Signé : LEVERRIER.

Je me permets de faire observer que la réflexion que je devais faire et que j'ai faite est celle-ci : je me suis dit que, si les passages de la Lune, malgré leurs avantages sur ceux de Vénus, n'ont pas attiré l'attention des astronomes, c'est que la théorie d'Halley est basée sur de fausses données, et que, par conséquent, la recherche de la parallaxe du Soleil, par les passages de Vénus, est une véritable utopie.

Je ne croyais pas qu'il eût été nécessaire de se plonger dans l'étude de l'astronomie pour être à même de poser une simple question qui, malgré l'avis de M. Leverrier, aux yeux duquel elle est « sans portée » ne laisse pas d'être sensée.

En effet, s'il en eût été autrement, notre illustre Président n'aurait pas manqué de démontrer mon erreur, en expliquant comment et pourquoi les passages de la Lune sur le Soleil ne sauraient servir au même usage que les passages de Vénus. Aussi, je n'hésitai point à répondre à M. Leverrier, et, le 9 août, je lui adressai la lettre suivante :

MONSIEUR LE PRÉSIDENT,

Je vous suis très-obligé d'avoir bien voulu répondre à ma lettre du 8 du mois dernier. Vous avez eu la bonté de me faire observer que si les passages de la Lune sur le

Soleil pouvaient servir à cet usage, les astronomes l'auraient probablement bien trouvé.

Cette observation fait encore mieux ressortir l'inexactitude de la théorie d'Halley, puisque cette théorie ne peut pas s'appliquer aux passages de la Lune, quoique cet astre se trouve dans des conditions bien autrement avantageuses que Vénus, par rapport à Mercure.

Vous êtes également dans le vrai, M. le Président, lorsque vous me conseillez d'étudier sérieusement l'astronomie.

Mais j'ai toujours pensé que, pour aborder sérieusement cette étude, il fallait avant tout connaître le système sur lequel l'astronomie est basée ; car Bailly disait : « N'espérons pas de jamais rien connaître dans les sciences de la nature dans les systèmes. »

Or, l'astronomie présente un si grand nombre de systèmes différents, qu'on est embarrassé dans le choix lors même qu'on voudrait se ranger du côté de Copernic ; car, lui aussi, a été éconduit par d'autres astronomes, et notamment par Ticho Brahé, qui, au dire de Bailly, « mérita d'être regardé comme un des plus grands astronomes qui aient paru sur la Terre. » Et puisque, contrairement à l'avis de cet « observateur infatigable, » on a enfin adopté le système de Copernic comme le seul qui représente le vrai système du Ciel, il faut croire que les astronomes modernes ont trouvé les preuves matérielles qui ont élevé les théories coperniciennes à la hauteur d'une vérité constatée. C'est précisément pour me rendre compte de ces preuves que j'ai pris la liberté de m'adresser à vous, Monsieur le Président, comme au savant le plus compétent en cette matière, et si, un jour, vous aviez la bonté de me donner connaissance des faits qui ont servi à « établir sur des bases solides » le système copernicien, vous pouvez être sûr, Monsieur, qu'immédiatement je mettrai de côté ces questions qui vous paraissent sans portée.

En attendant ce jour heureux, permettez-moi de continuer à vous exposer mes doutes sur l'inexactitude des théories reçues.

Je commencerai par quelques observations sur la troisième loi de Képler.

Cette loi qu'on a même appliquée à tous les satellites des planètes, Lacaille la formule simplement ainsi :

« Les rayons des orbites des satellites sont comme les racines cubiques des carrés des temps de leur révolution autour de la planète. »

Eh bien, la Lune, ce prétendu satellite de la Terre, ne se conforme pas à cette loi, car le rayon de son orbite, déterminé par l'observation, n'est nullement le produit cubique des carrés des temps de sa révolution, par rapport au rayon ou demi-diamètre de la Terre, pris pour unité, comme celui des autres planètes à l'égard de leurs satellites.

Il y a plus, la loi en question démontre clairement que le mouvement de rotation des planètes est la cause véritable de mouvement de translation de leurs satellites. Il suffit donc de connaître les temps de révolution de chaque satellite, pour déterminer aussitôt, en demi-diamètre de leur planète, le rayon exact de l'orbe que parcourt chacun d'eux.

Or, comme la Lune n'obéit pas à la loi que Lacaille a formulée, je me demande si, au lieu de se mouvoir comme un satellite, cet astre ne serait pas, comme une planète quelconque, mû par une force inconnue, bien différente de celle qui produit la rotation de la Terre.

Lacaille dit encore ceci : « Les satellites tournent autour de leur planète suivant les mêmes lois que leur planète autour du Soleil.»

On peut donc considérer les planètes comme des satellites de l'astre lumineux. Mais alors, suivant les données de la science, les rayons des orbites planétaires ne sont plus, par rapport au rayon du cercle que décrit la rotation du Soleil, en raison cubique des carrés des temps de révolution, c'est-à-dire en raison de la racine cubique du carré des temps que l'astre met à tourner sur lui-même.

Il suivrait encore de là que si la rotation des planètes sert à faire mouvoir les satellites, la rotation du Soleil, aussi bien que celle de la Terre, seraient dans le système des forces perdues, puisqu'elles ne sont pas la cause des mouvements de révolution des planètes autour du Soleil, ni de la révolution de la Lune autour de la Terre.

Ainsi la loi de Képler et celle de Lacaille, lesquelles, au dire des astronomes, s'appliqueraient parfaitement à tous les satellites des planètes, ne s'accordent point lorsqu'on les veut appliquer à la Lune par rapport à la Terre et aux planètes par rapport au Soleil.

La loi de Képler éprouve même de sérieuses difficultés dans son entière application, car pour qu'elle ait force de loi, il est avant tout nécessaire de déterminer, au moins pour une planète, une distance quelconque du Soleil, ce qui a motivé la recherche de la parallaxe du Soleil.

Reste maintenant à savoir si les questions que je viens de poser sont, oui ou non, sans portée.

Veuillez bien, Monsieur le Président, agréer l'assurance, etc.

On ne répondit pas à cette lettre, on ne me fit même pas l'honneur d'un accusé de réception. Cela se comprend : Quelle réponse aurait-on pu me faire ? quelle solution aurait-on pu trouver laquelle conciliât les théories avec le système et le système avec les phénomènes célestes ?

Pour que la Lune fût, selon la loi de Képler, un vrai satellite de la Terre, il faudrait qu'elle se trouvât éloignée de nous de $9\frac{1}{10}$ rayons terrestres seulement, au lieu de 60, selon l'observation.

On sait que la Lune parcourt son orbite dans l'espace de 27 jours, 8 heures à peu près ; eh bien ! le carré de ce nombre serait 747 et sa racine cubique $9\frac{1}{10}$. Or, un jour de rotation de la Terre, pris comme unité, peut être représenté, en mesure linéaire, par le rayon terrestre, qui est évalué à 1591 lieues. En multipliant alors ce nombre par $9\frac{1}{10}$, on aura $1591 + 9\frac{1}{10} = 14,466$ lieues, ce qui serait la distance moyenne de la Lune à la Terre.

Et, d'autre part, si l'on considère comme exacte la parallaxe de la Lune trouvée par Lalande et Lacaille, cette parallaxe qui, en moyenne, est d'un degré, donnerait à la Lune une distance de 60 rayons terrestres ou 96,000 lieues, ce qui diffère énormément des 14,000 lieues trouvées par la loi de Képler.

Il faut donc choisir : ou la Lune est un vrai satellite de la Terre, et alors elle ne serait éloignée de nous que de 14,496 lieues, ou l'observation de la parallaxe est reconnue exacte, et alors la Lune se trouverait à 96,000 lieues de nous. Mais, comme dans ce cas sa distance ne saurait être déduite de la loi de Képler, on ne pourrait plus la considérer comme un satellite de la Terre, elle entrerait dans l'ordre des planètes qui circulent autour d'un centre commun, générateur de leur mouvement de révolution.

Que si l'on tient absolument à ce que la Lune soit un satellite de la Terre, obéissant aux lois de Képler, il faudrait alors enlever à notre globe son mouvement de rotation et le remplacer par un mouvement de révolution qu'il exécuterait dans un espace de temps de 23ʰ 56' 4'' sur une orbite dont le rayon aurait une longueur d'environ 10,600 lieues; car, en multipliant 10,600 par $9\frac{1}{2}$, cube du carré formé par 27 jours 8 heures, qui constituent le temps de la révolution de la Lune, on aurait 96,000 lieues pour la distance lunaire, ainsi que la science l'a décidé.

La même opération devrait s'appliquer au Soleil, pour qu'on pût considérer cet astre comme le moteur des révolutions planétaires, et au lieu de le faire tourner sur lui-même en décrivant un cercle dont le rayon serait d'environ 178,000 lieues, dans l'espace de 25 jours à peu près, il faudrait lui faire parcourir, dans le même laps de temps, un mouvement de révolution sur une orbite dont le rayon aurait une longueur de 6,370,000 lieues, par ce moyen la distance de la Terre au Soleil se trouverait dans le rapport demandé par la loi, puisque le carré de 365 jours, temps que la Terre met à parcourir son écliptique, est 133,225, dont le cube est $51\frac{1}{2}$ à peu près. Le carré de 25 jours équivalant à une rotation solaire, étant 625, son cube serait $8\frac{1}{2}$ environ, de sorte que $\frac{51\frac{1}{2}}{8\frac{1}{2}} = 6$ serait le nombre qui exprimerait en rayons orbi-solaires la distance de la Terre au Soleil.

Or, comme nous avons supposé que ce rayon est de 6,370,000 lieues, ce nombre multiplié par 6 donnerait 38,320,000 lieues, conformément aux calculs des coperniciens.

Ainsi donc, on a beau tourner la question en tous sens, on ne parviendra jamais à concilier les théories et l'observation avec le système.

Il y a longtemps que ce désaccord a été constaté, puisque Mairan, dans les Mémoires des sciences, pour l'année 1727, a franchement avoué que la règle de Képler souffre quelque exception. Et il ajoute :

« Le premier satellite de Jupiter par exemple, celui de tous dont le mouvement est le plus prompt, emploie 42 heures à faire sa révolution autour de Jupiter, selon la règle devrait faire la sienne sur son propre centre en moins de 3 heures; il ne la fait qu'en un peu moins de 10 heures, ce qui n'est pas encore le quart du temps employé par le premier satellite, dont la distance du centre commun ne va pas à 3 diamètres du globe de Jupiter. Le Soleil se trouve dans ce cas, eu égard aux planètes principales qui tournent autour de lui. Sa surface devrait faire une révolution entière sur son axe dans 3 heures environ, elle ne la fait qu'en 25 jours $\frac{1}{2}$. Mais, la planète de Mercure, qui est la plus proche de toutes, et dont la distance n'est pas de 40 diamètres solaires, ne fait la sienne autour de cet astre qu'en 2 mois et 28 jours. »

Toutes ces contradictions astronomiques constatées n'ont pas empêché Francœur de dire que : « au lieu de recourir à l'observation seule, qui est sujette à quelques erreurs, il est préférable de tirer la distance de cette troisième loi. »

Et cependant, nous venons de voir que cette prétendue loi n'est due qu'à des conjectures hasardées. Il est bon de citer à ce propos l'historique que Lalande a fait de la découverte de la loi en question. Voici comment cet astronome s'exprime :

« La plus fameuse loi du mouvement des planètes découvertes par Képler est celle du rapport qu'il y a entre les grandeurs de leur orbite et le temps qu'elles emploient à les parcourir. Képler chercha longtemps ces rapports. Il avait d'abord voulu rapporter les distances des six planètes aux corps réguliers, le cube, le tétraèdre, l'octaèdre, le dodécaèdre, l'icosaèdre, ensuite à l'harmonie des corps sonores, mais il ne trouvait aucun rapport satisfaisant entre les temps et les distances. Ce fut le 8 mars 1618 qu'il lui vint à l'esprit pour la première fois, de comparer les puissances des différents nombres, au lieu de comparer les nombres mêmes qui exprimeraient les temps périodiques des planètes et leurs distances, il compara donc au hasard, des carrés, des cubes (etc), il essaya même les carrés des temps avec les cubes des distances ; mais trop de vivacité ou d'impatience l'égara dans quelque faute de calcul, il se trompa cette première fois et rejeta cette proposition comme fausse et inutile. Ce ne fut que le 15 mai suivant qu'il revint à cette idée, il calcula mieux et la trouva parfaitement d'accord ; il fut enchanté de cette découverte. Il n'osait qu'à peine se persuader qu'il eût enfin trouvé une vérité cherchée pendant 17 ans. »

Cependant le grand astronome eût beau être satisfait, le résultat de sa découverte ne répondit pas aux exigences du système autant qu'on voudrait nous le faire croire. Il s'ensuit que, ou cette loi n'est point celle de la nature ou que le système n'est point celui du ciel.

Je reviens maintenant aux différents épisodes de ma correspondance.

Trois mois après ma dernière lettre restée sans réponse et quelques jours avant mon départ pour l'Italie, je me décidai à écrire à M. Leverrier une lettre ainsi conçue :

Paris, 27 octobre.

Monsieur le Président,

N'ayant pas reçu de réponse à ma lettre du 9 août, je dois supposer que cette lettre, de même que les précédentes ne contenait que des observations fort peu importantes ou même erronées.

Mais, si je me suis trompé, j'espère que la faiblesse de mes connaissances scientifiques me servira d'autant mieux d'excuse, qu'on a vu parfois de grands savants tomber dans les erreurs les plus étranges. N'a-t-on pas vu de profonds philosophes défendre l'hypothèse du vide absolu ? Et maintenant que cette doctrine est généralement répudiée, ne voit-on pas les astronomes persister à soutenir que l'attraction newtonnienne est la seule cause des mouvements des corps célestes ? Et quelle preuve a-t-on donnée jusqu'ici pour démontrer l'existence de cette force mystérieuse ? Aucune.

Et ces preuves, où les puiserait-on ? Certes, ce n'est pas dans la nature, car elle nous fait voir tous les jours, que les corps solides plongés dans un milieu fluide se communiquent leurs propres mouvements par l'intermédiaire du fluide qui les enveloppe.

Il suit de là que si l'on admet que les corps célestes sont plongés dans le fluide éthéré, et que c'est par l'intermédiaire de cette substance que les molécules lumineuses du Soleil parviennent par ondulation jusqu'à nous et frappent l'organe de la vision, pourquoi n'admettrait-on pas également que la masse de Soleil, par les ondulations qu'elle produit au sein de l'éther en le sillonnant, communique son mouvement aux planètes qui entourent et suivent cet astre comme de simples satellites ?

Que dirait-on de celui qui, tout en admettant que les corpuscules agglomérés autour d'un gros navire soient capables de produire des ondulations sur la surface de l'eau, et de communiquer ainsi leur mouvement aux autres corpuscules éloignés à des distances différentes, refuserait la même propriété au navire même, et nierait qu'en sillonnant profondément la mer, il puisse y causer des ondulations capables de transmettre son mouvement aux petits bateaux qui se trouvent à sa proximité ? Certes cette manière de raisonner serait taxée d'absurdité.

Or, quelle différence y a-t-il entre ce raisonnement et l'hypothèse admise par les astronomes ? Ils s'agit ici de l'hypothèse d'après laquelle tout en attribuant le phénomène de la vision aux ondulations de l'éther, causées par le mouvement moléculaire de la photosphère solaire, après on prétend que ce même éther reste dans un calme absolu à l'égard du corps solide du Soleil, quoique celui-ci, pour se mouvoir, soit forcé de le déplacer en grande masse.

Est-il possible qu'un fluide puisse se déplacer sans produire un mouvement ondulatoire proportionné à la masse déplacée ?

Et pourquoi, parmi tous les fluides connus, seul l'éther, qui par sa ténuité est de tous le plus élastique et le plus susceptible de transmettre par ondulation le mouvement imperceptible des molécules lumineuses, pourquoi se trouverait-il privé du mouvement ondulatoire par de grandes masses ? Et pourtant c'est ce mouvement peut-être qui est la cause de tous ces phénomènes qu'on a attribués jusqu'ici à l'attraction et à la répulsion que paraissent subir les corps solides quand ils se trouvent équilibrés dans un fluide en état d'agitation.

Si l'on admettait l'hypothèse des ondulations, le système planétaire ne recevrait-il pas une explication plus conforme aux lois naturelles, plus à la portée de notre intelligence, et les calculs n'auraient-ils pas une base plus sûre pour exercer leur puissant contrôle ?

Veuillez bien agréer, Monsieur le Président, l'assurance, etc.

Comme de coutume, ma lettre resta sans réponse.

Un mois après mon arrivée à Paris, la prétendue comète de Coggia apparut dans le ciel. Naturellement je fis mes observations comme beaucoup d'autres.

C'était le soir du 1er juillet 1874 ; le lendemain, j'envoyai à M. Leverrier, Président de notre Association, la lettre suivante :

MONSIEUR LE PRÉSIDENT,

Hier soir, en regardant le ciel du côté du pôle, j'ai aperçu à l'œil nu la comète de Coggia. Je l'ai examinée avec une lorgnette de spectacle, elle m'est apparue comme une étoile de 5e grandeur, entourée d'une nébulosité, dont la queue se dirigeait, à la manière d'un rayon, presque en ligne droite vers l'étoile A de la petite Ourse. Examiné ensuite avec une lunette de 2m 50, cette comète s'est présentée avec un noyau brillant, dont la grandeur est à peu près la moitié du disque de Jupiter. Nettement tracés du côté du pôle, ses contours se confondaient quelque peu, du côté de l'horizon, avec la nébulosité qui entourait la comète en forme de hallo. Ce hallo, presque rond, était cependant échancré en arc au-dessus du noyau brillant et donnait ainsi passage à l'appendice nébuleux qui, de même qu'un rayon de lumière se trouvait plus raréfié au milieu de toute sa longueur.

La comète paraissait éloignée du pôle d'environ 25° 30'. Son ascension droite a dû être de 7 heures 43 minutes, et tout à fait à la limite qui sépare la Girafe de la Grande Ourse. Par conséquent elle se trouvait placée presque au milieu de l'étoile O de la Grande Ourse, et des trois étoiles Q, 42, 49, de la jambe de la Girafe.

Vers 10 heures 45 minutes, une étoile filante partant du cou de la Girafe est presque venue toucher, en ligne courbe, la comète, au moment où elle disparaissait.

On a comparé l'observation avec l'atlas céleste de Ch. Dien, 1860, car je n'ai pas pu employer les instruments nécessaires à l'exactitude de l'observation.

Vous trouverez ci-jointe la figure de la comète et sa position parmi les étoiles polaires.

Agréez, M. le Président, l'assurance, etc.

Le 4 je reçus la lettre suivante :

Association scientifique de France

Paris, 3 juillet 1874.

MONSIEUR,

« J'ai l'honneur de vous informer que nous avons reçu de Paris et des départements un très grand nombre de lettres, signalant la comète visible dans la constellation du Lynx.

» Malheureusement ces observation ont toutes été faites sans instruments ou avec des instruments insuffisants. Nous répondons par une note commune, au Bulletin, qu'il n'y a point d'intérêt à les publier. »

Veuillez agréer, Monsieur, nos civilités respectueuses.

Le chef du Secrétariat,

Signé : E. COTTIN.

Je fus étonné de lire dans cette lettre que la comète était visible dans la constellation du Lynx, car, le 4 juillet au soir, elle se trouvait encore dans la constellation de la Girafe, cotoyant la Grande Ourse et loin de celle du Lynx de 2° 20 au moins.

Je pensai alors que la comète en question, visible pour tout le monde, n'était pas la vraie comète de Coggia.

Désireux d'avoir des éclaircissement à ce sujet, j'écrivis
le 7 Juillet à M. Leverrier ce qui suit :

MONSIEUR LE PRÉSIDENT,

En réponse à ma lettre du 2 courant, M. Cottin, chef
du secrétariat, m'écrit qu'on a reçu un très-grand nombre,
de lettres signalant la comète visible dans la constellation
du Lynx.

« J'ai bien examiné en tous sens cette constellation, mais
aucune comète ne s'est présentée à mes yeux. La comète que
tout le monde voit à l'œil nu, et que moi aussi j'ai signalée
dans ma lettre, se trouvait hier soir, à 30° environ du pôle
et à $7^h 43^m$ d'ascension droite ; ce qui placerait encore la
comète dans la constellation de la Girafe, si l'on compare
sa position parmi les étoiles aux mêmes étoiles tracées dans
l'*Atlas de Dien*, dont Babinet faisait tant de cas, qu'il disait que « cet ouvrage est unique pour la recherche des comètes. »

»M. Cottin dit aussi dans sa lettre que, malheureusement,
les observations relatives à la comète en question, ont toutes été faites sans instruments, ou avec des instruments insuffisants. Et il ajoute qu'il n'y a point d'intérêt à les publier.

»Mais, s'il en est ainsi, pourquoi les savants de la Commission ou les astronomes de l'Observatoire, eux, qui sont en
possession de tous les instruments de précision nécessaires,
n'ont-ils pas suppléé à l'insuffisance des autres observateurs ? pourquoi n'ont-ils pas donné dans le dernier Bulletin, des renseignements exacts sur cette comète invisible
qu'ils ont trouvée dans la constellation du Lynx ?

Pourquoi ne font-ils pas profiter de leur découverte les membres d'une société ayant pour objet le progrès des connaissances scientifiques et reconnues d'utilité publique ?

Peut-on espérer que le Bulletin nous fera la faveur de nous donner connaissance, dans son prochain numéro, des positions exactes de la comète en question ?

Si cet espoir était déçu, ne serait-il pas permis de supposer sauf meilleur avis, que la comète qu'on voit maintenant briller dans la constellation de la Girafe, n'est pas celle de Coggia, mais plutôt une nouvelle comète apparue tout à coup ? Ce qui tend à corroborer notre hypothèse, c'est qu'au 1er juillet cette comète se trouvait distante du pôle de 25° 30' environ, et hier soir, 6 juillet, en était éloignée de presque 30°. Elle a donc parcouru un espace, du nord au sud, sur une même ligne presque droite et perpendiculaire à l'horizon l'ascension droite serait 7^h 48 ^{m}.

Or, une telle direction ne saurait s'accorder directement avec le point de départ que M. Coggia a signalé pour sa comète, le 17 avril, à 8 heures du soir, temps moyen de Marseille.

« Ascension droite . . . . 6^h 28^m 75^s 47
« Distance polaire . . . . 20° 2' 28" 3
avec un mouvement lent vers le sud-ouest. »

Ce soir seulement, l'on verra la comète visible à l'œil nu, sortir de la Girafe pour atteindre la constellation du Lynx par une marche de plus en plus accélérée et descendant vers l'horizon.

Veuillez agréer, M. le Président, l'assurance, etc.

Pas de réponse à ma lettre, ni de note au Bulletin, contrairement à ce qu'avait fait espérer M. Cottin en disant : « Nous répondrons par une note commune au Bulletin. »

Ainsi, après avoir annoncé, vers la fin d'avril, la découverte de cette comète, alors télescopique, on n'en a plus parlé. Cependant, le 9 août suivant, le Bulletin reproduisit un dessin de M. Newall, qui donnait les aspects de la comète Coggia, vue les 12 et 14 juillet, dans la Grande lunette de 26 pouces établie à Newcastle, mais sans y ajouter aucune notice, ni aucun élément de sa position dans le ciel.

Ce fut là l'enterrement civil de la comète et son épitaphe.

Et pourtant elle continua de briller dans le ciel jusqu'au 17 du mois, jour où, par sa marche descendante et verticale, du nord au sud, elle disparut de l'horizon.

Or, cette trajectoire, presque droite, d'environ 25° de longueur et qui a eu son point de départ vers la tête de la Grande Ourse, pour passer ensuite au milieu du Lynx, et aller se perdre enfin, vers le télescope de Herschel, 42° de déclinaison boréale, à peu près, cette trajectoire, dis-je, ne pouvait pas servir de route à la comète Coggia, attendu que celle-ci était apparue le 17 avril à côté de trois étoiles qui sont aux genoux de la Girafe. Cela étant donné, la comète, depuis son point de départ jusqu'à la tête de la Grande Ourse, entre l'étoile *O* de cette constellation et l'étoile *Q* qui se trouve à la jambe de la Girafe, a dû parcourir une ligne droite faisant un angle d'environ 140° avec la droite verticale parcourue par elle, dès le 1er juillet jusqu'au 17 de ce même mois. Or, aucune comète n'a jamais suivi de route angulaire, que je sache ; toutes les comètes jusqu'ici ont décrit des courbes plus ou moins paraboliques. Il s'ensuit qu'il y a eu deux comètes, l'une visible à tous et l'autre visible aux seuls astronomes qui ne se sont pas donné la peine de regarder le ciel.

S'il en était autrement, est-ce que M. Cottin ne se serait pas empressé de donner, dans le Bulletin, jour par jour,

les éléments de la comète Coggia, puisqu'il a trouvé qu
tout le monde s'était trompé ? Comment ! on annonce deux
mois d'avance, qu'il y a une comète télescopique dans la
Girafe, et ensuite, une nouvelle comète visible à l'œil nu
apparaît, et on ne l'aperçoit pas ? Est-ce là faire preuve de
vigilance ? peut-être cette inadvertance de Messieurs les Astronomes de l'Observatoire de Paris s'explique-t-elle par
l'habitude qu'ils ont de dormir tranquillement la nuit.
C'est probablement pour cela que M. Cottin déclarait qu'il
n'y avait point d'intérêt à publier les observations reçues.

Quoiqu'il en soit, les astronomes ont continué à donner
le nom de Coggia à la comète visible ; mais alors, si cette
comète est bien en réalité celle qu'on a découverte le 17
avril, il faudrait supposer que lors déjà de son apparition
à l'œil nu, elle se frayait un chemin à travers notre atmosphère et qu'ayant reçu un choc, elle a été forcée de
changer de direction. Je crois même qu'on devrait expliquer son apparition presque subite par la nature propre de
notre milieu, qui, pareil à une lentille, grossit énormément
les objets selon la hauteur d'où les images des astres sont
vues au-dessus de l'horizon.

Une observation faite par moi, le 2 juillet, et que je crois
assez intéressante, semblerait donner quelque valeur à ce
que je viens de dire. Ce soir-là, le ciel était couvert d'une vapeur légère sous laquelle disparaissaient complétement toutes
les étoiles, jusqu'à celles de 4ᵉ grandeur. Mais, bien qu'elle
ne fût que d'un éclat de 5ᵉ grandeur, on voyait très-bien
la comète scintiller avec la queue dans toute sa longueur, à
travers la vapeur. J'ai fait la même remarque plusieurs soirs
de suite, au moment où quelque léger nuage venait cacher
les étoiles de 4ᵉ grandeur, et je me suis demandé à quoi
on pourrait attribuer ce phénomène, si ce n'est au passage de la comète dans notre atmosphère.

Fig. 12.

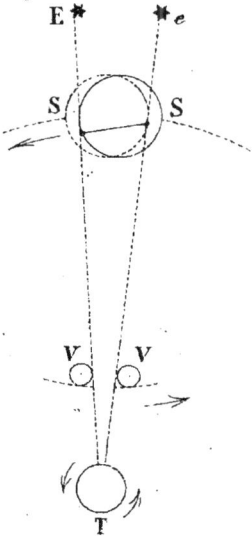

Fig. 13.

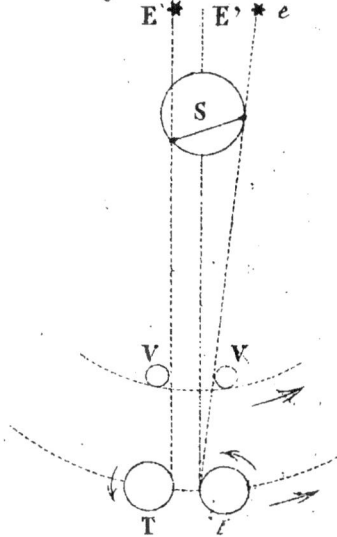

Fig. 14.

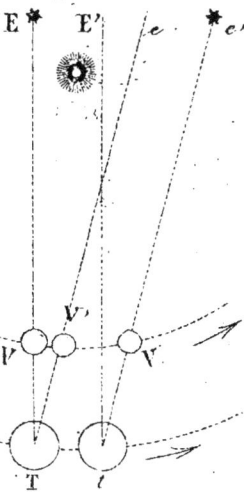

Fig. 15.

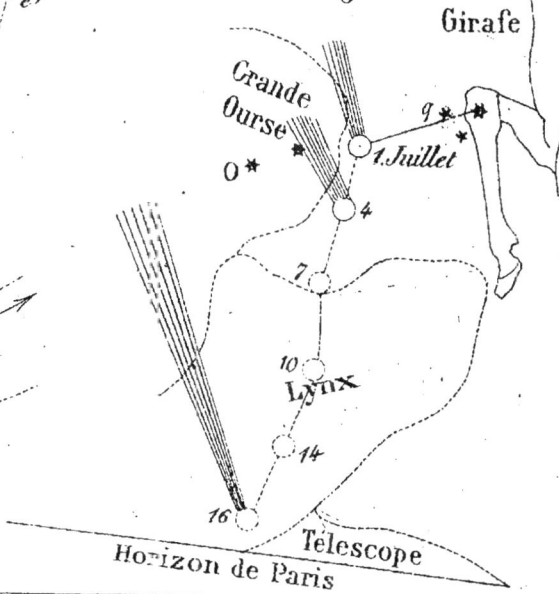

Une remarque de ce genre est notée dans l'histoire céleste au sujet d'une comète vers le 3 janvier 1681 ; la voici :

« La queue de la comète était d'environ 62°, mais elle paraissait à la vue simple, beaucoup plus courte que les jours précédents, à cause de sa grande hauteur sur l'horizon, car lorsqu'elle approchait de l'horizon, elle reprenait sa première grandeur. »

Après ma dernière lettre à M. Leverrier, je n'eus à signaler aucun fait important jusqu'au 2 octobre. Ce jour-là je remarquai une éclipse particle de Soleil, sans qu'il y eût rien d'extraordinaire. Ce ne fut qu'au dernier contact de la Lune que je vis les montagnes qui en forment les bords se détacher du disque lumineux du Soleil. Le 14 du même mois, je fus à même d'observer des phénomènes d'une certaine importance, à l'occasion de l'occultation de Vénus par la Lune. Cette importance me détermina à communiquer à M. Leverrier le résultat de mes observations.

C'est ce que je fis le 17, trois jours après, par la lettre suivante :

MONSIEUR LE PRÉSIDENT,

Dans l'après-midi du 14 de ce mois, j'ai observé l'occultation de Vénus.

Quoique le Ciel ne fût pas pur, j'ai vu distinctement la corne du croissant se dilater sensiblement et s'allongeant vers le nord-est sous la forme d'une lance, s'approcher d'un demi-diamètre et plus de la planète en question, ce qui s'est passé avant même le premier contact.

J'ai cru d'abord à une déformation causée par les lentilles de la lunette, mais, la persistance de ce phénomène, même après que le disque de la Lune eut entamé celui de Vénus, m'a convaincu que c'était un effet de dispersion de la lumière, dû à une atmosphère quelconque. En effet, le même phénomène, s'est répété un peu avant l'immersion de la corne sud de Vénus, mais cette fois la pointe de la lance se dirigea vers l'horizon, sur une longueur de plus du demi-diamètre de la planète.

Le Ciel s'étant ensuite couvert d'un brouillard plus épais, la partie éclairée de la Lune se détachait faiblement du fond du Ciel. quoique le contour de son disque se dessinait assez nettement.

L'émersion de Vénus s'est faite instantanément par une image du croissant réfléchie toute entière sur la Lune à la distance d'environ un demi-diamètre de Vénus. Or, au moment où la corne sud sortait du bord de la Lune, j'ai vu l'image de cette corne se décomposer par dilatation, en laissant toutefois un appendice arrondi sur le disque lunaire, jusqu'à la sortie totale de la planète.

Ces observations, et surtout la dernière, feraient supposer que la Lune est elle-même douée d'une atmosphère sensible, à une distance d'environ huit lieues de sa surface, si son diamètre était réellement de 870 lieues.

Vous trouverez ci-joint une figure des apparences observées.

Veuillez bien, M. le Président, agréer, etc.

Cette lettre suivit le sort de tant d'autres qui l'avaient précédée, elle fut jetée au panier.

Cependant le Bulletin du 8 novembre publia les observations faites par M. Wolf, sur l'occultation de Vénus, observ tions dont voici le résumé.

« L'occultation de Vénus par la Lune a été observée le 14 octobre à l'équatorial de la tour de l'ouest... l'image de la planète avant le phénomène était d'une grande netteté ; néanmoins, on n'a pu voir aucun détail sur la partie éclairée. La partie obscure du disque semblait en partie visible, et les cornes du croissant paraissaient se prolonger sur son contour par un très-mince filet lumineux.

« Était-ce une illusion ou une réalité ?

« La disparition de la corne supérieure (image renversée) a eu lieu brusquement et de manière à permettre l'appréciation du dixième de seconde. Pendant tout le temps de l'immersion, les contours de la planète et le bord obscur de la Lune sont restés parfaitement nets et tranchés, sans déformation attribuable à une atmosphère de Lune...... L'émersion s'est faite dans un ciel très-brumeux. La portion visible du contour de la Lune a toujours été réduite à un petit arc, en raison de cet état du ciel. Il a été impossible de déterminer les positions des points d'immersion et d'émersion. »

Je ferai observer, à mon tour, que si M. Wolf n'a remarqué aucun phénomène optique, attribuable à une atmosphère de Lune, c'est qu'il n'était pas placé aussi favorablement que moi, sous ces mêmes rayons visuels qui ont produit les phénomènes que j'ai constatés. Qui ne sait qu'il suffit de quelques mètres de distance entre deux observateurs pour changer les angles de réfraction et donner lieu à des phénomènes optiques tout différents. M. Wolf n'a-t-il pas cru voir les cornes du croissant de Vénus se prolonger sur son contour par un très-mince filet lumineux, phéno-

mène qui m'a échappé ? Et lorsque à l'occasion du passage
de Mercure sur le Soleil, M. Leverrier constata les phénomènes de la goutte, ne disait-il pas que M. Stephan n'avait
rien vu de pareil ? Plusieurs faits de ce genre ont été relatés dans les *Mémoires de l'Académie des sciences* relativement aux occultations de Vénus et de Jupiter par la Lune
et à l'égard de quelques étoiles qui ont paru sur le disque
de la Lune, au moment de leur occultation.

Arago, en citant ces faits dans son astronomie, y ajou-
tait ce qui suit :

« Il est une circonstance qui a jeté du louche dans l'esprit de beaucoup d'astronomes, sur l'observation des occultations d'étoiles, et sur les conséquences qu'on en a déduites ; je veux parler de l'apparition de l'image de l'étoile
sur le disque de la Lune.

« On a souvent remarqué, en effet, qu'avant de disparaître, une étoile se projetait sur le disque apparent de la
Lune, et, circonstance singulière, ce phénomène souvent
visible pour un observateur habile et muni de très-bons
instruments, n'était pas aperçu par un observateur placé
immédiatement à côté du premier, disposant de télescopes
d'une qualité comparativement inférieure. »

Tout dernièrement encore, à l'occasion du passage de
Vénus sur le Soleil, on lisait dans le Bulletin n° 389 de
l'année 1875, la communication suivante de M. Mouchez :

« Un quart d'heure environ après le premier contact,
quand la moitié de la planète était encore hors du Soleil,
j'aperçus subitement tout le disque entier de Vénus, dessiné
par une pâle auréole, plus brillante dans le voisinage du

Soleil qu'au sommet de la planète... mais, à mesure qu'approchait le 2ᵉ contact, les deux parties extrêmes, plus visibles de l'auréole avoisinant le Soleil, tendaient à se réunir en enveloppant d'une vive lumière le segment encore extérieur de la planète, et cette réunion anticipée des cornes par un arc de cercle lumineux était rendue plus complète encore par un petit rebord très-brillant de lumière terminant l'auréole sur le disque de Vénus.

« Je dois m'empresser d'ajouter que mon collaborateur M. Turquet, avec un excellent équatorial de six pouces, n'a pas vu l'auréole, et qu'il croit avoir obtenu des contacts d'une grande précision. »

Cela prouve, une fois de plus, que deux observateurs, quoique placés à côté l'un de l'autre, peuvent différemment voir les phénomènes, objet de leurs observations. Une différence dans la grandeur des lunettes suffit pour produire des effets bien divers.

Je tiens en outre à constater, qu'au dire de M. Mouchez, le phénomène de l'auréole « était absolument indépendant de la planète. Cette auréole se comportait, dit-il, comme le ferait une atmosphère solaire très-pâle sur laquelle se projetterait l'écran noir de la planète et descendrait visible par contraste, tandis que j'attribuerais volontiers à l'atmosphère de Vénus la très-mince bande très-brillante, bordant la planète et se fondant dans l'auréole près du deuxième contact. Elle complétait le disque du Soleil, en le déformant par-dessus le petit segment encore extérieur de la planète. Le troisième contact a été observé également dans d'excellentes conditions de ciel très-pur, entre les nuages, avec les mêmes phénomènes, mais en sens inverse. »

Ainsi M. Mouchez a pu voir des phénomènes produits par l'atmosphère solaire, lesquels avaient quelque analogie avec ceux qui résultaient de l'atmosphère lunaire, et même, il a observé le phénomène du filet lumineux bordant la planète, phénomène que **M.** Wolf avait également constaté. Ce n'est donc pas étonnant que dans l'occultation de Vénus par la Lune, des phénomènes analogues aient été produits par une atmosphère lunaire ; car enfin, si la Lune, comme on le suppose, est un amas de glace et de neiges, il est tout naturel de penser que le Soleil en échauffant ces matières pendant une quinzaine de jours, sans nuit, doit produire des décompositions moléculaires de toute nature, de manière que les molécules qui se dégagent formeront des couches légères autour du globe, et par là constitueront ce qu'on appelle une atmosphère. Cette atmosphère alors expliquerait bien mieux le phénomène de la lumière cendrée de la **Lune.**

A ce propos, je citerai encore Arago :

« L'astronome de Lilienthal, disait-il, pendant qu'il observait au milieu de la lumière crépusculaire terrestre, le croissant très-délié de la Lune, deux jours et demi après sa conjonction, s'avisa une fois de chercher si le contour obscur de cet astre, celui qui ne pouvait recevoir que la lueur cendrée, se montrerait tout à la fois ou seulement par partie devant l'affaiblissement de notre crépuscule ; or, il arriva que le limbe obscur se montra d'abord dans le prolongement de chacune des deux cornes du croissant, sur une longueur de 1 minute 20 secondes, avec une largeur d'environ 2 secondes, avec une teinte grisâtre très-faible qui perdait graduellement de son intensité et de sa largeur en s'avançant vers l'est.

« Au même moment les autres parties du limbe obscur étaient totalement invisibles et cependant comme plus éloignées de la portion éblouissante du disque directement éclairée par le Soleil, il semble qu'on aurait dû les voir les premières. Ce ne fut que 8 minutes après l'apparition des arcs placés sur le prolongement des cornes, que le reste du limbe cendré pût être observé.

« On ne saurait, cependant, supposer que les portions des bords attenants aux cornes recevraient de la Terre plus de lumière que les autres parties de la Lune : c'est donc ailleurs qu'il faut chercher la corne du maximum d'intensité que l'observation a indiquée ; or, une lueur rejetée de l'atmosphère de la Lune sur la portion de cet astre que les rayons solaires n'atteignaient pas encore directement, une véritable lueur crépusculaire, semble seule pouvoir expliquer ce phénomène.

« L'observation a été faite avec un télescope de $2^m 30^c$ de long, armé d'un grossissement de 47 fois. Schrœter trouva, par le calcul, que l'arc crépusculaire de la Lune, mesuré dans la direction des rayons solaires tangents est de $2° 34'$ et que les couches atmosphériques qui éclairent l'extrémité de cet astre sont à 452 mètres de hauteur perpendiculaire. »

Mais je reviens à mon sujet :

Ce mois d'octobre fut fertile en phénomènes célestes. Après l'éclipse du Soleil et l'occultation de Vénus, il y eût encore une éclipse de Lune, que l'état nuageux du Ciel ne me permit pas d'utiliser comme je l'aurais désiré. Cependant ayant remarqué que la durée du passage de la pénombre de la Terre par la Lune ne s'accordait pas avec le temps déterminé de ce passage par la connaissance des temps, j'eus la pensée d'écrire à **M.** Leverrier, et je lui ai adressé, le 26 octobre, la lettre suivante :

MONSIEUR LE PRÉSIDENT,

On a dû, sans doute, vous communiquer ma lettre du 17 de ce mois, par laquelle je vous donnai connaissance des phénomènes que j'avais observés pendant l'occultation de Vénus.

Maintenant, j'ai l'honneur de soumettre à votre appréciation les observations que j'ai pu faire hier matin, sur l'éclipse de la Lune.

Malgré tout mon bon vouloir, il m'a été impossible d'apercevoir l'entrée de la Lune dans la pénombre, bien qu'à ce moment le ciel fut assez clair, et la Lune éclatante. Il m'a fallu attendre longtemps le commencement de l'éclipse, lequel s'est effectué par la pénombre dix-neuf minutes tout au plus avant l'heure assignée pour l'entrée dans l'ombre. Celle-ci était très-déliée, et le paraissait d'autant plus que la Lune se trouvait, à ce moment, au milieu d'un léger nuage.

Vers $5^h 48^m$, l'astre tout entier a disparu dans des nuages très-épais, et ce n'est que vers $6^h 10^m$ qu'il est sorti un peu du brouillard, couvert déjà d'une ombre mal terminée, laquelle m'a paru passer à côté de Copernic.

Quelques instants après, la Lune s'est complétement plongée dans une brume épaisse.

A présent, je prends la liberté d'ajouter à ce que je viens de dire d'autres observations qui ont trait au même sujet.

Chaque fois que j'ai eu assez de loisir pour observer à

mon aise les phénomènes qui accompagnent une éclipse, il m'a toujours paru que la pénombre précédait l'ombre bien longtemps après l'heure fixée par les astronomes. Ce fut surtout le 1er janvier 1863 que je pus constater avec précision cette différence entre les données et le tracé graphique de la pénombre.

Le temps était ce jour-là des plus favorables à cette sorte d'observations. La pureté de l'air, ce qui est exceptionnel pour Paris, me permit de tracer avec facilité, sur une carte de la Lune, l'ombre et la pénombre dans leurs proportions réelles et telles qu'on les voyait nettement séparées l'une de l'autre sur le disque de l'astre.

Le lendemain j'eus l'idée de mettre à profit ces données si originales, en exposant au Soleil une boule dont le diamètre était de 30 millimètres. Par ce moyen je puis m'assurer que le cône d'ombre de la boule se projetait à une distance d'environ 117 de ses diamètres. Ensuite, je me suis rendu compte de la grandeur de l'ombre en évaluant à 2h 13m le temps qu'a dû employer un point quelconque de la Lune à la traverser et je l'ai comparée à la grandeur de la pénombre, que j'ai déterminée par les 15 minutes qui mesurent la durée de son passage sur la Terre. Cette proportion eu égard à l'obliquité du parcours était à peu près comme 10 : 1. Puis, en examinant sur un carton l'ombre projetée par la boule, j'ai cherché un point où la tranchée de l'ombre fut 10 fois plus grande que celle de la pénombre et ce point s'est trouvé à une distance de 19 de ces demi-diamètres environ. Et comme la Lune était $4\frac{1}{3}$ fois plus grande que la pénombre, son diamètre aurait dû être, ce jour-là, $2\frac{1}{3}$ fois moins grand que la tranchée de l'ombre traversée par la Lune.

Les conséquences que j'ai tirées de cette observation d'éclipse, sont une des causes qui m'ont engagé à examiner le système de Copernic, au sujet duquel je vous ai si souvent ennuyé comme actuellement je viens de le faire.

Agréez, Monsieur le Président, l'assurance, etc.

On comprendra aisément que cette lettre soit restée sans réponse, puisque je disais que le passage de la pénombre n'avait duré que 19 minutes tout au plus, tandis que d'après les calculs de la *Connaissance des temps*, qui sont basés sur les parallaxes attribuées à la Lune et au Soleil, cette durée devrait être, au contraire, de 57 minutes au moins.

Et cependant, ce n'est pas moi seulement qui ai observé que le passage de la pénombre s'effectue dans un temps si court ; bien avant moi d'éminents astronomes avaient attribué à ce passage une durée encore moindre, comme par la suite j'ai pu m'en assurer en lisant le compte-rendu de leurs observations.

Ainsi par exemple, Richer étant à Cayenne à l'occasion de l'éclipse du 7 septembre 1672, remarqua que « le bord de la Lune sortait de la vraie ombre au moment où l'horloge marquait $2^h 10^m 3^s$ et de la pénombre quand l'horloge marquait $2^h 19^m$, ce qui veut dire que le passage de la pénombre a duré $8^m 30^s$ seulement. »

Le Père Ignace Kégler qui a observé plusieurs éclipses de Lune, a trouvé qu'en 1728, le passage de la pénombre s'était effectué en 8 minutes de temps ; en 1737, ce passage n'a duré que $12^m 30^s$; en 1739, $10^m 48^s$. De L'Isle, en rendant compte de ce passage, qui fut l'objet de quelques observations atmosphériques pendant l'éclipse du 23 décembre 1749, dit: « Il y avait 10 ou 12 minutes que la pénombre avait commencé à paraître quand l'entrée de l'ombre s'est faite entre Tycho et Schilard. »

Enfin, je rapporterai l'observation du Père Mayer du 17 mars 1762. Il a noté : *Penumbra cœpit* H, 11, 3^m 24^s ; *eclipsis videtur cœpisse* H, 11, 14^m 9^s, c'est-à-dire que la durée du passage fut de 10^m 45^s.

C'est dans l'*Histoire céleste* que j'ai trouvé le passage le plus long ; c'est là qu'on remarque que le 1er août 1682, jour d'une éclipse d lune, la pénombre à 36^m 30^s avant l'apparition de l'ombre.

Je citerai aussi une autre observation faite par Picard lors de l'éclipse de janvier 1675, pendant laquelle le passage de la pénombre n'a duré que 18^m 10^s.

Donc, ou tous ces astronomes, en pareilles circonstances, n'ont pas vu plus clair que moi, ou bien la valeur des parallaxes déterminée d'après les données modernes est inexacte.

Peut-être fera-t-on remarquer que le passage, souvent incertain, de l'ombre à la pénombre, peut influer beaucoup sur les résultats de l'observation. Cela est vrai, lorsque le ciel est brumeux, car alors la pénombre se dilate aux dépens de l'ombre, de manière qu'on ne peut plus connaître exactement la proportion de chacune d'elles, pour en déduire avec certitude, au moment de l'observation, la distance de la Lune. En effet, après mon observation du 1er juin, chaque fois que voulant faire d'autres observations sur des éclipses, le temps s'est trouvé nuageux ou presque couvert, il m'a été impossible de déterminer avec la même précision, la grandeur de l'ombre par rapport à la pénombre, et la grandeur de celle-ci par rapport au disque lunaire. Mais aussi, quand il y a de belles soirées, comme celle dont j'ai été favorisé le 1er juin, l'ombre et la pénombre tranchent l'une sur l'autre de telle sorte, que jadis on utilisait dans les éclipses de lune cette netteté de l'ombre, pour calculer à quelques secondes près, la longitude des pays.

Comme je cite souvent Picard, je trouve à propos de donner ici son évaluation de la distance de la Lune.

Dans *l'Histoire céleste*, ce grand et consciencieux observateur rapporte que « le 7 au soir, du mois de décembre 1666, la lune étant à l'apogée et ayant passé son quartier, on observa pour déterminer la parallaxe selon la méthode de M. Auzout. »

Il ajoute : « qu'à la suite de quatre observations on peut connaître que la distance de la Lune à la Terre, n'était que d'environ 44 demi-diamètres terrestres. »

Et pourtant lorsqu'on compare ensemble les observations faites à Berlin par Lalande et celles que Lacaille a faites au cap de Bonne-Espérance, observations dont le but était de déterminer la parallaxe exacte de la Lune, on trouve que, « le 3 décembre 1751, la Lune était dans sa plus petite distance de la Terre, ce qui donnait alors la plus grande parallaxe aux environs du périgée et de la syzygie, a fourni pour la parallaxe horizontale sous l'équateur 1' 23" 5'''.» C'est-à-dire que la Lune se trouvait ce jour-là à une distance de la Terre de 55 demi-diamètres environ. Et lorsque la Lune était parvenue à son apogée ou à sa plus grande distance elle devait se trouver éloignée de la Terre de 64 demi-diamètres à peu près, c'est-à-dire 20 demi-diamètres de plus que la distance calculée par Picard pendant l'apogée de la Lune.

Je veux bien supposer que la méthode employée par Picard soit défectueuse, mais celle que Lalande et Lacaille ont suivie est-elle exempte d'erreurs ? Je ne le crois pas, et voici pourquoi.

En examinant les opérations de Lalande relatives à la recherche de la parallaxe de la Lune, j'ai trouvé qu'une même étoile n'est pas vue par les observateurs terrestres en rayons visuels parallèles, ainsi que les savants l'ont établi.

Je commence par l'observation que Lalande a faite le 23 décembre, observation dont il a publié la description suivante:

« Je suppose la latitude de l'observatoire de Berlin, 52° 31' 13" telle que je l'ai observée au mois de septembre, et la latitude du cap de Bonne-Espérance 33° 55' 12". Le 3 décembre 1751, j'observai la distance d'Aldebaran au Zénith 36° 31' 13" qu'il faut augmenter de 1" 8 pour la réfraction. Comme Aldebaran est la principale étoile que j'ai observée le même jour, ainsi, je choisis celle du 27 décembre, par laquelle M. de Lacaille trouva la distance d'Aldebaran au Zénith 49° 53' 14" 4, dont il faut ôter une seconde pour l'effet de l'aberration et employer 2" 7 pour la réfraction.

Eh bien, la latitude de Berlin étant 52° 31' 13", sa distance au pôle boréal sera de 37° 28' 47", laquelle distance additionnée à 36° 31' 23" + 11" 8, ce qui est la distance d'Aldebaran au Zénith, on aura 74° 00' 11" 8 comme véritable distance de l'étoile au pôle boréal.

La latitude du cap de Bonne-Espérance étant 33° 55' 12" sa distance au pôle austral sera de 56° 04' 48" en y ajoutant 49° 53' 14" 4 — 1", l'on aura 105° 58' 01" 4 comme distance exacte de la même étoile au pôle austral, et par conséquent sa distance du pôle boréal sera de 74° 01' 58" 6.

Il s'ensuit que l'étoile Aldebaran n'a pas été vue par les deux observateurs sous deux visuelles parallèles, mais bien sous deux visuelles écartées l'une de l'autre par un angle de 1' 44" 1.

On lit dans l'observation du 30 janvier 1752, que « la distance de S du front du Taureau au Zénith avait été observée de 35° 34' 5''i , qu'il fallait augmenter de 7'' pour la réfraction. Le même jour l'étoile S au front du Taureau avait au Cap 50° 50' 17'' 8 du Zénith, plus 7'' 5 pour faire évanouir l'effet des réfractions. »

Or, en opérant selon la méthode précédente, on trouvera l'étoile à 73° 02' 59'' du pôle boréal et a 106° 35' 13'' 3 du pôle austral ou de 73° 04' 46'' 7 du pôle boréal, de sorte que cette étoile S au front du Taureau, a été vue par les deux observateurs sous un angle divergent de 1° 47'' 7.

Plus loin Lalande dit : « On peut employer aussi pour y comparer la Lune par les observations du 30 janvier 1752, les distances de 3 du Taureau au Zénith, observée en même temps le 23 janvier à Berlin 31° 32' 39'' et 54° 51' 41'' 3 au Cap, et on trouvera le même résultat. »

Tel est l'avis de cet astronome qui se trompe évidemment, car en faisant les calculs par le même procédé ci-dessus expliqué on verra que l'écartement de cette étoile a été de 1' 50''.

Enfin si l'on en croit Lalande : « La distance de Procyon au Zénith de Berlin, observée le 9 février suivant, était de 46° 39' 51'', il faut ajouter 2'' 1 pour les réfractions. »

Et il ajoute : « En réduisant au cap la hauteur de Procyon, observée le 4 janvier, à ce qu'elle a dû paraître le 9 février, lorsqu'elle fut observée à Berlin elle s'est trouvée de 39° 44' 38'' plus 3'' 2 pour la réfraction. » Il suit de là que la distance boréale de l'étoile, pour Berlin est de 84° 11' 56'' 1, et pour le cap de 84° 10' 30'' 8, différence 1' 35'' 3 d'écartement entre les deux parallaxes de la même étoile.

Ainsi, c'est par la comparaison des deux distances apparentes d'une même étoile au pôle boréal que nous avons acquis la certitude que les deux visuelles des observateurs, dirigées sur les étoiles, peuvent s'écarter l'une de l'autre de

1' 50'' 7, au lieu de se diriger parallèlement, comme on l'a toujours supposé.

Je me propose maintenant d'examiner les opérations trigonométriques par lesquelles on a cru déduire la parallaxe de la Lune. Je prends pour exemple les observations que Lalande a faites le 3 décembre 1751. Voici ce que cet astronome dit à ce sujet :

« Le 3 décembre 1751, à 13ʰ 8ᵐ 28ˢ de temps vrai au méridien de Berlin, j'observai la distance au zénith du bord austral de la Lune 32° 0' 58''. J'ai calculé pour cet instant sur les tables de M. Halley la longitude de la Lune, en supposant la différence du méridien de Berlin à celui des tables, du 0ʰ 53ᵐ 45ˢ, elle se trouve de 27° 14' 24'' dans les Gémeaux, la latitude australe, 2° 7' 46'', la déclinaison boréale 21° 18' 56'' 6, le demi-diamètre de la Lune augmenté, à raison de sa hauteur sur l'horizon de 17' 0'' 3. Le lendemain j'observai la distance d'Aldebaran au zénith de 36° 31' 22'', Ainsi la différence en déclinaison du centre de la Lune et de l'œil du Taureau, en ajoutant 6 secondes à cause de l'accourcissement des réfractions, parut de 4° 47' 30'' 3.

« Le même jour, M. de Lacaille observa au cap de Bonne-Espérance, la distance du bord austral de la Lune au zénith de 55° 47' 7'' 8 ; le demi-diamètre, à cette hauteur, a dû être de 16' 54'' 8, la longitude de la Lune prise des tables. 27° 1' 3, la latitude australe, 2° 6' 38'' 5, la déclinaison boréale, 21° 19' 47'' 3 ; le changement de déclinaison est, par conséquent, 50'' 7, qu'il faut retrancher de la distance observée au cap de Bonne-Espérance pour l'avoir telle qu'elle eût été observée si le cap se fût trouvé sous le méridien de Berlin. Il en faut soustraire encore une demi-seconde à cause de la diminution qu'aurait apportée à la parallaxe de hauteur cette augmentation de 50'' 7 dans

7

la hauteur de la Lune et la distance au zénith, que l'on doit comparer à celle qui fut observée, à Berlin, sera 56° 3' 11''. Comme Aldebaran est la principale étoile que j'aie observée ce jour-là, et qu'il est bon d'y comparer les deux observations, je choisis celle du 27 décembre, par laquelle M. de Lacaille trouva la distance d'Aldebaran au zénith 49° 53' 14'' 4, dont il faut ôter une seconde pour l'effet de l'aberration. Ainsi la différence en déclinaison de la Lune à l'étoile parut au cap de 6° 9' 58'', à laquelle il faut ajouter 15'' 5, et l'on aura 6° 10' 13'' 5 pour cette différence affectée seulement de la parallaxe ; de sorte enfin que l'effet total de la parallaxe sur l'axe du méridien compris entre Berlin et le parallèle du cap de Bonne-Espérance, fut ce jour là 1° 22' 43'' 2. Lors de cette observation, la Lune s'est trouvée dans sa plus petite distance, et nous donne la plus grande parallaxe aux environs de périgée et de la syzygie. »

Je déclare, avant tout, que je ne comprends pas pourquoi Lalande et Lacaille ont préféré déduire la valeur du diamètre lunaire des observations faites à Paris, plutôt que de se servir des valeurs immédiates prises sur les lieux mêmes où l'on a observé la Lune, car, selon moi, le diamètre de la Lune doit varier, pour chaque pays, dans un rapport bien différent des mesures déduites du micromètre de Paris.

Quoi qu'il en soit, l'opération trigonométrique exécutée par Lalande serait certainement la seule qui pourrait nous mettre à même de déterminer avec précision la parallaxe des corps célestes, si les visuelles des observateurs aboutissaient, comme sur la surface terrestre, au centre des corps dont on désire connaître la distance. Mais nous avons vu, même d'après les observations de Lalande que les rayons parallèles qui viennent des étoiles, s'écartent de leur parallélisme dès qu'ils sont forcés de traverser notre atmosphère; et voici pourquoi :

Supposons que les rayons parallèles *m*, *h*, *n*, *g* (fig. 16), émis par Aldebaran ou par toute autre étoile, cherchent à se frayer un passage à travers la périphérie aplatie *hg* de l'atmosphère. Nul doute que, suivant la puissance réfractive du milieu. ces rayons ne fléchissent de part et d'autre que de la quantité nécessaire pour conserver leur parallélisme *h*C, *g*B, jusqu'aux deux observateurs dont le plan CB est disposé en sens parallèle au plan *hg* de l'atmosphère. Mais comme celle-ci se présente aux rayons astraux sous une forme sphérique, ces rayons doivent nécessairement se briser sur deux différents points *ef*, lesquels ayant un plan incliné *oi*, *st* divers de la corde CB, feront dévier de leur direction parallèle les rayons *m*, *e*, *nf* en les repliant vers les observateurs sur des visuelles *e*C, *f*B, qui dans leur prolongement vont s'écarter l'une de l'autre de presque 2' de degré, au delà de l'angle de réfraction *h*C, *g*B, obtenu auparavant par leur parallélisme.

Maintenant, si nous supposons qu'au lieu de deux rayons parallèles ce sont deux rayons centraux d'un astre quelconque, de la Lune, par exemple (fig. 17), qui comme LB, LC, aboutissent aux deux observateurs, il est certain que par l'interposition de l'atmosphère, ces rayons forcés de se briser en *c*, *f*, iront alors se réfracter vers *a*, *b*, par les lignes *ca*, *fb*, plutôt que suivre leur véritable route *c*C, *f*B. De ceci, il en résulte que les observateurs, pour voir l'astre, auront besoin du concours de deux autres rayons centraux L*o*, L*t*, qui en se brisant sur l'atmosphère, puissent se réfracter directement aux points CB. Mais dans ce cas, ces rayons prolongés dans l'espace de C vers *i*, de B vers *s*, leur angle de rencontre se fera au-delà du centre L de l'astre, en donnant ainsi à la parallaxe une valeur plus petite que la véritable distance de l'astre à la Terre. Il y a donc lieu de penser que les visuelles Ci, Bs, dirigées vers le centre de l'astre, et dont l'une est éloignée de 31° 43' 59" 7 du zénith de Berlin, et par là, distante du pôle boréal 69° 12' 47" 7, et l'autre, éloignée du zénith du cap de Bonne-Espérance de 56° 3' 71" 3 et, par conséquent distante de 67° 52' 00" 7 de ce même pôle boréal, doivent donner dans leur différence de 1° 20' 44", qui en résulte, la valeur angulaire d'écartement LCi, LBs, plutôt que la parallaxe de distance, comme Lalande l'a supposé.

Or, si cette valeur était proportionnelle à la valeur moyenne d'écartement 1' 47" 4 qu'ont subi les visuelles parallèles des étoiles, en traversant notre atmosphère, on pourrait établir la proportion suivante, en disant que 1' 47" 4 sont à 180°, parallèle des étoiles, comme 1° 20' 44 écartement des visuelles de la Lune, sont à 4° 12' qui sera l'angle formé par les deux visuelles dirigées vers le centre de la Lune sur la corde CB. Mais cette corde d'un arc de 86° 26' 25" qui est la somme des deux angles de latitude 52° 31' 13 pour Berlin et de 33° 55' 12" pour le Cap, est au rayon de la Terre comme 1369 est à 1000, donc 1369 est à 4° 12" comme 1000 est à 3° 12' 7", c'est-à-dire à la parallaxe de distance entre la Lune et la Terre pour le 3 décembre 1751, au lieu de la parallaxe équatoriale 1° 01' 29" 2 trouvée par La Lande.

La valeur 1° 01' 29" 2 porterait la Lune à une distance de 56 rayons terrestres, tandis que la valeur 3° 12' 7, réduirait cette distance à 18 rayons, ce qui établit une différence entre les deux distances de 38 rayons, ni plus ni moins.

Il me semble qu'Erathosthène, ce fameux géomètre qui, le premier, mesura le rayon de la Terre avec une certaine

exactitude 250 ans avant notre ère, avait jugé, au dire de
Lalande, « la distance de la Lune à dix-neuf ou vingt
rayons de la Terre. » Par quelle méthode ce savant arriva-
t-il à un pareil résultat ? On ne le sait pas, cependant je
crois qu'il le dut à quelques observations faites sur des éclipses de Lune, car, moi aussi, à l'occasion de l'éclipse du
premier juin 1863, j'ai trouvé une valeur analogue pour la
parallaxe de la Lune. Je donnerai ici, à titre de pure curiosité, tous les détails de cette observation qui marque une
époque dans ma vie, attendu que c'est par suite du désaccord que dès lors j'entrevis entre les données théoriques et
celles de l'observation, que je me livrai à l'étude des phénomènes célestes, dont jusque-là je ne m'étais guère sou-
cié.

C'était le soir du 1er juin 1863, et le ciel était d'une
grande pureté. L'heure à laquelle l'éclipse allait commencer
était des plus commodes pour ceux qui ne sont point habi-
tués aux longues veilles, ce qui me permit de suivre en
amateur, toutes les phases principales de ce phénomène.
Muni d'une lunette et d'une carte de la Lune, de MM. Le-
couturier et Chapuis, que j'avais achetée par curiosité quelques mois avant, je m'apprêtais à observer le moment exact
de l'entrée de la Lune dans la pénombre, entrée que la
Connaissance des temps avait fixée à 8ʰ 58ᵐ du soir.

J'attendis longtemps, et ce ne fut que vers 9ʰ 40ᵐ qu'un
point obscur parut entamer le bord oriental du disque, en
l'envahissant peu à peu par sa dilatation. Treize minutes
plus tard, un autre point plus sombre, presque noir, vint
entamer aussi le même bord oriental de l'astre et le couvrir peu à peu, comme avait fait le premier point obscur
en le suivant dans son parcours.

J'ai compris alors que c'était l'ombre vraie de la Terre

qui avait obscurci davantage une partie du disque, tandis que c'était la pénombre qui, la première, avait entamé le disque et voilé la partie qui se montrait moins sombre. Le contour de l'ombre qui distinctement tranchait sur la pénombre de même que le contour de cette dernière sur la partie éclairée du disque lunaire, me fit supposer tout de suite qu'indépendamment de la pureté de l'atmosphère il y avait une autre cause à laquelle il fallait attribuer la netteté de ma perception, et que cette cause ne pouvait être que la proximité de la Lune, proximité plus grande peut-être qu'on ne l'imagine.

Ma première observation fut pour moi un sujet d'étonnement, car, par ses résultats, je me trouvais en contradiction avec les données de la science. En effet, le passage de la pénombre sur l'astre n'avait duré que 13 minutes environ, au lieu de 58, selon les calculs de la *Connaissance des temps*.

Sans savoir à quoi je devais attribuer cette différence énorme et comment je parviendrais à m'en éclaircir, je traçai à tout hasard, sur la carte de la Lune, les contours de l'ombre et de la pénombre au moment de leur passage vers le centre de l'astre, c'est-à-dire, lorsque l'ombre se trouvant à 50° nord-est du disque, se terminait par une courbe vers l'extrémité sud-est de l'astre, au milieu du cirque Cabéus.

Ce tracé me fit connaître que la pénombre projetée par la Terre sur la Lune était un peu moins de la quatrième partie du diamètre de l'astre, au lieu d'être presque de la même grandeur.

Le lendemain, je me demandai par quel moyen je pourrais utiliser l'observation que j'avais faite la veille, et j'eus l'idée d'exposer en face du soleil, une boule dont le diamètre était de trois centimètres environ, laquelle à mes yeux représenterait le globe terrestre. Je plaçai ensuite derrière l'ombre projetée par cette boule, un carton sur lequel je tâchai de trouver, par l'approchement ou l'éloignement de la boule, un point où la pénombre fût dans la proportion de 1, à $3\frac{2}{3}$, relativement au diamètre d'un disque tracé sur le carton, et était lui-même, par rapport à la boule, dans la même proportion de 1 à 4 que les astronomes ont établie entre la grandeur de la Lune et celle de la Terre.

Cette proportion je l'ai trouvée à la distance d'environ 9 diamètres de la boule.

Grand fut mon étonnement en réfléchissant que, par analogie, la Lune devrait se trouver à une distance d'environ 18 rayons terrestres et non de 58, ainsi que l'a décidé la *Connaissance des temps* par la parallaxe qu'elle a attribuée à la Lune.

Il en fut de même, le 2 juin, de la longueur totale du cône d'ombre de la boule, cette longueur au lieu d'être d'environ 108 diamètres terrestres, à peine arrivait-elle à former son foyer à la distance de 117 diamètres de la boule. Enfin, la pénombre d'un côté à l'autre du foyer de l'ombre mesurait deux fois le diamètre de la boule.

Au milieu de toutes ces incertitudes, j'eus recours aux opérations graphiques afin de vérifier plus exactement le résultat de mes observations.

Comme l'observation de l'ombre et de la pénombre, avait absorbé mon esprit, je ne fis pas attention aux différents moments auxquels s'effectuèrent les différentes phases de l'éclipse ; par conséquent je dus me servir de l'heure donnée par la *Connaissance des temps*, dont voici l'extrait :

Entrée dans l'ombre. . . . . . $9^h\ 55^m$

Commencement de l'éclipse totale . . 11 3

Milieu de l'éclipse. 11 36

Fin de l'éclipse totale. 12   9

Sortie de l'ombre. 13   16

Indépendamment de cela, la Lune ce jour-là n'effectua ses deux passages consécutifs au méridien qu'en 25^h 3^m, et par conséquent le Soleil devançait la Lune de 2^m 37" 5 par heure. Ainsi la différence entre leurs mouvements horaires n'était que de 2^m 37^s 5 en plus, quant au Soleil.

Cet excédant de mouvement qui immobilisait la Lune, m'a servi pour trouver plus exactement l'espace que l'ombre de la Terre, pendant ses quatre contacts avec la Lune, avait parcouru ; et c'est d'après la tranchée de l'ombre qui avait passé par-dessus l'astre, que j'ai pu déterminer la grandeur proportionnelle du disque lunaire.

Cela posé, voici comment je m'y suis pris, car je ne connaissais pas encore la méthode de projection employée par les astronomes.

J'ai tracé d'abord une droite AB (fig. 18) au dessus de laquelle est censé passer le centre de l'ombre, pendant la durée de l'éclipse ; j'ai tiré ensuite une ligne divisée en 60 parties égales, laquelle représente les secondes d'une minute de temps ; puis du point M de la ligne AB, j'ai élevé une perpendiculaire ML, par où doit passer le centre de l'ombre et celui de la Lune lors du milieu de l'éclipse. Or l'éclipse ayant commencé à 9^h 56^m et étant à son milieu à 11^h 36 le centre de l'ombre a parcouru pendant ce temps, un espace de la valeur de 4^m 25^s en raison de son mouvement horaire 2^m 37^s 5. En prenant donc, sur l'échelle que j'ai tracée, la distance ab d'une minute et en la transportant 4 fois, plus 25^s de M en A et de M en B, on trouvera au point A l'instant où le centre de l'ombre était au commencement de l'éclipse totale et au point B l'autre instant où il touchait à la fin totale de l'éclipse.

Maintenant, il faut chercher entre **MA** et **MB** la place du centre pour le commencement et pour la fin de l'éclipse totale ; à cet effet, il n'y a qu'à examiner le temps écoulé entre 11^h 3^m, 11^h 36^m et 12^h 9^m. En réduisant ces différences, 33 minutes de temps, en minutes du mouvement horaire pris sur l'échelle, nous trouverons au point C le commencement total, et en D la fin totale de l'éclipse à une distance de 1^m 26^s 6 de M.

Or, en appliquant une ouverture de compas à ces quatre centres ACDB, de manière à trouver des arcs *ce*, *gh*, *il*, *df*, qui soient en contact avec un cercle tracé du point L par exemple, comme centre de la Lune immobile et en conjonction avec le centre M de l'ombre lors du milieu de l'éclipse, ces arcs ainsi obtenus dans ces conditions donneront la grandeur de l'ombre de la Terre et en même temps le cercle du milieu en contact avec la périphérie de l'ombre, représenterait la grandeur exacte du disque lunaire proportionnelle au cercle total de l'ombre.

Pour obtenir ensuite la grandeur de la pénombre, on convertira les 15^m écoulées avant l'entrée de la Lune dans l'ombre, en temps du mouvement horaire, lesquels, dans ce cas, font 39^s 8 et l'on transportera cette largeur prise sur l'échelle, de A en P. Puis, faisant centre en A d'une ouverture de compas P*e*, on décrira un arc *mn* sur le disque de la Lune, et l'on aura alors la grandeur de la pénombre, dans ses proportions avec l'ombre et avec l'astre, ainsi que nous l'avons obtenue.

Ainsi donc, ce tracé graphique, quoique construit un peu grossièrement d'après les données de l'observation, nous apprend cependant :

1° Que la grandeur du diamètre lunaire était ce jour là

2 fois 3,7 moindre que la tranchée *dq* de l'ombre traversée par le centre de la Lune ;

2° Que la pénombre était 3 $\frac{2}{3}$ plus petite que le diamètre de l'astre, et 11 $\frac{1}{2}$ plus petite que le diamètre de l'ombre ;

3° Que cette proportion entre l'ombre et la pénombre donnerait 19 $\frac{1}{7}$ rayons terrestres environ comme distance de la Lune à la Terre, pour le 1er juin 1863, eu égard, conformément à mon observation du 2 juin, au cône de l'ombre et à celui de la pénombre, projetés par la boule placée en face du Soleil, et au moyen de laquelle j'ai pu déterminer, par une comparaison, la distance lunaire ;

4° Qu'en admettant qu'il y ait analogie entre l'astre et la boule, le diamètre de l'ombre aurait dû être, ce jour-là, d'une largeur d'environ 2920 lieues, et la tranchée que la Lune a traversée d'une largeur de 2590 lieues, de sorte que le diamètre lunaire aurait dû avoir 980 lieues de largeur, plutôt que 870 lieues, ainsi que la science l'a décidé. En effet, le diamètre vrai de la Lune est évalué, par la *Connaissance des temps* à 16' 33" 7, tandis que par notre tracé graphique, le demi-diamètre en question serait de 18' à peu près.

On voit donc que les visuelles aboutissant aux images des astres qui se peignent à la surface de l'atmosphère, s'écartent de la véritable direction angulaire qu'elles eussent suivie en parcourant un espace vide d'atmosphère. Ajoutez à cela que si les images qui se peignent à la circonférence de l'atmosphère ne sauraient être transmises à l'œil de l'observateur qu'à la condition que les rayons lumineux partant du corps de l'astre après un premier croisement dans l'espace, ils se croisent ensuite une seconde fois dans l'atmosphère avant de se réfracter sur la cornée de l'œil ; alors il en résulterait un phénomène assez important ; c'est que

la grandeur des images ainsi transmise serait en contradiction avec les lois de l'optique.

Je vais m'expliquer par un exemple :

Supposons que *ab* (fig. 19) soit la cornée de notre œil
regardant le Soleil S à travers de l'atmosphère ABC au moment du solstice d'été, et que les rayons *qn, pm,* en traversant l'espace, projettent sur l'atmosphère l'image de l'astre dont le diamètre apparent serait de la grandeur *mn.*
Supposons encore que les rayons *mi, no,* par l'effet de la
réfraction aillent se croiser en un point *e* avant d'arriver à
l'œil. Dans ce cas, la grandeur de l'image réfractée sur la
cornée *ab,* n'aurait qu'un diamètre *oi.*

Maintenant, imaginons qu'à l'époque du solstice d'hiver,
notre œil soit tourné dans le sens *cd,* afin de voir directement le Soleil S' au plus bas de l'horizon.

Quoique l'astre en ce moment soit encore à la même
distance de la Terre, néanmoins les rayons *q'n', p'm'* dirigés vers l'œil *dc,* en traversant l'espace en un sens plus oblique à l'atmosphère, y traceront sur celle-ci un diamètre *m'
n'* plus petit du diamètre *m'n,* déterminé lors du solstice
d'été.

Mais à cause de la moindre distance dont ils sont séparés
l'un de l'autre, ces rayons *m't, n's,* en se réfractant iront
se croiser en un point *f* par exemple, qui serait plus proche
à l'image *m'n'* que ne l'a été en *e* pour l'image *mn.* Il est
évident alors que la traversée dans l'atmosphère étant plus
longue pour les rayons *ft, fs,* après leur croisement, ces
rayons parviendront à saisir la cornée *cd,* aux points *st,* en
y traçant ainsi une image du Soleil supérieure à la grandeur
de l'image *oi,* vue pendant le solstice d'été.

Supposons enfin que c'est bien ainsi que ces phénomènes
se réalisent dans la nature, nul doute alors que le Soleil ne

soit, pour nos yeux à la plus grande distance de la Terre lors du solstice d'été, au lieu de l'être en hiver, selon l'hypothèse de la science. Ce qui donnerait une certaine valeur à ce rapport inverse des diamètres relativement à la distance d'un astre à la Terre pendant son mouvement de révolution, ce serait l'observation de l'arc apparent que le Soleil parcourt à différentes époques, en un temps déterminé.

A Paris, par exemple, au solstice d'hiver de 11^h 1/2 à 12^h $\frac{1}{2}$, on voit le Soleil décrire dans le Ciel un arc de 14° tout au plus, tandis qu'au solstice d'été, et pendant la même heure méridienne, il en décrit un de 30° au moins, bien que la Terre parcoure constamment par son mouvement diurne un arc de 15° par heure.

Or Francœur disait : « En supposant à la Terre la même vitesse en tout temps, l'espace où l'arc décrit la même longueur pour les durées égales, et puisque la distance de la Terre varie, deux arcs égaux de l'orbite, vus du Soleil, paraîtront inégaux. On les jugera plus grands par des distances moindres. C'est aussi ce qui arrive, et l'espace angulaire que le Soleil semble décrire chaque jour, varie avec l'éloignement. »

En se conformant à cette théorie, on voit la nécessité absolue pour la Terre de se trouver en hiver, plus éloignée du Soleil, afin que notre visuelle ne puisse tracer dans le ciel qu'un arc d'environ 14°, mais elle devra être en été, plus proche du Soleil, afin que la visuelle, pendant une même heure méridienne, décrive dans le ciel, l'espace angulaire de 30°.

Et pourtant, aux mêmes heures méridiennes, cette visuelle met 2'22" pour traverser l'espace occupé par le diamètre du Soleil à l'époque du solstice d'hiver, et 2^m 17 seulement pour le traverser à l'époqae du solstice d'été.

Ces discordances de résultats avec la théorie, ne seraient pas là presque une preuve de ce que j'avance, à savoir, que l'image du Soleil est vue à travers notre atmosphère, sous un angle petit lorsque cet astre est plus proche de la Terre que lorsqu'il en est plus loin.

On sait que 2^m 22^s sont la 25e partie et $\frac{1}{5}$ d'une heure, et que 2^m 17^s en sont la 26me $\frac{1}{4}$. Maintenant veut-on convertir ces parties en minutes de degrés qui soient toutefois proportionnelles aux espaces que la visuelle parcourt par degrés pendant une heure méridienne lors de deux solstices ? Eh bien ! on aurait alors pour le 21 décembre, comme valeur du diamètre du Soleil, abstraction faite de sa marche $\frac{84}{25}$ $\frac{1}{5}$ $= 33'$ $25''$ et $\frac{30}{26}$ $\frac{1}{4} = 68'$ $34''$ comme valeur, correspondant au 21 juin, lesquelles valeurs se trouveraient en sens inverse des temps que la visuelle a employés pour traverser les diamètres du Soleil, et aussi en sens inverse des valeurs obtenues par les mesures micrométriques, car pour la fin de décembre, c'est une valeur de 32' 34'' et pour la fin de juin c'en est une de 31' 31''.

Il s'ensuit qu'un même espace du ciel peut se présenter sous des valeurs différentes selon la méthode dont on se sert pour le mesurer.

Ce sont ces différences constatées, que j'avais en vue, lorsque je faisais remarquer, dans ma lettre du 20 janvier 1873, que l'homme ne parviendra jamais à connaître exactement les parallaxes des astres, et qu'il faudrait par conséquent employer une méthode moins compliquée que celle qui est actuellement en usage, et se contenter, quant aux distances des astres, d'une approximation qui peut satisfaire à la curiosité humaine. A cet effet, j'ai cherché une méthode qui eut pour base l'observation de l'éclipse de la Lune et l'analyse des différentes valeurs que donnent les écarts des visuelles atmosphériques proportionnellement à la distance des astres. Mais celà ne suffisait pas, il fallait que je misse d'accord les données de l'observation avec les lois du mouvement des corps pour arriver à déterminer la valeur d'un arc tracé par les astres dans un même espace rectiligne, lequel arc donnerait, en des temps égaux, cette valeur proportionnelle à la distance des astres, d'un centre commun de leur mouvement de révolution. J'espérais pouvoir connaître par ce moyen la distance relative et proportionnelle de chaque astre au centre générateur de son mouvement. Tel était le but de mes recherches, mais pour l'atteindre, il me fallait établir les principes suivants :

1° Que le mouvement d'un corps n'est conçu géométriquement que par la ligne droite qu'il décrit dans l'espace où son déplacement s'effectue.

2° Que lorsque plusieurs corps circulent autour d'un centre générateur de leurs mouvements, l'espace qu'ils ont parcouru en un temps déterminé, est mesuré par l'angle que forment les rayons visuels du déplacement sur les orbites respectives.

3° Que lorsqu'un espace égal est parcouru en des temps égaux par des corps qui tournent autour d'un centre commun, les angles différents qui mesurent cet espace en raison de la vitesse propre de chaque corps, donnent la longueur respective des rayons qui tracent pour chaque corps l'orbite sur laquelle il doit accomplir son mouvement de circulation.

Cela posé, supposons maintenant que ce soit la Terre qui occupe le centre des mouvements planétaires. Il est évident que la Lune étant la plus proche de la Terre, ce serait-elle qui, la première, paraîtrait circuler autour de nous à une distance proportionnelle à sa vitesse de révolution et en rapport avec la vitesse du mouvement diurne de la Terre, laquelle vitesse est en raison de sa distance au centre générateur. Ainsi, dès que l'on sait que la Lune met en moyenne 655^h 43^m 4^s pour décrire un cercle de 360°, tandis que la Terre ne met, pour décrire un cercle analogue, que 23^h 56^m et 45^s, on en conclura que la Lune marche dans l'espace avec une vitesse 27 fois $\frac{1}{5}$ plus petite que celle dont la Terre est animée.

Que si, après cela, on cherche à connaître quel est l'espace que décrit A (fig. 20) c'est-à-dire un point quelconque de l'équateur de notre globe, dans un temps par exemple de 5^h 59^m 1^s, ce qui serait le quart exact du temps de sa révolution diurne, on trouvera que cet espace en ligne droite TE (fig. 20) correspond à la longueur du rayon ou demi-diamètre de la Terre, bien que le point de l'équateur de A en E, décrive dans cet espace un arc ABE de 90° dont la corde AE serait un rayon comme 1414 : 1000.

Or la Lune L en circulant autour de la Terre avec une vitesse au-dessous de 27 fois $\frac{3}{5}$, ne saurait certainement décrire dans un un espace égal à eL, qu'un arc abe, de $\frac{20}{27}$ 3/8 $=$ 3° 17' 9" en 5^h 56^m 1^s. Mais alors cet arc ne pourrait atteindre la grandeur exacte de la corde EA formée par l'arc 90° que la Terre a décrit, qu'à la distance Aa, d'environ 17 fois $\frac{1}{2}$ la grandeur de cette corde, ce qui donnerait en rayons terrestres TE, le nombre 24 comme distance moyenne de la Lune à la Terre T, au lieu de 60 rayons trouvés par Lalande.

Le Soleil S circule autour de la Terre en 365 jours, $\frac{1}{4}$ sa marche est donc plus lente que celle de la Terre autant de fois que ses jours de révolution, ce qui lui fera parcourir, en 5^h 59^m 1^s un arc sS de 14' $\frac{3}{4}$, dont le rayon serait égal à 233 la corde de l'arc terrestre, autrement dit, la distance de l'astre à nous serait de 328 rayons équatoriaux.

Jupiter J, par exemple, qui met 4332 jours et 14 heures pour décrire son orbite tout entière autour d'un centre commun, ne décrira en 5^h 59^m 1^s qu'un arc J*dj* de 1^m 15' à peu près. Le rayon T*d* de cette orbite sera, par conséquent, de 2750 fois la corde terrestre et la distance de cet astre à la Terre sera de 388 demi-diamètres terrestres.

Quant à Mercure et à Vénus, qui suivent le Soleil et aux satellites qui suivent leur planète, leur distance moyenne à la Terre serait pour chacun d'eux, égale aux distances des orbites de leurs astres, attendu que les satellites sont animés de deux mouvements, l'un de révolution et l'autre de circulation, le premier est engendré par la même force qui transporte les planètes, l'autre par la rotation de la planète dont le satellite dépend.

Or, suivant que l'un ou l'autre de ces deux mouvements prédomine, et que leurs directions sont dans le même sens, ou en sens contraire, la distance des satellites à leurs planètes est modifiée à chaque instant, et leur marche, au lieu d'être circulaire, prend alors, selon nous, des formes épicycloïdes tout autour des orbites parcourues par leurs astres. En comparant les différences de grandeur dont est affecté le diamètre des satellites (pendant leur révolution autour de l'astre qu'ils suivent) avec la quantité de leur plus grande digression, on aura la valeur approximative de la distance de chaque satellite à leur planète principale.

Les distances des astres qu'on vient de calculer sur l'arc décrit par une planète quelconque dans un temps déterminé, nous apprendraient que la force centrale qui régit les mouvements planétaires diminue pour chaque révolution dans un rapport constant comme 9 à 8 à peu près.

Pl. IV. Page 112.

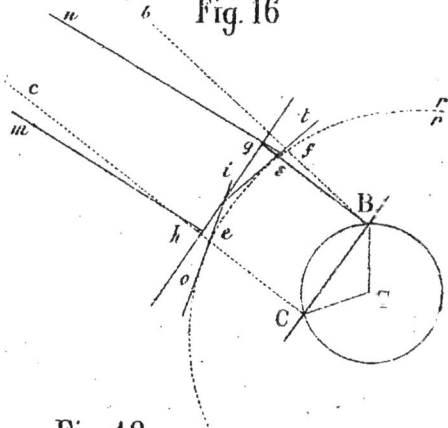

Fig. 16

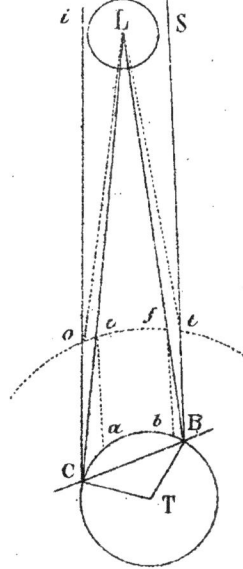

Fig. 17

Fig. 18

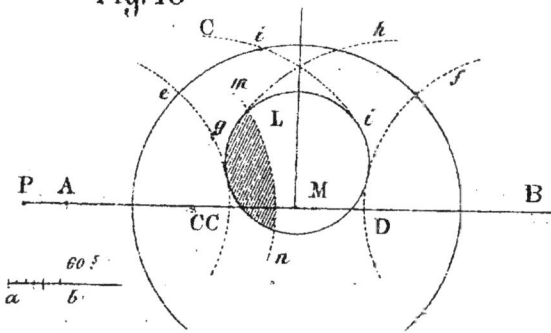

Fig. 19

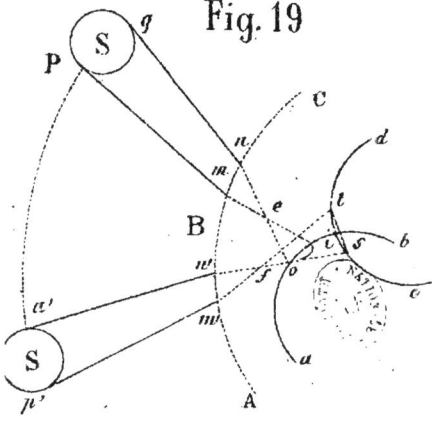

Fig. 20

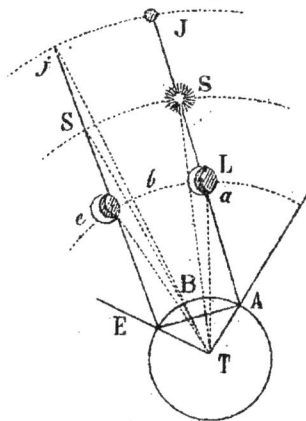

Ainsi on pourrait connaître la distance de la Lune en disant 9 : 27 jours :: 8 = à 24 rayons terrestres, ou bien 9 . : 365 :: 8 = 342 rayons, distance du Soleil à la Terre, enfin, celle de Jupiter serait de 9 : 4332 :: 8 = 3851 rayons, etc.

Mais pour calculer plus exactement ces distances, sans recourir aux arcs décrits par chaque planète, il suffirait de connaître les jours de leur révolution, et alors on n'aurait plus qu'à les diviser par le nombre constant 1, 11.

Du moment que l'on sait que la révolution de la Lune s'effectue en 27 jours 29, on aura $\frac{27.29}{1.11} = 24, 6$ rayons. La révolution du Soleil étant 365 jours 25, on obtiendra $\frac{365.30}{1.11}$ = 329, 6 rayons ; si Jupiter tourne autour de la Terre en 4332 jours 58, il s'ensuit que $\frac{4332.58}{1.11} = 390, 3$ rayons représentent la valeur de sa distance moyenne.

On voit que par cette méthode et sans être savant, on peut trouver des règles fort simples et qui sont basées à la fois sur l'observation directe et sur les lois du mouvement des corps.

Je ne doute pas que les coperniciens ne méprisent la méthode que je viens d'exposer, cependant comme leurs distances ne sont pas mieux prouvées que les miennes, alors ma méthode vaut autant que celle qui n'est dûe qu'à un hasard du calcul.

Par une suite d'observations très-précises sur la grandeur de la pénombre pendant les différentes éclipses de Lune, afin de déterminer la distance approximative de l'astre, pourrait-on vérifier en même temps si les dimensions des images que nous présentent les différentes couches de l'atmosphère, sont toujours dans le rapport direct de leurs distances. Il y a plus peut-être, par l'examen attentif de ces phénomènes, parviendrait-on à savoir si le cône d'ombre

8

que la Terre projette dans l'espace est d'une longueur proportionnelle à la longueur du cône d'ombre que projettent les corps à travers notre atmosphère.

Voici pourquoi je fais cette observation : J'ai déjà dit que c'était de la longueur du cône d'ombre projeté par une boule que j'ai inféré la distance de la Lune à la Terre. Or, en comparant cette distance à celle qui a été déterminée d'après la longeur calculée de l'arc que la Lune a parcouru en $5^h\ 56^m\ 1^s$, le 1er juin, j'ai trouvé que la première distance est à la seconde comme 19 rayons $\frac{1}{2}$ sont à 21 rayons. J'en conclus qu'il doit y avoir des différences entre les projections d'ombre des corps célestes et les projections d'ombre des corps qui se trouvent enveloppés de notre atmosphère.

En effet, si l'on s'en rapporte à la valeur du diamètre du Soleil, et à sa parallaxe, telle qu'elle a été calculée par la connaissance des temps, le cône d'ombre de la Terre aurait dû être, le 1er juin 1868, d'une longueur d'environ 108 diamètres terrestres, au lieu de 117, comme le ferait supposer la projection du cône d'ombre de la boule dont je me suis servi. Or, si la détermination du diamètre de l'astre et de sa parallaxe est exacte, cela prouverait que les corps terrestres ne sont pas éclairés par les rayons directs de la lumière des astres, mais par des images qui sont plus petites que celles qui en résulteraient, si, sans l'écartement qu'ils éprouvent dans l'atmosphère, les rayons lumineux venaient se croiser directement sur les corps terrestres.

Ce phénomène trouve une explication facile en tenant compte de la petitesse du diamètre de la boule en comparaison de la grandeur du diamètre de la Terre ; il y a là un rapport de proportion qui est comme 1 : 150 millions. Cette énorme différence entre le diamètre de la Terre et celui de la boule, qui n'a aucun rapport avec la longueur de leur cône d'ombre projeté par la lumière d'un même astre, prouverait sans conteste que le diamètre des astres et leur distance à la Terre diffèrent énormément de ceux qui sont déterminés par les mesures astronomiques. Mais il y a plus.

L'observation de l'ombre que les astres projettent sur les corps terrestres, révèle un phénomène assez curieux, c'est que la lumière réfractée par la Lune prolonge le cône d'ombre plus que ne le fait la lumière directe du Soleil. En supposant aux deux astres un égal diamètre de 31' 26", par exemple, on trouve que le Soleil donne par ombre totale de la boule une longueur d'environ 111 rayons, tandis que la Lune la projette au delà de 115 rayons.

Lorsque l'image du Soleil se présente dans son plus petit diamètre, elle présente un cône d'ombre de 118 diamètre de la boule environ, et de 110 seulement quand l'image est vue dans son plus grand diamètre.

La Lune au contraire vue dans sa plus petite image, projette un cône d'environ 125 diamètres, et vue dans sa plus grande dimension, elle en projette un de 107 à peu près.

Dans tous les cas, l'ombre de ces deux astres se trouvera toujours plus longue de quelques diamètres pendant leurs hauteurs méridiennes, que lorsqu'ils sont près de l'horizon, ce qui prouverait qu'en voyant les images des astres plus grandes vers l'horizon qu'au méridien, nous voyons plus juste que si nos yeux étaient armés de lentilles astronomiques ; parce que l'organe de la vue, en vertu de sa construction et de sa dilatation, s'adapte mieux que ne le feraient des verres immobiles, à la courbe qui affecte les différentes couches, suivant leurs distances par rapport à l'observateur, qui se trouve naturellement en dehors du sphéroïde de l'atmosphère.

Pour toutes ces expériences je me suis servi d'une boule et même d'un disque de quelques centimètres de diamètre; j'ai fixé la boule où le disque au bout d'une règle AB (fig. 21), longue de 3 mètres environ, au-dessus de laquelle j'ai placé une planche glissante P, destinée à recevoir l'ombre de la boule f ou du disque à toute distance; cette règle supportée par le trépied C tourne en tous sens, afin de pouvoir présenter directement le disque ou la boule à l'astre, en face duquel on peut l'arrêter au moyen d'une vis V. C'est avec cet appareil qu'indépendamment de la longueur du cône d'ombre, j'ai trouvé que ce cône était formé par des curvilignes h, a, b, o, f, d, e, o, au lieu des lignes droites f, o — h, o. Pour obtenir ce résultat, il m'a fallu diviser en parties égales sur la règle, la longueur totale de l'ombre Am, n, v, p, et ensuite faire glisser la planchette sur la règle en l'arrêtant à chaque division m, n, v, *evc*, dont elle est marquée afin d'avoir la grandeur de l'ombre de la boule qui se projetait sur la planchette. Si, après avoir effectué cette opération, on trace sur une grande carte la dimension exacte de tous ces différents diamètre de l'ombre (fig. 22) et qu'on les joigne les uns aux autres par des lignes droites *fd*, *de*, *eg*, *go*, on trouvera que la résultante de toutes ces lignes qui se dirigent vers des foyers différents de celui où le cône d'ombre se termine en un point noir O, se composera des curvilignes *fd*, *ego*, *habco ;* alors il est évident que la grandeur de ces diamètres n'étant pas dans le rapport de leurs distances au foyer optique, on les verra sous des angles différents de l'angle réel que donnerait le disque, s'il était vu sous deux visuelles rectilignes R, M, O. Aussi, suivant la courbe des verres sur lesquels vont se réfracter, plus ou moins exactement, les images produites par les courbes correspondantes de l'atmosphère, les lunettes donnent des grossissements qui ne sont jamais dans le rapport exact de la grandeur de ces images, d'autant plus que celles-ci se trouvent déjà altérées par la courbe dont les rayons des astres sont affectés en traversant l'atmosphère.

Voulez-vous une preuve ?

Regardez une place, par exemple, entourée de maisons, de monuments et autres objets, dont vous avez une reproduction photographique ou un dessin. Vous verrez alors, que sur ces dessins, la place paraîtra proportionnellement bien plus grande que celle qui en fait la comparaison, et cela, à cause que dans les dessins, les visuelles perspectives des bâtiments et autres objets vont aboutir en lignes droites vers un point de vue unique déterminé sur un plan ; tandis que par rapport à nos yeux, ces visuelles, outre que se déployant curvilignement sur la circonférence de la cornée, elles vont se réunir dans l'intérieur de l'œil autour d'une sphère optique, dont chacun de ses points forme le foyer de quelques visuelles.

Or, pour mieux éviter un tel désaccord, il faudrait que le dessinateur eût le soin de mettre deux points de vue, l'un au-dessus et l'autre au-dessous de la ligne qui représente l'horizon et écartés entre eux d'un espace nécessaire à ce que les visuelles supérieures et inférieures des corps et aboutissant à ces deux points, donnent les grandeurs des corps dans la proportion exacte à leur distance, et telles que nous les voyons. Par ce moyen, la place ne paraîtra plus aussi grande, que celle que reproduisent les dessins perspectifs, mais bien dans la proportion naturelle par rapport aux bâtiments et objets dont elle est entourée.

La courbe différente des verres optiques est encore la cause du désaccord qui existe entre les lunettes au moment où le même phénomène se produit ; car, il résulte de plusieurs expériences, souvent répétées que les temps sont en raison inverse des carrés des espaces parcourus par les rayons curvilignes qui se croisent, soit dans l'atmosphère, soit dans les lunettes.

Or, comme les champs des lunettes ne s'accordent pas entre eux avec leurs angles optiques, les rayons curvilignes des astres atteindront quelques instants plus tôt une lunette qu'une autre, parce qu'ils doivent traverser un espace sous des angles différents et en raison de la grandeur modifiée, de cet espace par la courbe particulière à chaque verre optique, et sur laquelle viennent se réfracter les rayons des astres.

Les rayons lumineux qui rasent la périphérie des corps, après avoir tracé le cône d'ombre, se croisent au foyer optique pour donner lieu à un nouveau cône d'ombre qui, plus faible, va se confondre en sens inverse, avec la pénombre à peu près égale à celle à laquelle se terminait le premier cône d'ombre.

Enfin le cône d'ombre est percé dans son milieu par une lumière qui, faible à partir du disque, s'accroît peu à peu jusqu'à ce qu'il arrive à $\frac{1}{7}$ de la distance de la longueur totale du cône, où elle forme alors un cercle assez lumineux qui lui-même va s'éteindre insensiblement vers la moitié du cône pour faire place à une ombre très-foncée. C'est sans doute à la présence ou à l'absence de ce phénomène qu'on doit la visibilité ou la disparition complète du disque de la Lune, lorsque cet astre est plongé tout entier dans l'ombre de la Terre.

On n'en finirait pas si l'on voulait étudier tous les phénomènes qui accompagnent les différentes éclipses de Lune ; aussi, nous les abandonnons pour reprendre la suite de notre correspondance, que nous avons laissée à la date du 26 octobre.

Quelques jours après ma dernière lettre, une forte discussion s'étant élevée entre plusieurs savants sur la nature et la formation des taches du Soleil, la curiosité me porta à observer pour la première fois le phénomène en question.

Une fois mes observations faites, je voulus en faire part à M. Leverrier, à qui je communiquai en même temps mes impressions personnelles et je joignis à ma lettre un dessin des taches que j'avais attentivement examinées pendant dix jours, dans leurs changements successifs.

Comme cette description est étrangère aux questions astronomiques, et que j'y ai donné un certain développement j'eus d'abord la pensée de n'en présenter ici qu'un résumé, mais après mûre réflexion, j'ai cru qu'il vaudrait mieux la publier toute entière. La voici :

Paris, 18 Novembre 1874.

MONSIEUR LE PRÉSIDENT,

Les discussions intéressantes qui se sont élevées entre plusieurs savants illustres sur la nature et la formation des tâches du Soleil, m'ont suggéré l'idée de faire à mon tour quelques observations à ce sujet.

C'est le 6 de ce mois que, pour la première fois, j'ai examiné deux grandes taches au milieu du disque solaire, vers la zone torride sud, taches dont j'ai l'honneur de vous envoyer ci-joint le dessin. Les deux noyaux a et b de la tache A (fig. 1) étaient réunis par une tranchée oblique et noire, mal terminée, laquelle descendait du sommet du noyau *b* vers l'extrémité inférieure du noyau *a* de manière à donner aux deux noyaux la forme d'un **N**.

Mais le lendemain cette tranchée avait disparu, et les deux noyaux se trouvaient ainsi complètement séparés par un espace *ec* qui s'étendait ondoyant et blanchâtre sur une grande partie du noyau *a* dont toutefois il laissait voir légèrement le bord *e*.

L'ondulation de cette matière me fit supposer que cela pouvait être la vapeur qui sortait à l'endroit *e* du creux noir du noyau. Cette vapeur en se dilatant, s'amoncelait par intervalles vers l'extrémité *n* et surtout vers l'extrémité *c* où elle formait une longue traînée grisâtre.

Une autre vapeur, mais bien plus faible, se voyait également sortir en *d* du noyau *b* et entourer assez souvent l'extrémité J, en la séparant du noyau et en prenant l'aspect d'un autre tout petit noyau. J'ai remarqué aussi un petit espace plus clair qui côtoyait de *a* en *g* le bord du noyau *b* comme si cela avait formé l'épaisseur de ces noyaux. Ces épaisseurs paraissaient par fois se teindre d'un rouge foncé, la vapeur même changeait de couleur, elle passait du blanc gris au jaune sale. Les contours de la pénombre apparente **AGD** se dessinaient nettement par des échancrures qui formaient à l'intérieur une multitude de rainures qui, toutes aboutissaient à la périphérie des deux noyaux. De temps en temps on voyait ces rainures s'éclairer d'une blanche lueur, surtout vers les extrémités **AD** de la tache dont elle effaçait légèrement les contours. Quelquefois, il paraissait se former à l'extrémité **A** un noyau, et puis au bout de quelques minutes tout rentrait dans le premier état.

On distinguait, au dehors des taches, des croisements d'ondes lumineuses qu'accompagnaient de légères pénom-

bres dans le sens même de ces vides. On les voyait s'a-
monceler du côté nord de la tache A au milieu d'une quantité de petites tâches en formation, vers la tache B ces lucules prenaient naissance à l'extrémité et s'étendaient ensuite, semblables à de gros nuages, vers 5 jusqu'à 10 où
elles s'effaçaient.

Le lendemain 7 novembre, le brouillard vint interrom-
pre le cours de mes observations, mais le 8, vers 3 heures, le ciel s'éclaircit, et je pus remarquer que toutes les
taches avaient changé de forme, comme on peut le voir
dans la figure II. Les pénombres s'étaient allongées davantage, tandis que les noyaux des taches s'étaient arrondis.
L'espace lumineux qui séparait ceux-ci, était assombri par
une espèce de fumée qui le bordait latéralement et se joi-
gnait aux noyaux, de sorte que la clarté ne dominait plus
vers les côtés r, s, des pénombres, dont les contours avaient
perdu beaucoup de leur netteté, de même que leurs rainures s'étaient effacées. On peut en dire autant des noyaux dont
on ne distinguait plus les bords, enveloppés qu'ils étaient
d'une vapeur jaunâtre. Les petites taches 2 3 1 et 4 avaient
disparu, tout se trouvait bouleversé Cependant on voyait
sortir en zigzag, d'un grand noyau b, une longue traînée
de fumée dont les tourbillons se répandaient sur une quantité de petits noyaux. Je vis aussi à l'extrémité M̄ de la tache B, sortir une fumée pareille. On eût dit une vapeur de
locomotive ; elle suivait les mêmes traces des ondulations
lumineuses 4. 5, 10, (fig. 1) que j'avais remarquées le premier
jour. Les deux noyaux étaient bordés en e g par une bande
qui allait se perdre dans le concave de la pénombre.

Je dus m'arrêter là, le mauvais temps m'ayant empêché
de continuer mes observations que je pus reprendre le 11

novembre à midi, je vis alors un changement plus considérable encore.

Les taches AB (fig. III) s'étaient considérablement rapetissées, elles se présentaient sous une forme très-allongée, en raison sans doute du raccourci qu'elles présentèrent en se portant vers le bord du Soleil et par suite de leur éloignement de nous.

Les pénombres du côté oriental étaient entièrement couvertes d'une grande vague à l'aspect oléagineux et dont les ondulations brisées entouraient les taches en s'allongeant beaucoup du côté nord. De temps en temps leur éclat s'affaiblissait, comme si des vapeurs eussent passé sur elles.

Les noyaux a et q avaient leur première forme oblongue qui s'était de beaucoup agrandie, tandis que les autres noyaux bp s'étaient considérablement rétrécis ; on les voyait séparés des premiers par un espace blanchâtre très large, entouré d'une vapeur épaisse et ondoyante.

Un peu avant le coucher du Soleil, les noyaux se perdirent au milieu d'une brume solaire d'un rougeâtre foncé, semblable aux teintes dont la Lune est souvent affectée, lorsqu'elle se plonge dans l'ombre de la Terre. Les lucules au contraire se revêtirent d'une couleur d'or éclatante, et leurs masses ressemblaient en ce moment aux nuages de notre atmosphère dorée par les rayons du Soleil couchant.

Maintenant, permettez-moi, M. le Président, de soumettre à votre appréciation les inductions que j'ai tirées de mes observations.

Selon moi, le Soleil serait constitué de deux enveloppes solides et visibles : la première serait celle qui, par sa cassure forme le noyau et laisse à nu l'intérieur du globe ; la seconde enveloppe, c'est la pénombre apparente.

Je crois voir dans la partie la plus claire du bord occiden-

Pl. V. Page 122

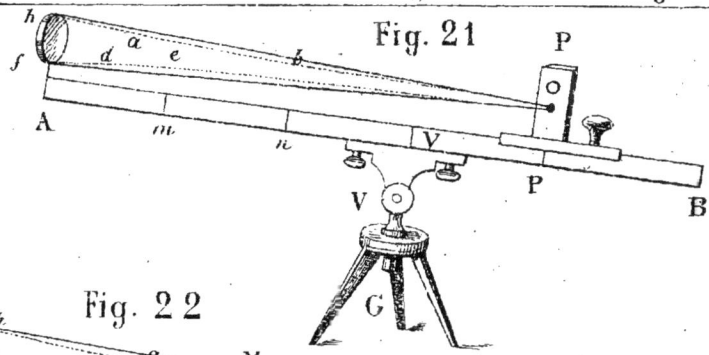

Fig. 21

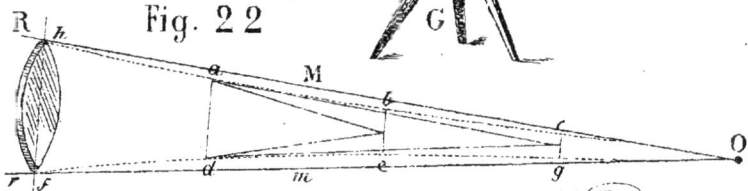

Fig. 22

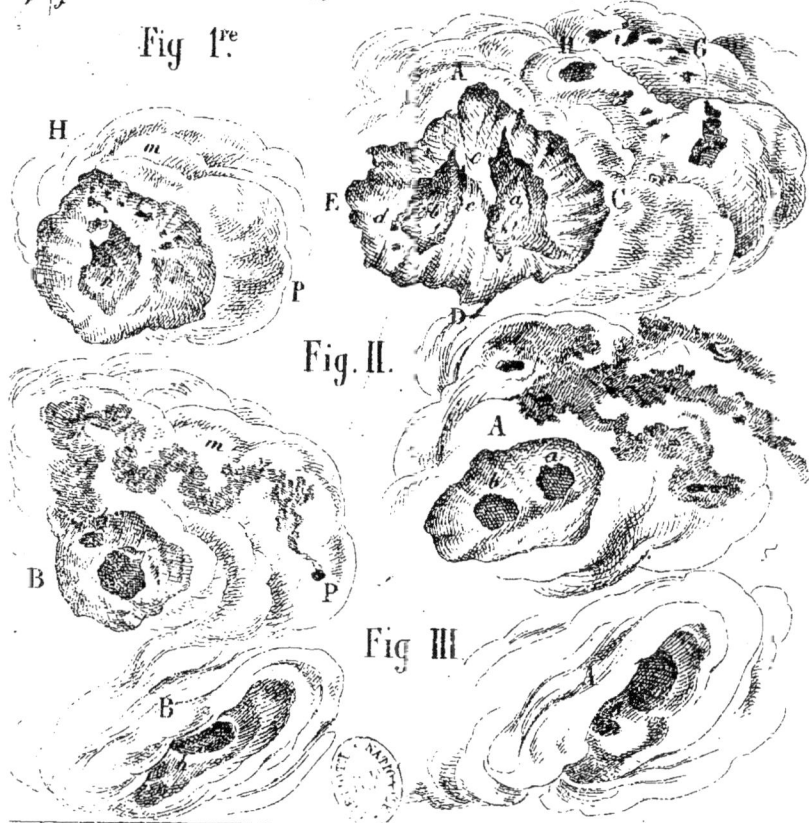

Fig 1re.

Fig. II.

Fig III

tal des noyaux l'épaisseur de la première croûte, dont la cassure atteste par sa netteté, qu'elle est constituée d'une manière plus compacte que celle de la seconde enveloppe.

Le contour échancré de la seconde croûte m'a rappelé l'aspect de certains effondrements de terre glaise un peu friable, et l'étendue des concavités qui forment ces affaissements, dénoterait, à mon avis, une épaisseur plus considérable dans cette seconde croûte qui constitue probablement la surface du globe solaire.

J'ai pensé que les ondulations lumineuses qui entourent les taches, et dont l'éclat est bien plus vif au-delà des effondrements, pourraient être engendrés par des amoncellements d'une matière analogue à celle de nos nuages. On n'a qu'à jeter les yeux sur mon dessin, qui représente ces matières vaporeuses avec leurs effets de clair obscur, pour voir leur ressemblance avec les nuages. Peut-être une légère atmosphère, très agitée, couvre-t-elle ces nuages, j'ai remarqué que, par instant, leur éclat faiblissait.

Il est probable qu'il y a là une couche gazeuse provenant des émanations du globe solaire, contenue par l'épaisseur de l'atmosphère, ces émanations s'amoncellent et finissent par leur mouvement à se frayer une issue. Telle, à mon avis, serait la cause des facules dont la photosphère est parsemée.

On comprend également que les matières vaporeuses de l'intérieur du globe solaire, s'échappant par les pores et par les fentes des deux croûtes soulèvent des parties énormes des atmosphères, et que ces soulèvements qui ressemblent à des montagnes lumineuses, soient le signe précurseur de quelque grand déchirement.

Les masses vaporeuses s'accumulant toujours, doivent fortement secouer la surface du globe, et occasionner ces effondrements que la pénombre laisse entrevoir au milieu des éclaircissements des atmosphères. Une fois libre, ces masses, pareilles aux trombes qui se forment au sein de notre atmosphère, doivent faire tourbillonner en tous sens les atmosphères. De là, l'hypothèse que les taches du Soleil ne sont qu'une apparence occasionnée par le mouvement tempétueux des fluides qui creusent l'intérieur des atmosphères solaires. C'est sans doute, le déplacement des masses vaporeuses sortant des noyaux, qui en changent par instant la forme, et la couleur rougeâtre dont se teignent, par intervalles, les contours des noyaux, est due peut-être à un feu intérieur que cache de temps en temps l'agglomération des vapeurs à mesure que la combustion des matières entassées dans les gouffres des noyaux, devient plus active.

La cessation plus ou moins instantanée des colonnes gazeuses ferait disparaître plus ou moins subitement les taches, car elle permettrait aux émanations et aux atmosphères de réunir leurs molécules et de couvrir ainsi les creux et les effondrements qui s'étaient formés dans les croûtes.

Enfin, la ressemblance frappante des lucules avec les amoncellements de nos nuages, me ferait supposer que la lumière, où, à proprement parler, la photosphère n'est pas de la véritable lumière, mais plutôt une substance éminemment propre à développer le mouvement ondulatoire dans les molécules lumineux qui remplissent l'espace et se trouvent par là en contact avec tous les corps. D'après cette hypothèse, selon que les atmosphères, en vertu de leur composition, seraient plus ou moins capables d'ébranler les molécules lumineux, les corps deviendraient lumineux à différents degrés.

Cela expliquerait facilement l'éclat extraordinaire de Vénus, celui très-vif de Jupiter et même de Saturne, qui en raison de sa grande distance du Soleil, ne pourrait pas briller comme une étoile de seconde grandeur, sans l'intermédiaire d'une atmosphère phosphorescente, à moins que les distances entre les astres ne soient plus petites que les distances établies par la science.

La lumière cendrée de la Lune trouverait aussi une explication plus raisonnable.

Et puis, comment certains phénomènes lumineux pourraient-ils se produire dans notre atmosphère, et comment pourrions-nous y puiser la lumière qui nous éclaire à toute heure de la nuit, si notre atmosphère n'était pas envahie par des molécules lumineuses, qui en contact avec tous les corps, sont toujours prêtes à éclater pour peu qu'on exerce sur ces derniers le moindre frottement.

Agréez, M. le Président, l'assurance, etc.

On trouva peut-être qu'il n'y avait pas lieu d'examiner des questions si oiseuses; ma lettre resta sans réponse, on ne me fit même pas l'honneur d'un accusé de réception, quoique bien souvent on insère, dans le Bulletin, des articles sur le même sujet.

Mais, ce n'est là qu'un incident personnel, et je reviens à mon sujet.

J'ajouterai donc à ce que j'ai dit dans ma lettre, qu'aujourd'hui le Soleil semble éprouver un bouleversement considérable, puisqu'on voit s'y former, presque tous les jours, des taches nouvelles, contrairement à ce qui s'y passait, il y a deux cents ans. En effet, Picard, dans son ouvrage d'Uranienbourg rapporte, qu'étant abrité, pendant le mauvais temps, derrière l'île d'Uliéland, il aperçut, le 13 août, vers les 11 heures du matin, une véritable tache sur le Soleil, laquelle représentait, à peu près, la queue d'un scorpion, et il ajoute :

« Je fus d'autant plus aise d'avoir découvert cette tache du Soleil qu'il y avait dix ans entiers que je n'en avais pu voir aucune, quelque soin que j'eusse eu d'y prendre garde de temps en temps. »

Quant à ma correspondance avec M. Leverrier, ce n'est pas l'absence d'un accusé de réception qui eût pu me décourager. Exclusivement préoccupé de l'importance de mon sujet, j'adressai, au savant astronome, la lettre suivante :

Paris 27 décembre.

MONSIEUR LE PRÉSIDENT,

Dans ma dernière lettre qu'on a dû vous remettre, je vous ai fait part de mes impressions relativement aux taches du Soleil que j'avais observées quelques jours auparavant. Je prends maintenant la liberté de vous entretenir d'une théorie, d'une grande justesse, à mon avis, qui a été signalée dans l'*Histoire de l'Académie*, de l'année 1708 ; je transcris le texte :

« Les coperniciens s'imaginent que l'axe du mouvement journalier de la Terre est toujours incliné de $23° \frac{1}{2}$ sur le plan de l'écliptique, qui est son orbite autour du Soleil, ou, ce qui est la même chose, que l'axe de l'équateur de la Terre, fait toujours un angle de $23° \frac{1}{2}$ avec l'axe de l'écliptique.

« Imaginons ces deux axes prolongés jusqu'au ciel des fixes ; l'un y déterminera un point qui sera le pôle de l'é-

cliptique de la Terre, et l'autre éloigné de 23° ½ sera le
pôle de notre équateur. Ces deux pôles déterminés donnent nécessairement leurs cercles, qui en sont distants de
toutes parts de 9°. »

Il résulte de cette donnée que les deux mouvements attribués à la Terre, s'exécutant sur deux cercles de 23° 1/2,
inclinés l'un sur l'autre, l'observateur, transporté par la rotation sur le cercle diurne, le verra (comme le dit ailleurs
l'*Histoire de l'Académie*) ; tout mouvement diurne des astres se fait sur l'équateur, et il se fait toujours sur le même
cercle pendant 24 heures.

Quelle en sera la conséquence ? C'est que le même observateur, transporté ainsi par la révolution sur le cercle
de l'écliptique T, t, T', t', devra voir de jour en jour, les
astres se déplacer autour de l'axe BE, ou sur l'écliptique,
ou sur une parallèle a, b, c, d, de l'orbite terrestre pendant
l'espace de 365 jours.

Et pourtant, jusqu'à présent, aucun astronome n'a parlé,
que je sache, de ce second mouvement apparent de la
sphère étoilée comme d'une conséquence naturelle du mouvement de révolution de la Terre sur le cercle de l'écliptique.

Dira-t-on en faveur du système copernicien, que le Soleil seul peut paraître circuler autour de l'axe de l'écliptique,
que, pendant le mouvement annuel de la Terre, parce qu'il
est au centre de l'orbe terrestre ? Cette thèse serait insou-
tenable, car le Soleil, comme tout autre astre, ne se trouve
point, pendant la rotation de la Terre, au centre du cercle
diurne, dont il serait éloigné, au dire de la science, de 3
millions de lieues environ. Et cependant, cet astre semble
circuler, en 24 heures, avec la sphère étoilée autour de la
Terre ! Si donc, le Ciel ne se prête qu'au seul mouvement

diurne, c'est que la Terre n'est douée que de ce mouvement unique. Mais alors, la marche du Soleil sur l'écliptique, loin d'être une pure illusion, indiquerait, en réalité, la route annuelle que cet astre parcourt, et il en serait de même de tous les épicycloïdes que les planètes tracent dans le .ciel.

En effet, lorsqu'on examine attentivement (fig. 27), la spirale V que Vénus décrit dans le signe du Scorpion, avant et après son passage sur le Soleil, l'hélice M (fig. 28), que Mercure accomplit dans la Balance, et lorsqu'on cherche à vérifier, par un tracé graphique, les stations et les rétrogradations de Vénus, à la limite du sagittaire et celles d'Uranus dans le signe du Cancer, et lorsqu'on pense que tous ces phénomènes s'accomplissent dans l'espace de 17 jours, pendant lesquels la Terre ne peut pas se trouver toujours en ligne tengentielle avec les orbes de toutes ces planètes, on reste convaincu qu'on ne saurait attribuer sérieusement tous ces mouvements, à une illusion due au déplacement continuel de l'observateur sur l'écliptique, ainsi que le prétendait Arago, en parlant des stations et des rétrogradations des planètes. Ce célèbre astronome disait, que « ces phénomènes remarquables s'expliquent très-naturellement, si l'on suppose que la Terre est une planète obéissant aux lois établies par Képler. »

Cependant, sans lui faire parcourir l'écliptique, Lalande a reconnu que « si la Terre était fixe, les planètes paraîtraient stationnaires lorsquelles seraient sur la tengente menée de la Terre aux orbites des planètes. » Mais, comme il voulait absolument faire marcher la Terre autour du Soleil, il dut chercher une autre explication, qui est la suivante :

« Dans l'état actuel des choses, la Terre ayant un mouvement de gauche à droite, par exemple, cela suffit pour que les planètes paraissent en avoir un en sens contraire, et vers la gauche, quoiqu'elles soient sur la tangente, mais quelque temps après, il arrivera que le mouvement de la planète et le mouvement de la Terre, pendant le même temps, seront tels, que les rayons visuels seront le parallèle entre eux, et alors, la planète, pendant tout ce temps-là, nous paraîtra stationnaire. »

Et pourtant Francœur, dans son *Uranographie*, soutient que :

« Les points des stations des planètes intérieures arrivent lorsque le rayon visuel dirigé à la planète est tangent à son orbite, parce que, durant quelques jours, elle décrit un élément de ce genre. »

Et il ajoute :

« Les stations des planètes supérieures ont lieu, lorsque le rayon visuel de la planète à la Terre, est tangent à l'écliptique, parce que la Terre décrit, pendant quelques jours, un arc de son orbite dans la direction de ce rayon. »

Eh bien ! si le déplacement annuel de la Terre était un fait parfaitement avéré, comment ces deux astronomes auraient-ils conçu deux théories tellement contraires, que les lieux où l'on aurait déterminé, d'après l'une d'elle, les points de station sur les orbites planétaires seraient tout différents de ceux qui se trouveraient déterminés par l'application de l'autre théorie ?

Arago disait encore : l'explication des stations et rétrogradations, fondée sur la diminution des vitesses des planètes, à mesure qu'elles s'éloignent du Soleil, est, suivant moi, la partie la plus brillante du traité *De Revolutionibus*, celles qui fait le plus d'honneur à Copernic.

Admettons donc que les vitesses des planètes diminuent

9

à mesure qu'elles s'éloignent du Soleil, mais alors il faut aussi admettre que les planètes sortent toujours de leur orbite elliptique aux époques de leurs oppositions et de leurs conjonctions, afin de se trouver plus loin ou plus proche du Soleil, suivant la théorie.

Mais pour que ces déplacements, puissent s'effectuer naturellement, il est absolument nécessaire que les planètes parcourent des courbes épicycloïdes sur la route elliptique découverte par Képler.

Or, ces épicycloïdes pourraient bien avoir lieu par suite de la marche du Soleil sur l'écliptique. Cet astre en se déplaçant, à chaque instant, produirait des ondulations dans l'éther capables d'éloigner de la Terre les planètes ou de les en rapprocher ; et, par là, en même temps qu'il serait la cause des changements de leurs vitesses, il occasionnerait sur les courbes d'union des épicycloïdes, les phénomènes de station et de rétrogradation, tels qu'on les voit s'accomplir dans le Ciel.

Agréez, M. le Président, l'assurance, etc.

Au premier abord, l'exposé contenu dans cette lettre paraîtra quelque peu étrange.

En effet, je dis que l'observateur, en circulant sur l'écliptique, doit voir la sphère étoilée décrire pendant l'année, un cercle autour du pôle de l'écliptique. Il semble qu'en disant cela j'oublie le parallélisme constant de l'axe terrestre, parallélisme en vertu duquel la Terre regarde toujours le même endroit du Ciel, qui présente toujours le même aspect. Mais, lorsqu'on fait attention au mouvement de rotation qu'on a attribué à la Terre, on voit tout de suite, que par ce mouvement, la position de l'observateur change à chaque instant sur le plan de l'écliptique, de sorte qu'il se

rouve occuper, deux fois par jour, deux éléments de ce plan
ou l'une de ses parallèles. Alors il est évident que l'observateur qui regarde tous les jours, de ces deux points, l'étoile
placée au pôle de l'écliptique, doit la voir constamment fixée
à la même place, tandis qu'il croira voir les autres étoiles
se déplacer autour de ce pôle à mesure qu'il passe par les
différents points de l'écliptique. Ne voyons-nous par tous
les jours, à la même heure, notre horizon tracer sur la
sphère étoilée un cercle qui diffère complétement de celui
que décrit le mouvement diurne de la Terre? Alors, pourquoi, pendant l'année, ne verrait-on pas le cercle que décrirait la Terre autour du pôle de l'écliptique, si le mouvement de sa révolution était un fait réel ? Et encore, comment se fait-il que les astronomes, si attentifs à découvrir
les moindres irrégularités annuelles des étoiles, n'aient pas
encore songé à observer la variation annuelle des constellations autour du pôle de l'écliptique? variation qui seule fournirait l'indiscutable preuve du mouvement annuel de la
Terre autour du Soleil.

Je disais dans ma lettre que le système de Copernic est
insuffisant pour expliquer le phénomène de station des planètes, tel qu'on le voit s'effectuer dans le ciel. En voici la
preuve :

Soient ABCD (fig. 29) le cercle de la sphère étoilée, divisé en 24 parties égales indiquant les heures d'ascension
droite dont on se sert pour déterminer sur la sphère, les
positions des astres, apparentes ou réelles, pendant que la
terre parcourt son orbite T'T, cd, laquelle sera divisée en
360°, pour connaître le mouvement héliocentrique des planètes à l'égard du Soleil S ; cette division de l'écliptique en
degrés devra commencer au zéro 0ʰ des heures d'ascension
droite tracées sur la sphère étoilée.

En examinant dans la figure 27 les positions que Vénus a occupées sur sa route spirale, depuis le mois d'octobre jusqu'au mois de février, on verra que le 18 novembre, elle s'est trouvée comme stationnaire, au tournant de la courbe épicycloïde, parce que les éléments de cette courbe, qu'elle a parcourue ce jour-là, étaient dans la direction même du rayon visuel de l'observateur.

Par ce jour, la *Connaissance des temps* donne à Vénus une ascension droite correspondant è 17^h 36^m environ et en assigne une autre au Soleil qu'elle évalue à 15 49^m 24^s.

En cherchant sur le cercle ABCD ces heures correspondantes, c'est en E qu'on trouvera la position que Vénus a semblé occuper dans la constellation d'Ophiuchus, lors de sa station, et c'est en S qu'on apercevra la position du Soleil ou de la Terre au moment où cette dernière est en T.

A cause de la grande distance des étoiles, l'observateur en T ne verra Vénus se projeter vers l'étoile E que par la visuelle TV parallèle à la droite SE.

A ce moment, la position de Vénus à l'égard du Soleil, suivant la *Connaissance des temps*, était 43° 43', 24" de longitude héliocentrique. En comptant donc du point 0° de l'écliptique les degrés de cette valeur, on trouvera Vénus le long du rayon recteur SV, lequel dans son intersection avec la visuelle TV déterminera au point V la position de Vénus sur son orbite et par là sa distance au Soleil. En faisant centre en S on décrira d'une ouverture de compas SV, un cercle VV, *m*, lequel cercle représentera l'orbite de Vénus, où l'on doit trouver en tout temps, si la théorie est exacte, les positions de la planète qui correspondent à sa révolution combinée avec la révolution de la Terre au Soleil.

Mais ici nous devons faire deux remarques, qui ne sont pas trop à l'avantage du système copernicien : c'est que, si l'on suppose d'abord que la distance ST de la Terre est de 38 millions de lieues, l'autre distance proportionnelle SV de l'orbe de Vénus, serait de 30 millions de lieues plutôt que de 28, comme la science le suppose.

Ensuite, si nous examinons la position V de la planète, nous voyons qu'elle ne correspond nullement à celle qu'aurait déterminée la théorie de Francœur, laquelle comme on sait, est conçue en ces termes : « Les points de station arrivent lorsque le rayon visuel dirigé aux planètes inférieures est tangent à leur orbite. »

Voulons-nous nous conformer à cette théorie ?

Eh bien ! le rayon visuel TV tangent à l'orbite de la planète, irait alors déterminer en un point *o* la position de Vénus à l'égard du Soleil et de la Terre et sur une orbite *v'o r* dont le rayon SO ne serait que de 20 millions de lieues, au lieu d'être de 30 millions, comme nous l'avons trouvé en V, ou bien de 28 millions, comme l'ont calculé les coperniciens.

Maintenant, pour expliquer comment la planète paraît stationnaire, faut-il avoir recours à la théorie de Lalande ? Voici ce qu'il dit à ce sujet :

« Lorsque le mouvement de la planète et les mouvements de la Terre, pendant le même temps, seront tels que les rayons visuels de l'observateur dirigés à la planète, ils seront parallèles entre eux. Alors, la planète nous paraîtra pendant tout ce temps-là répondre au même point de l'écliptique ; elle nous paraîtra stationnaire, car toutes les lignes droites tirées de notre œil dans le ciel sont pour nous comme une seule et même ligne dirigée à une même longitude ou à un même lieu du ciel. »

Ce serait le cas de Vénus V vue en T sur des visuelles

Tv; car suivant la *Connaissance des temps*, le [moyenne] c l'ascension droite de Vénus était : 17^h 35^m 49^s, 83 ; le 18, 17^h 35^m 58^s 46, donc sa marche dans le ciel se faisait dans le sens direct ; mais le 19, son ascension droite n'était que 17^h 35^m 56^s 31 ; ce qui voulait dire que la planète avait changé en apparence son mouvement direct par un mouvement rétrograde. Et comme « les points de station séparent tous les changements de direction , » ainsi le 18 la planète a dû paraître stationnaire à cause que, « par la courbe plus sensible de l'orbite de Vénus, son mouvement se présentera plus obliquement au rayon visuel de l'observateur, et les lignes qui passent par deux positions successives de la Terre et de Vénus seront parallèles entre elles ; de sorte que ces lignes aboutiront à la même étoile E pendant 36 heures à peu près. »

Malheureusement pour cette théorie, un phénomène assez important est là pour la démentir. Ce phénomène est celui qui « a eu lieu lors de la plus grande élongation de la planète, qui, d'après la *Connaissance des temps*, était arrivée le 28 septembre.

A cette époque l'ascension droite du Soleil était de 12^h 18^m 58^s, ce qui transportait la Terre au point T' de l'écliptique. Vue de cette position, Vénus paraissait alors sous la visuelle T'V, correspondant à une étoile e à 15^h 13^m 29^s d'ascension droite et sur le rayon recteur Sn faisant angle de 81° 10' 59'' avec le rayon Sm, parce que la longitude héliocentrique de Vénus était ce jour-là à 322° 32' 25''. Mais dans ce cas, le rayon Sn en coupant la visuelle T'V; au point V, serait allé déterminer une nouvelle orbite Vi différente de la première, et dont le rayon SV' n'eût été que de 26 millions de lieues environ. Vénus aurait donc dû sortir de son orbite d'environ 4 millions, pour se rapprocher davantage du Soleil, ce qui démentirait la fameuse théorie de l'orbite presque circulaire et rentrante que la planète décrit autour du Soleil.

Il y a plus : Si la Terre circulait sur l'écliptique, la station de Vénus coïnciderait avec sa plus grande élongation, c'est ainsi, du moins, que paraît l'entendre Francœur, qnand il dit que : « lorsque le rayon visuel dirigé à la planète est tangent à son orbite à l'époque de la station, elle décrit un élément de ce rayon qui la lui fait paraitre alors dans son élongation. »

Même Arago disait : « qu'à leur plus grande digression, il y a station pour les planètes inférieures. »

Il résulte de ce principe que l'élongation, aussi bien que la station, aurait dû s'effectuer au point V' de l'orbite V'*l* où au point *p* de l'orbite V*pn*, parce que, dans ces deux cas, les rayons T'V'T *p* sont tangentiels aux orbites.

Quoi qu'il en soit, toujours est-il que le rayon visuel dirigé de l'observateur terrestre à la planète, rasera, à un moment donné, la courbe sur laquelle la planète va parcourir un élément de cette ligne visuelle, et alors, elle paraîtra de toute nécessité une autre fois stationnaire, reproduisant ainsi, pendant sa révolution toute entière autour du Soleil, non deux fois seulement, comme on l'observe dans le ciel, mais bien quatre fois, le phénomène de la station, c'est-à-dire deux fois par les visuelles tangentielles à l'orbite de la planète, et deux fois par la marche parallèle de Vénus et de la Terre.

Cependant en examinant que l'élongation en question avait eu lieu 52 jours avant la station du 19 novembre, cela prouverait qu'il faut que le Soleil et non la Terre marche sur l'écliptique, et entraîne Vénus en même temps.

Ce que nous venons de démontrer à l'égard de Vénus,

s'applique également à Mercure et à toutes les autres planètes.

Ainsi par exemple, (fig, 29) le 17 novembre, Uranus se projetait dans le ciel sur une visuelle correspondant à $9^h 11^m 54^s$, 92 d'ascension droite ; le 21, à $9^h 11^m 56^s 33$, donc il avait un mouvement direct ; mais le 25 suivant, cette planète s'est présentée par une ascension droite de $9^h 11^m 54^s 16$, donc sa marche a paru se faire en sens rétrograde ; le 23 Uranus a dû sembler stationner à l'égard de la Terre t, qui en ce jour occupait un point de son orbite correspondant à $3^h 59^m 56^s$ d'ascension droite, puisque le Soleil se projetait dans le ciel par une ascension droite de $15^h 59^m 56^s$.

Mais à l'égard de cet astre, la longitude héliocentrique d'Uranus était $132°$ 21'10^s à peu près, donc au moment de sa station, cette planète devait se trouver sur le rayon recteur SU.

Or, si du point t nous menons une visuelle tt' parallèle à l'ascension droite Su, cette visuelle prolongée dans le ciel ira nécessairement rencontrer le rayon recteur SU, en un point où Uranus se trouvait établi sur son orbite.

Dans ce cas, sa distance du Soleil ne serait plus de 733 millions de lieues, mais seulement de 385 millions, car la parallaxe d'Uranus serait déterminée par les deux parallèles tt', Su, moins l'angle u S V de $5°$ 37' 43" qui donnerait alors au rayon recteur d'Uranus une longueur d'environ 10 fois $\frac{1}{9}$ la longueur du rayon orbiculaire terrestre tS, sur lequel on a construit l'opération trigonométrique.

J'en conclus que si les stations et les élongations ne s'accomplissent ni selon la théorie de Lalande, ni conformément à celle de Francœur, elles ne sauraient avoir lieu sur l'orbite qu'on a tracée d'après le système, à moins qu'on ne change les ascensions droites ou les positions des planètes, par rapport aux étoiles, aussi bien que par rapport à la Terre et au Soleil, ce qui prouverait que les mouvements planétaires s'exécutent dans la sphère étoilée d'une manière bien diverse des routes elliptiques et rentrantes telles que Képler les avait imaginées.

Quant à la marche épicycloïde des planètes, dont j'ai parlé dans ma lettre, Cassini démontre par un tracé graphique, qu'elle pourrait s'effectuer autour de la Terre avec une grande facilité et plus conforme à la direction des mouvements planétaires qu'on voit s'exécuter dans le Ciel.

En effet, soit T, la Terre (fig. 30), *a b c d* le nœud de jonction de deux épicycloïdes et qui est parcouru par une planète quelconque, vers l'époque de ses oppositions ou conjonctions inférieures ; lorsque la planète en *a* marchera vers *b*, son mouvement paraîtra dans le sens direct ; mais arrivée au point *b*, son mouvement se faisant sur les éléments d'une courbe qui se confondent avec le rayon visuel T*b*, de l'observateur terrestre, alors la planète paraîtra stationnaire pour quelque temps, et cela en raison de la courbe plus ou moins sensible dont le nœud se présente au rayon visuel; après cette station la planète marchera sur le nœud dans le sens rétrograde jusqu'en *d*, où aura lieu la seconde station, ensuite, elle reprendra sa marche directe sur une nouvelle épicycloïde *d e f*.

Par cette hypothèse on obtient l'explication la plus exacte de la station et de la rétrogradation des astres, aussi bien que de la variation de leurs vitesses, au point que Lacaille, tout en faisant tourner la Terre autour du Soleil, crut pouvoir l'adopter , voici ce qu'il en dit :

« Il est évident qu'à l'égard d'un observateur qui, placé sur la Terre, en attribue le mouvement annuel aux planètes, lesquelles ont d'ailleurs un mouvement propre dans des orbites particulières dont les plans sont très-peu inclinés à celui de l'écliptique, ces planètes doivent paraître décrire dans le Ciel des épicycloïdes elliptiques très-aplaties.

« Il est aisé de décrire, à peu près, les épicycloïdes de chaque planète sur un plan qui représentera celui de l'écliptique. Décrivez donc deux cercles, à peu près concentriques, dont les diamètres soient dans le rapport du grand axe de l'orbite de la Terre au grand axe de la planète dont il s'agit, et ayant divisé celui de ces cercles qui représente l'orbite de la Terre, en tant de parties égales que vous voudrez, comme de dix en dix degrés, faites comme 365 jours $\frac{1}{4}$ sont au temps de la révolution de la planète, ainsi 10 degrés sont au nombre de degrés que la planète décrit dans son orbite, tandis que la Terre en décrit 10 dans la sienne. Portez ce nombre de degrés dans toute la circonférence de l'orbite de la planète, et ayant supposé la Terre en quelque point de son orbite, et la planète en quelque point de la sienne, cherchez le lieu optique de cette planète, et en continuant cette même opération sur tous les points de division consécutifs des deux orbites, vous aurez tous les lieux optiques de la planète correspondant à tous les vrais lieux de la Terre; et de cette planète, faisant passer une courbe par tous ces lieux optiques, elle représentera une suite des épicycloïdes de la planète. On aurait ces épicycloïdes plus exactement et marquant de 10 jours en 10 jours, par exemple, le vrai lieu de la Terre et celui de la planète selon une proportion exacte de leurs mouvements et de leurs distances du Soleil. »

Toujours prêt à saisir l'occasion d'émettre mes doutes sur le système de Copernic, et d'autant plus prêt que, jusque-

Pl. VI. Page 138.

Fig. 26

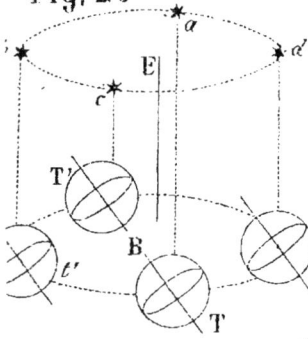

Fig. 27.

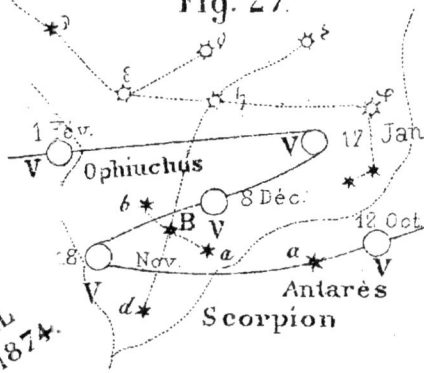

1 Fév.
17 Jan.
Ophiuchus
8 Déc.
12 Oct.
8 Nov.
Antarès
Scorpion

JOURNAL DU CIEL 1874.

Fig. 28

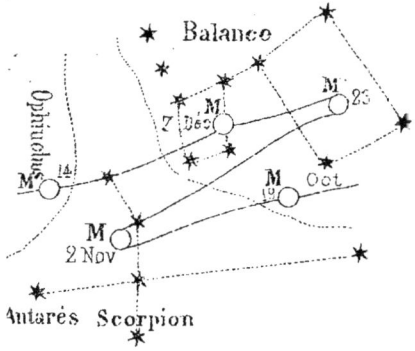

Balance
7 Déc.
23
14
19 Oct.
2 Nov.
Ophiuchus
Antarès Scorpion

Fig. 29

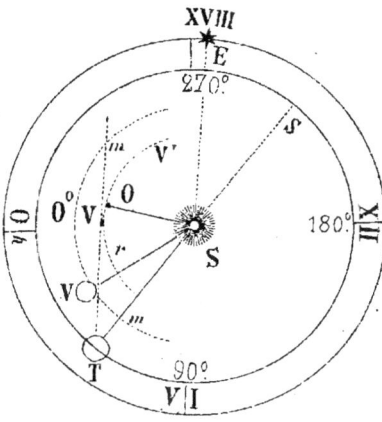

Fig. 29 bis

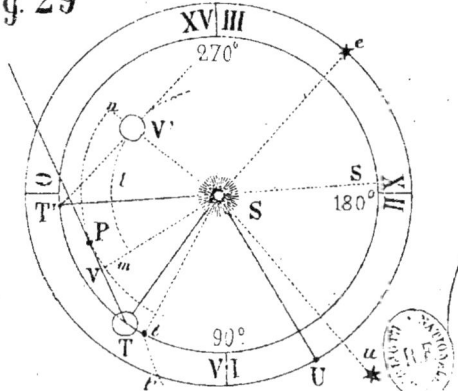

Fig. 30

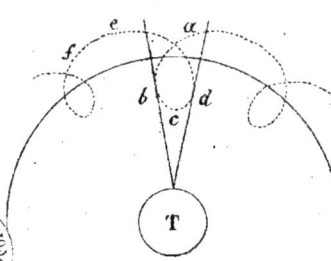

là, on n'avait rien trouvé de bon à me répondre, le 24 du même mois, j'adressai, à M. le Président, la lettre suivante :

Le lecteur va voir qu'elle fut cette occasion.

MONSIEUR LE PRÉSIDENT,

Je viens de lire, dans le Bulletin du 20 courant, n° 372, l'article de M. A. Cornu, sur la détermination de la vitesse de la lumière et de la parallaxe du Soleil.

Il conclut que la parallaxe du Soleil se déduit de deux manières différentes :

« 1° — D'après l'équation de la lumière, c'est ainsi qu'on désignait, au siècle dernier, le temps O que met la lumière du Soleil à parcourir le rayon R de l'orbite terrestre ;

« 2° — D'après l'aberration de la lumière.

« Bradley, ajoute M. A. Cornu, qui a découvert ce phénomène, a trouvé pour la demi-élongation annuelle a 5 une étoile idéale, située au pôle de l'écliptique (élongation due à la composition de la vitesse moyenne U de la Terre dans son orbite avec la vitesse V de la lumière) la valeur $a = 20''\,25$. »

J'en conclus à mon tour que, pour obtenir la parallaxe solaire au moyen de ces deux méthodes, il faut, de toute nécessité, être sûr que la Terre parcourt l'écliptique, car sans la preuve matérielle de ce mouvement (preuve que j'ai souvent demandée) que devient la fameuse théorie de la vitesse de la lumière, et celle de l'aberration des étoiles, toutes les deux destinées à servir à la recherche de la parallaxe du Soleil ?

Plus loin, M. Cornu expose la valeur de cette parallaxe déduite de l'occultation de x du Verseau, observée par Richer, Picard et Rœmer, le 1er octobre 1762.

D'abord, il y a, ici, erreur de date, c'est en 1672 qu'il aurait fallu dire ; j'ajoute que l'occultation de Y du Verseau ne fut réellement pas observée, on la calcula seulement.

Voici ce que dit, à ce sujet, Cassini, dans le *Recueil d'observations astronomiques*, page 42 :

« Ç'aurait été une belle occasion de déterminer la parallaxe de Mars par le temps de l'immersion et de l'émersion de cette étoile dans son disque, observée en France et à Cayenne, mais les nuages qui couvrirent le Ciel au temps de ces deux phases, nous firent perdre une occasion si favorable. »

Après ces remarques, il ajoute :

« On fit pourtant, la même nuit, plusieurs observations de la distance de cette étoile à Mars, qui servent à trouver à peu près le temps de cette conjonction. Mais en les comparant ensemble, on y trouve de petites différences irrégulières dont quelques-unes ne donnent point de parallaxe, d'autres en donnent trop, et d'autres sont en sens contraire à ce que la parallaxe demande. »

Alors, comment peut-on se flatter de déduire de ces observations contradictoires et incomplètes, la parallaxe du Soleil ? Mais suivons Cassini, qui continue ainsi son exposé :

« M. Picard, à la page 35 de ses observations, en rapporte deux qu'il fit la même nuit à Brion.

« Ayant comparé la seconde observation à celle que M.
Richer fit, le même soir, à Cayenne, M. Picard trouve par
l'une et par l'autre, les réductions étant faites, la même
différence ascensionnelle entre Mars et l'étoile au même
temps, comme si cette planète n'avait point eu de parallaxe sensible. Il n'en conclut pourtant autre chose, sinon que
s'il y avait eu quelque chose de fort sensible, on s'en serait
aperçu en cette rencontre. »

Nous tenons donc la vérité sur la prétendue exactitude
de l'observation dont l'occultation de Y du Verseau par
Mars a été l'objet. Je vais maintenant prouver que la parallaxe de Mars était tout à fait idéale.

Je prends comme exemple le calcul abrégé de la parallaxe
de Mars fait par Cassini à la suite des observations de
Cayenne et de celles de Paris du 24 septembre 1672. Je ne
fais que transcrire :

Distances apparentes du bord supérieur de Mars au Zénith.

A Cayenne . .	15° 47' 05"	. . . sinus . . .	27,202
A Paris . . .	59° 40' 15"	. . . sinus . .	86,314
Différence des sinus . . .		. . . .	59,112

Comme la différence des sinus est au rayon 100,000,
ainsi la différence des parallaxes 15" est à 25" 1|2, paral-
laxe horizontale de Mars.

Eh bien ! vérifions le résultat de ce calcul, d'après ces
mêmes données, et à l'aide d'un tracé géométrique, cher-

chons à déterminer les lignes visuelles qui, partant ce jour-là des observatoires de Paris et de Cayenne aboutissaient à Mars.

Soit CT le zénith de Cayenne, éloigné de 4° 56' 13" de l'Équateur EF (fig. 31) soit PT le zénith de Paris éloigné de 48° 50' 15" du même équateur, suivant les latitudes calculées à cette époque.

Ces deux droites CT, PT, formeront avec le centre T de la Terre un angle CTP de 43° 54' 2", de sorte que les deux angles T*a*o, T*b*B et P*a*B, C*b*O construits sur la base d'observation OB, auront chacun une valeur de 68° 2' 59".

Il s'ensuit que les angles P*a*O, C*b*B seront chacun de 111° 57' 1". Or, si l'on retranche 59° 40' 15" de l'angle P*a*O, pour la distance de Mars au zénith de Paris, on obtient une visuelle *ae* qui aboutissant à Mars, sera inclinée sur la base OB de 52° 16' 46". Si l'on ajoute ensuite 15° 47' 05" à l'angle C*b*B pour avoir la distance de Mars au zénith de Cayenne, on obtiendra une visuelle *bs*, laquelle fera un angle S*b*B de 127° 44' 06" avec la base OB ; s'il y a parallaxe, elle sera donc déduite de la différence entre 180° et la somme des deux angles S*b*B et O*ae*. Eh bien ! les valeurs angulaires 52° 16' 46" + 127° 44' 6" donnent une somme de 180° 00' 52", c'est-à-dire que les visuelles *ea*, S*b*, au lieu de former par leur jonction sur le bord supérieur de Mars un angle de 28" 77. ou de 25" $\frac{1}{2}$ comme parallaxe horizontale, elles s'écartent de ce bord par une valeur de 52".

Si l'on veut à présent appliquer la même opération géométrique aux données des observations faites au cap de Bonne-Espérance, et à Greenwich, le 25 octobre 1751 pour la recherche de la parallaxe de Vénus que Lacaille a calculée, on obtiendra le même résultat négatif, c'est-à-dire un écartement de 1' 56", entre les deux visuelles qui doivent aboutir an bord supérieur de Vénus par un angle de 32''.

Or, si les méthodes purement géométriques appliquées aux visuelles dirigées vers les planètes voisines de la Terre donnent des résultats en sens contraire des parallaxes, peut-on encore espérer que le passage de Vénus sur le Soleil, sera un phénomène où la méthode géométrique pourra atteindre la plus grande précision?

Veuillez agréer, etc.

Quelques jours après, je reçus la lettre suivante :

Association scientifique de France

Paris, 31 décembre 1874.

« J'ai l'honneur de prier M. Sindico d'agréer mes regrets pour l'impossibilité où je suis de donner une suite aux lettres qu'il veut bien m'écrire au sujet de l'astronomie.

« M. Sindico omet de se mettre au préalable au courant des questions, et il omet en général, un fait capital, et qui détruit toute son argumentation. »

Signé : LEVERRIER.

Quoi ! il y a un fait capital qui seul détruit toute mon argumentation, et on ne le signale pas ? Et comment pourra-t-on me convaincre d'erreur sans le faire connaître ? Mon argumentation subsiste donc toute entière, même après l'article qui a paru dans le Bulletin du 3 janvier 1875.

Dans cet article qui traite de la théorie sur Neptune, que M. Leverrier a présenté à l'Académie, on lit, entre autre chose, ce qui suit :

« M. Cornu dans l'important travail lu par lui, dans la dernière séance, a résolu définitivement la question sur la valeur de la parallaxe du Soleil par l'emploi de la méthode de M. Fizeau. Il a bien voulu rappeler la détermination que j'ai présentée à l'Académie, dans la séance du 22 juillet 1872, en me basant sur la célèbre et très-précise observation de l'occultation de l'étoile Y^2 du Verseau par la planète Mars, occultation observée en 1672 par les trois grands astronomes Richer, Picard et Rœmer... Et parce que la méthode qui découle de l'occultation du Y^2 du Verseau se présente sous une forme précise et frappante, nous demandons à l'Académie la permission de déposer prochainement le travail entre ses mains, après lui avoir donné le développement nécessaire. »

Voyons en quoi consiste cette célèbre et très-précise obvation.

Cassini, à l'occasion de ses recherches sur la parallaxe de Mars, s'explique là-dessus en ces termes :

« La meilleure méthode pour chercher la parallaxe de Mars, par la correspondance des observations faites à Paris et à Cayenne, aurait été d'observer, par la lunette, la conjonction précise de cette planète avec une étoile fixe..... Mais cette occasion de la conjonction précise de Mars avec une étoile fixe, vue en même temps de l'un et de l'autre lieu ne s'étant pas présentée, nous avons cherché des hauteurs méridiennes de Mars, à peu près égales à des hauteurs méridiennes des étoiles qui étaient proches, observées les mêmes jours à Paris et à Cayenne. »

Voilà un premier démenti donné à l'épithète de très-précise dont on a bien voulu gratifier l'observation en question.

A la suite des observations faites à la Charité-sur-Loire, observations ayant pour objet l'occultation de la moyenne Y dans l'eau d'Aquarius, Cassini ajoute :

« Quoique le 1er octobre 1672, le Ciel fut alors assez beau de part et d'autre, et que l'on vit Mars pendant un assez long espace de temps, on ne vit point l'étoile moyenne Y pans l'eau d'Aquarius qui devait être cachée par son disque.

« Le diamètre de Mars était alors de . . 00° $00'$ $25''$

« Donc, la hauteur du bord inférieur de Mars à Paris. . . . . 30° $13'$ $40''$

« Ayant supposé la hauteur de la moyenne étoile. . . . . 30° $13'$ $55''$

« Le bord supérieur de Mars serait plus élevé de. . . . . 00° $00'$ $10''$

« Et l'inférieur moins élevé de. . . . . . 00° $00'$ $15''$

« Mais ayant supposé la hauteur de la même étoile de. . . . . 30° $14'$ $00''$

« Le bord supérieur de Mars serait alors plus élevé de. . . . . 00° $00'$ $05''$

« Et l'inférieur moins élevé de. . . . . 00° $00'$ $20''$

« Les nuages qui survinrent ne permirent pas d'en voir la sortie, et on ne sait pas si on l'aurait pû voir immédiatement, car trois quarts-d'heure après, le Ciel s'étant découvert à Paris, M. Rœmer la chercha attentivement autour

de Mars et il ne la trouva qu'après l'attention de deux minutes, quand elle était déjà éloignée du bord oriental de
Mars de deux tiers de son diamètre.

« Cette difficulté de voir cette étoile de la cinquième
grandeur très-proche de Mars est considérable, d'autant
plus qu'il n'y a point de difficulté à voir des étoiles de la
même grandeur jusqu'au bord de la Lune. Ce qui prouverait que Mars est environné de quelque atmosphère.

« A proportion du chemin que Mars fit en 12 minutes
d'heures, on trouve par le calcul que la conjonction a dû
arriver à 10^h 33^m du soir, du 1er octobre à Paris..... M.
Picard étant à Brion en Anjou, lieu plus occidental que
Paris de 11 minutes de temps, observa, le même jour, à
sept heures du soir, que le bord occidental de Mars passa
environ 4^s de temps avant la moyenne Y, et à 2^h 30 après
minuit, et que le bord oriental de Mars précédait cette
étoile de 6^s de temps. Le diamètre de Mars passait en 1$^s \frac{2}{3}$.
Donc en 7^h 30^m la différence du passage fut de 11^s 2/3, et
par ces observations la conjonction de Mars avec l'étoile
serait arrivée à 10^h 7^s, c'est-à-dire 26 minutes plus tôt que
par le calcul précédent.

M. Richer observa à Cayenne le 1er octobre, à 10^h 25^m
du soir, le passage de Mars 2^m 7^s après la première des trois
d'Aquarius et 7^m après la moyenne. Mais voici une chose
étonnante : la différence entre la première étoile et la
moyenne parut 2^m 14^s au lieu que par le rapport de nos
observations avec les siennes des jours précédents, elle n'é-
tait que de 2^m 9^s et quelquefois 2^m 8^s de sorte qu'il y a une
différence entre divers passages de ces deux étoiles de 5 à 6
secondes de temps. Cette différence augmenta encore le jour
suivant, où elle parût de 2^m 28^s. Il y a une irrégularité semblable dans les mouvements journaliers de Mars avant et

après sa conjonction avec cette étoile, néammoins au jour de la conjonction, il parut de 29ˢ de temps.

En supposant que M. Richer ait observé le bord occidental comme les jours précédents et suivants, la conjonction serait arrivée à Cayenne 4ʰ 17ᵐ avant le passage de Mars au méridien, c'est-à-dire 6ʰ 8ᵐ.

Après midi, et ayant ajouté la différence entre le méridien de Cayenne et de Paris. 3ʰ 39ᵐ

La conjonction serait arrivée à Paris. . . 9ʰ 47ᵐ

Mais par les observations faites à Brion, elle arriva à Paris 10ʰ 7ᵐ

Et par celle de Paris. 10ʰ 35ᵐ

Dans toutes ces observations il ne paraît aucune parallaxe de Mars, et il ne peut y en avoir d'autre que celle qui peut venir des erreurs des observations. On pourrait douter du mouvement horaire tiré des observations. Mais si nous employions celui que l'on tire des observations de Cayenne, il en vient une erreur de 7 ou 8″ contre la parallaxe comme l'on trouve par le calcul. »

Plus loin Cassini ajoute :

« M. de la Hire observa aussi à Paris avec assiduité, depuis le 22 septembre, jusqu'au 29 octobre suivant, dans lequel temps il vit Mars passer dans un grand nombre de petites étoiles qui sont dans l'eau d'Aquarius, et par la comparaison faite les jours précédents et suivants, il jugea que Mars était presque conjoint avec l'étoile moyenne des trois marquées Y vers les 8ʰ du soir. A Cayenne, le 1ᵉʳ octobre, le bord occidental de Mars passa par le méridien de Cayenne avant la moyenne 7ˢ de temps. Donc le centre passa 6ˢ ⅙ auparavant. La vraie anticipation journalière de Mars étant supposée de 24ˢ de temps, 6ˢ ⅙ donnent 6ʰ 10ᵐ à ôter de l'heure du passage de Mars par le méridien, qui fut à 10ʰ 25ᵐ et resterait le temps de la conjonction véritable à 4ʰ 15ᵐ à Cayenne, et ayant ajouté la différence du méridien de Paris 3ʰ 39ᵐ la vraie conjonction serait arrivée à Paris, selon cette observation à 7ʰ 54ᵐ. »

Ainsi donc la célèbre et précise observation de l'occultation de l'étoile Y² du Verseau par la planète Mars, occultation observée en 1672 par les trois grands astronomes Richer, Picard et Rœmer, et sur laquelle M. Leverrier avait basé sa méthode précise et frappante, pour la recherche de la parallaxe du Soleil, oui, cette observation aurait donné pour résultat cinq instants différents, à l'égard de la conjonction de l'étoile avec la planète Mars, savoir :

7ʰ 54ᵐ — 8ʰ — 9ʰ 47ᵐ — 10ʰ 7ᵐ — 10ʰ 35ᵐ et tous ces instants se rapportent au véritable moment de la conjonction, vue de Paris seulement, ce qui fait une différence totale de 2ʰ 41ᵐ entre ces instants.

A ce propos Lalande disait :

« On manqua en 1672 l'observation la plus avantageuse et la plus décisive pour la détermination de la parallaxe de Mars, car le 1ᵉʳ octobre Mars passa par la moyenne des trois étoiles appelées Y dans l'eau d'Aquarius et il la cacha par son disque à 10 heures du soir, comme on le trouve par la comparaison des observations faites le même jour, mais les nuages dérobèrent cette importante observation. »

Or, si une observation manquée est considérée comme étant une observation trés-précise, il n'y a plus rien à discuter.

Je vais maintenant donner la parallaxe de Vénus, calculée par Lacaille, de laquelle j'ai fait mention dans ma dernière lettre.

Dans ses leçons d'astronomie Lacaille dit ceci :

« Le 25 octobre 1751, à 0^h 31^m 44^s du soir, à la ville du Cap, j'observai que Vénus étant dans le méridien, éloignée de 12° 21' du Zénith, son bord septentrional était plus austral que la parallèle $b =$ de 7'26'' 2.

« Le même jour, à Greenwich en Angleterre, Vénus étant dans le méridien, éloignée de 73° du Zénith, M. Bradley observa que ce même bord de Vénus paraissait plus austral que la parallèle de $b =$ de 7' 15'', ou ayant égard à la réfraction et à la différence des longueurs des lunettes, de 7' 15'' 3. M. Bradley observa de plus que 23^h 54^m après, Vénus étant de retour au méridien, elle était devenue plus boréale de 17' 21'' 5, ou ayant égard à la réfraction de 17'25''.

« Cela posé, le méridien de Greenwich étant de 18° plus occidental que celui du Cap, on compte à Greenwich 1^h 14^m de moins qu'au Cap, et par conséquent la première observation de M. Bradley fût faite 1^h 14^m après celle du Cap, pour la réduire à celle qui eût été faite à la même heure, il faut dire : comme 23^h 54^m sont à 1^h 14^m, ainsi 17' 25'' sont à 53'' 9, qu'il faut ajouter à 7' 15'' 3, pour avoir 8' 9'' 2 distance des parallèles du bord de Vénus et de l'étoile qu'on eut vue à Greenwich au moment de l'observation faite au Cap. La différence entre 8' 9'' 2 et 7' 26'' 2 est 43''. Je fais comme 11,699 somme des sinus de 12° 21' et de 73° et au rayon 10,000 ; ainsi 43'' sont à 36'' 8, parallaxe horizontale de Vénus, le 24 octobre 1751, à 23^h 27' de temps vrai compté sur le méridien de Paris. »

Eh bien ! si l'on examine maintenant par un tracé graphique, l'angle que forment sur la base d'opération des deux observateurs, leurs lignes visuelles aboutissant au bord de Vénus, on trouvera que cet angle se développe dans un sens contraire à l'angle que devrait effectuer la parallaxe d'un astre.

En effet, soit TG, TC (fig. 32) les deux zéniths de Grenwich et du Cap, l'un éloigné de l'équateur de 51° 28' 38" et l'autre de 33° 55' 12" dans l'hémisphère austral, et AB la base où doit s'exécuter l'opération trigonométrique. La somme des deux latitudes dirigées vers le centre de la Terre, forme un angle GTc de 85° 23' 50", et ces latitudes, dans leur intersection avec la base AB, donnent lieu à un angle G a B et C b A de 47° 18' 5" chacun, et par conséquent de 132° 41' 55" aux angles complémentaires GaA, CcB, or, si l'on soustrait de cet angle l'angle VaG, formé par le rayon visuel Va de l'astre avec le zénith GT dont il est éloigné de 73° + 53" 9, pour le mouvement diurne de Vénus qui est dû aux différences de temps entre les deux méridiens, nous aurons un angle VaA de 59° 41' 01" 1. En soustrayant ensuite de 132° 41' 55' la valeur 12° 21' qui est la distance VaC de l'astre au zénith du Cap, nous obtiendrons un angle Vbc de 120° 20' 55" que l'on doit ajouter à la valeur 59° 41' 01" 1 pour connaître l'angle parallatique sous lequel est vue la planète par les deux observateurs. Or, la somme de 120° 20' 55" + 59° 41' 01" 1, donne une valeur de 180° 1' 56" 1. c'est-à-dire qu'au lieu de l'angle de parallaxe 43", trouvé par les calculs de Lacaille, on aurait un angle d'écartement de 1' 56" 1.

Voilà le résultat géométrique des deux lignes visuelles dirigées vers le bord septentrional de Vénus, suivant les données exactes de l'observation.

Lacaille donne encore, à la même page de ses *Leçons d'astronomie*, la valeur de la parallaxe de Mars obtenue par sa méthode sur les observations faites au Cap et à Stockolm. Mais même à ces deux endroits les visuelles géométriques aboutissant au centre de Mars donnent un angle d'écartement de 2' 52".

On voit donc que la valeur de la parallaxe des astres, déterminée par la science, se base sur de fausses données. C'est si vrai qu'après ces recherches sur la parallaxe de Mars et sur celle du Soleil, Cassini conclut ainsi :

« Dans les grandes distances des astres, la difficulté de les déterminer avec justesse augmente en proportion doublée des distances mêmes ou de leurs parallaxes réciproques, de sorte qu'une distance vingt fois plus grande qu'une autre est quatre cents fois plus difficile à déterminer avec la même justesse, et la même erreur d'une seconde dans une parallaxe, qui est la vingtième partie d'une autre, multiplie quatre cents fois l'erreur de sa distance.

« Cette remarque est d'autant plus nécessaire que plusieurs supposent que les distances des astres se puissent mesurer avec la même facilité et avec la même justesse que nous mesurons les distances des lieux inaccessibles sur la surface de la Terre, et qu'énoncent les distances des planètes les plus éloignées, et même celles des étoiles fixes à lieues et à milles. Ce ne serait pas peu que de les savoir à quelques millions près. »

Malgré cela, il y a des astronomes modernes qui sont tellement confiants dans leurs méthodes qu'ils ne craignent pas de donner les distances des astres en kilomètres, comme s'ils les eussent mesurées eux-mêmes le mètre à la main. Et pourtant ces méthodes sont démenties par bien des phénomènes célestes. J'en citerai un entre autres, celui du quartier de la Lune.

On sait qu'à ce moment le Soleil éclaire exactement la moitié du disque de la Lune, et que les centres de ces deux astres sont placés alors sur une ligne parallèle au plan de l'observateur, et faisant angle droit avec la ligne qui sépare la moitié éclairée du disque de celle qui ne l'est pas.

Pour ces sortes d'observations on devrait toujours choisir l'instant où la Lune passe par le méridien ou tout proche. C'est alors qu'on peut déterminer avec certitude l'angle que fait la ligne des deux centres, avec la ligne qui passe par le centre du Soleil et celui de la Terre.

C'est dans de pareilles circonstances que j'ai pu me convaincre de l'absurdité de la théorie qui cherche à déterminer la parallaxe du Soleil par le passage de Vénus. Le 9 octobre 1868, la Lune passait par le méridien MT (fig. 33) de Paris à 5ʰ 55ᵐ du matin, et à 6ʰ 23ᵐ avait lieu la phase de son dernier quartier. Entre ces deux moments, vers 6ʰ 15ᵐ, j'ai observé que la tranchée lumineuse lT de son disque se présentait par une droite parallèle à la ligne méridienne mT. Or, à 6 heures précises, le méridien MT se trouvait distant de 90° du rayon recteur ST, qui du centre du Soleil passait en même temps par le centre de la Terre. Mais, à 6ʰ 15ᵐ, le méridien MT étant transporté par la rotation en mT, a dû se trouver alors éloigné du rayon recteur de 86° 15', car en 15 minutes de temps, il a parcouru un arc de 3° 45' en raison de 15° du mouvement horaire. Et comme à 6ʰ 15ᵐ la tranchée lumineuse lL de la Lune était en sens parallèle au méridien mT, il fallait que prolongée jusqu'au rayon recteur ST, elle fit en t avec ce rayon un angle de 86° 15'.

Maintenant si du centre de cette tranchée nous tirons une verticale Ls, celle-ci par son prolongement ira couper nécessairement le rayon secteur ST en un point S, passant par le centre du Soleil, avec lequel centre elle doit se présenter en angle droit sur la ligne Lt. Il est évident alors que l'angle LST qui en résulte sera l'angle de parallaxe du Soleil, ou le sommet du triangle LTS.

Nous connaissons l'angle LtS de 86° 15', l'angle SlT de 90° ; donc l'angle lST sera de 3° 45', ce qui nous fera connaître que le Soleil, ce jour-là, était éloigné de nous 15 fois 1/2 de plus que la distance de la Lune à la Terre.

Eh bien ! si l'on voulait adopter la parallaxe du Soleil, déterminée par le passage de Vénus, on devrait en conclure que la distance du Soleil serait au moins 400 fois plus grande que celle de la Lune à notre globe, tandis qu'elle n'était que de 15 fois 1/2 seulement suivant l'observation immédiate et facile faite sur la tranchée lumineuse de cet astre, au moment de l'un de ses quartiers.

Pour que la parallaxe déterminée par les astronomes fut d'accord avec mon observation du 9 octobre, il aurait fallu que la tranchée lumineuse eut été perpendiculaire au rayon secteur ST du Soleil, moins quelques secondes, au lieu d'être incliné de 3° 45'.

Puisque je viens de parler du passage de Vénus, voici quelques extraits du rapport lu par M. Dumas, président de la commission chargée des préparatifs pour l'observation de ce passage :

« La première discussion qui s'éleva dans le sein de la commission reconstituée porta sur l'objet même de l'entreprise. L'observation du passage de Vénus était-elle nécessaire pour déterminer la parallaxe du Soleil ? La science ne pouvait-elle pas aujourd'hui apprécier par des moyens plus sûrs la distance du Soleil à la Terre, cette importante unité de mesure des espaces célestes.

« La commission jugea que la question n'était plus opportune. L'Académie avait été consultée par le Ministre de l'Instruction publique au sujet de l'utilité des expéditions. Elle avait répondu affirmativement, et elle avait même indiqué le nombre des stations, choisi leurs positions et précisé le chiffre de la dépense à effectuer.

« La commission pensa que l'observation du passage de

Vénus sur le Soleil devait être poursuivie, comme moyen de faire connaître aujourd'hui avec précision la parallaxe du Soleil. »

Dans l'excellent *Journal du Ciel*, plusieur fois cité, où je pris les extraits du rapport, celui du 21 septembre 1874, contient sur le même passage une note de son vaillant rédacteur M. Pinot, dont voici le sens :

« Il n'est pas sans importance de faire connaître l'opinion de M. Leverrier sur la valeur de ce passage. Disons bien vite que nous commettons ici une indiscrétion et que M. Leverrier qui a émis cette opinion à côté de nous, ne nous a pas prié le moins du monde de la publier. On a, dans les documents publiés jusqu'à présent, dit M. Leverrier, et dans les calculs qui ont été faits à ce sujet, des éléments suffisants pour déterminer à un dixième de seconde près, la parallaxe du Soleil, une nouvelle observation dans ce but est bien inutile, elle ne donnera pas une approximation plus grande, la parallaxe peut être considérée comme connue avec toute la certitude humainement possible. Observer le passage de Vénus dans cette intention, c'est mettre la parallaxe du Soleil au vote du suffrage universel. »

Il paraîtrait cependant qu'autrefois M. Leverrier était d'un avis contraire, car, dans le Bulletin du 15 novembre 1868, à l'occasion du passage de Mercure sur le Soleil, M. Leverrier s'exprimait en ces termes :

« M. Stone a reconnu que si la discussion des passages de Vénus sur le Soleil, en 1769, avait conduit M. Enke à une parallaxe du Soleil inexacte, cela tenait à ce qu'on avait comparé des observations de l'entrée et de la sortie rapportée a des instants physiques évidemments différents.

« La cause des discordances qui se manifestent ici doit être analogue, et nous ajoutons qu'il est heureux que ce passage de Mercure nous serve d'avertissement avant le prochain passage de Vénus sur le Soleil en 1874. Car, si l'on n'avait pas soin de convenir d'une façon très-précise du phénomène physique à observer et de se mettre en garde contre ce fait, que les apparences ne semblent pas être les mêmes dans tous les instruments, on se trouverait sans doute, après les observations de 1874, en présence des mêmes incertitudes qu'a laissées le passage de 1769. »

Ainsi, en 1868, on trouvait très-intéressante une observation qui plus tard devait être considérée comme tout à fait inutile.

Je reviens maintenant à la lettre dont M. Leverrier a bien voulu m'honorer le 31 décembre.

Il est certain que la façon dont il s'y était pris pour me convaincre d'erreur n'avait aucun caractère scientifique. En effet, il m'a reproché d'avoir omis, dans mon argumentation, un fait capital qui l'a détruite et qu'il n'a pas cependant voulu signaler. Certes, ce n'était pas là le moyen de me convaincre. Aussi, j'ai insisté, et je lui ai adressé la lettre suivante :

Paris, 18 janvier 1875.

MONSIEUR LE PRÉSIDENT,

Sensible à l'honneur que vous m'avez fait par votre lettre du 31 décembre dernier, je vous en remercie et je prends la liberté de vous soumettre encore quelques réflexions tendant à justifier du tort d'omettre en général, dans mes démonstrations, un fait capital, qui seul détruit toute mon argumentation, et de ne pas me mettre préalablement au courant des questions que je traite.

Je constate d'abord, que ce fait dont vous me reprochez l'omission, vous ne le signalez pas, et ensuite que je me suis toujours appuyé de l'autorité des astronomes les plus éclairés dont j'ai toujours cité textuellement les différents passages qui se rapportaient à mon sujet.

Et lors même que les démonstrations de ces savants ne seraient plus en harmonie avec les idées d'aujourd'hui, elles n'auraient rien perdu de leur valeur, car leurs théories n'en continuent pas moins de faire partie du corps de la science.

Ainsi, la théorie de la vitesse de la lumière se base toujours sur l'éclipse du premier satellite de Jupiter. Je dis du premier parce que, selon Cassini : « Rœmer n'examina pas si cette hypothèse s'accordait aux autres satellites qui demanderaient la même inégalité de temps. »

Et Cassini ajoute :

« Il m'est arrivé souvent qu'ayant établi les époques des satellites dans les oppositions avec le Soleil, où les inégalités synodiques doivent cesser, et les ayant comparées ensemble, pour avoir le moyen mouvement ; et lorsque je calculais sur ces époques, et sur ce moyen mouvement, les éclipses arrivées près de l'une et de l'autre quadrature de Jupiter avec le Soleil, le moyen mouvement calculé aux temps de ces quadratures s'est trouvé différer d'un degré entier, ou au plus, du vrai mouvement trouvé par les observations immédiates, de sorte que les satellites dans les quadratures avaient environ un degré d'équation substractive à l'égard du mouvement établi dans les oppositions, d'où l'on pouvait inférer que cette équation serait doublée dans les conjonctions. »

Il me semble que la conséquence à déduire, c'est que la théorie de la vitesse de la lumière n'est basée sur aucune preuve bien certaine. En effet, si cette théorie était vraie, la vitesse de la lumière devrait être sensible, pendant les éclipses des satellites des autres planètes, et selon leurs rapports de la distance à la Terre. Mais aucun astronome ne parle de ce fait. Or, si une différence de 78 millions de lieues ne permet pas d'apprécier une vitesse quelconque de la lumière, au delà de l'orbite de Jupiter, je ne conçois pas comment on peut la calculer à la distance de quelques lieues seulement à l'aide d'une roue dentée tournant au milieu d'un faisceau de lumière, car une fois que les ondulations de la lumière ont complété leur écoulement, la vitesse de ce fluide est finie. Il ne reste plus dans le faisceau ainsi formé, que l'oscillation moléculaire fluidique, qui seule continue d'affecter directement l'organe de la vue. J'en conclus que le système de M. Fizeau expérimenté dernièrement par M. Cornu, ne pouvait servir qu'à déterminer la durée des oscillations moléculaires de la lumière, durée qui se modifie selon le degré de vitesse dont est animée la roue ; celle-ci, par sa persistance dans son mouvement tournant, finit nécessairement par troubler l'arrangement régulier des molécules, ainsi que leur mode d'oscillation, de sorte que l'œil ne peut plus être affecté selon les conditions voulues pour recevoir l'impression distincte du fluide lumineux. L'œil ne retient alors que l'image confuse de la roue, image produite par le rebondissement des molécules lumineuses qui s'agitent en désordre, dans l'espace compris entre l'œil et la roue. Mais, après un premier ébranlement les molécules lumineuses font un effort pour acquérir la vitesse prépondérante de la roue, en s'arrangeant peu à peu de manière à reproduire leurs oscillations aussi régulièrement qu'auparavant ; de là l'impression d'un éclat nouveau sur la rétine. Ces péripéties moléculaires peuvent se renouveler à mesure que le mouvement tournant de la roue, double, triple, quadruple de vitesse.

Il est bon de faire remarquer, à ce sujet, que si les choses se passaient autrement, pour revoir un astre, après six mois qu'on l'a perdu de vue, il faudrait attendre un laps de temps proportionné à sa distance de la Terre, de même qu'on attend 16 minutes l'arrivée de certaines éclipses du premier satellite de Jupiter. Mais la vue des astres est, en tout temps instantanée, ce qui prouverait que lorsque la lumière devient sensible à l'œil, elle a déjà rempli pour ainsi dire, l'espace de ces oscillations moléculaires, par lesquelles elle manifeste sa présence, jusqu'à ce qu'un obstacle vienne troubler la régularité de ses oscillations ou empêcher leur transmission directe.

En ce cas, pour calculer la vitesse réelle de la lumière, il serait de toute nécessité de saisir l'instant où elle jaillit d'une de ses sources. Peut-être pourrait-on obtenir ce résultat au moyen d'une décharge électrique. Soit la station A, par exemple, l'électricité allumerait un gaz à l'instant même, où une branche de cette électricité s'élancerait vers la station B, et de là, reviendrait en A pour éteindre le gaz antérieurement allumé. La roue dentée serait mise en mouvement au moment où l'on verrait la lumière briller en B, et on l'arrêterait aussitôt que la lumière s'éteindrait. Le temps d'aller et venir de l'électricité calculé d'avance donnerait probablement le terme proportionnel pour trouver la vitesse de la lumière prise à sa source.

Agréez, Monsieur le Président, l'expression, etc.

Comme de coutume, pas de réponse.

Je vais maintenant donner un passage d'Arago, relatif à la méthode employée par M. Fizeau pour résoudre le problème de la vitesse de la lumière :

« M. Fizeau, en 1849, a remarqué que si l'on fait tourner avec une grande rapidité une roue portant à sa circonférence des dents également espacées, chacune de ces dents mettra à franchir l'intervalle vide qui la sépare de la dent consécutive, un temps très-petit que l'on pourra toutefois mesurer, si l'on connaît la vitesse de rotation de la roue. Supposons, par exemple, qu'une roue fasse dix tours par seconde et qu'une dent occupe la millième partie de sa circonférence, chaque dent passera évidemment par le même point de l'espace en un dix-millième de seconde, on pourra facilement obtenir en décuplant la vitesse de la roue, une durée de un cent-millième de seconde pour le temps employé par une dent pour passer au même point déterminé. Voilà donc des temps très-courts parfaitement mesurés. On conçoit que M. Fizeau était certain par cette méthode de diviser le temps en intervalles assez petits, pour que la lumière ne parcourut plus, malgré la grandeur de sa vitesse, que des espaces petits pendant de tels instants. Imaginons maintenant qu'un rayon de lumière traverse l'intervalle laissé entre deux dents consécutives d'un disque tournant, aille se réfléchir au loin sur un miroir et revienne pour passer par le même point de l'espace. Le disque étant en mouvement, on conçoit qu'en ce point il pourra se trouver une dent qui interceptera la lumière. On pourra donc connaître le temps que la lumière aura mis à aller et à revenir, puisque l'on connaît le temps employé par les dents du disque tournant à franchir les intervalles vides qui les séparent les unes des autres.

« M. Fizeau a trouvé le moyen de réaliser les conditions précédentes.

« Avec son appareil, l'expérience réussit très-bien, dans l'état de repos du disque denté, on voit nettement le point lumineux du faisceau de rayons réfléchi par le miroir, lorsque le disque tourne avec une certaine vitesse, l'éclat du point lumineux diminue, il s'éclipse totalement pour une vitesse suffisamment grande. Dans les circonstances où l'expérience a été faite, une première éclipse se produit vers 12, 6 tours par seconde. Pour une vitesse double, le point brille de nouveau, pour une vitesse triple il se produit une deuxième éclipse, le point brille de nouveau pour une vitesse quadruple, et ainsi de suite.

« Il ne reste, comme on voit, qu'à connaître exactement la vitesse de rotation pendant chaque éclipse totale du point lumineux. Un compteur que l'on fait à cet effet embrayer avec l'appareil au moment où il est réglé, donne le nombre de tours effectué pendant un temps marqué par un chronomètre à pointage. Les premiers essais de M. Fizeau ont fourni une vitesse par seconde de 78,841 lieues de 4,000 mètres chacune, valeur qui n'est que peu différente de celle déduite de l'observation des éclipses des satellites de Jupiter. »

Dans le *Journal du Ciel*, 1874, n° 216, à propos de la parallaxe du Soleil, M. Vinot dit ce qui suit :

« M. Cornu reprenant ses beaux travaux sur la vitesse de la lumière observée directement, et que nous avons relatés dans notre almanach de 1874, page 94, vient d'opérer entre l'Observatoire de Paris et la tour de Montlhéry. Il a trouvé, cette fois, une vitesse plus grande que la première, comme nous l'avions fait prévoir dans notre article, il dépasse maintenant 300 mille kilomètres par seconde. La parallaxe du Soleil, tirée de ces observations, atteint 8 secondes 88 centièmes. »

Dans le même journal du 3 mai 1875, il y a une autre note sur la parallaxe du Soleil et sur la vitesse de la lumière.

« M. Puiseux, comparant les résultats fournis par l'expédition de M. Mouchez, à l'île St-Paul, avec ceux de M. Fleuriais, à Pékin, deux stations correspondantes de l'hémisphère nord et de l'hémisphère sud, a trouvé pour résultat 8 secondes 879 millièmes de seconde. Le résultat des expériences de MM. Fizeau et Cornu, sur la vitesse de la lumière, en constatant directement le temps qu'il faut à un rayon lumineux parti de l'Observatoire de Paris pour y revenir après une réflection sur un miroir placé à la tour de Montlhéry, avait été plus faible de deux centièmes de seconde. Ce fait donnerait à penser que ces observateurs ont eu tort de négliger le temps presque incalculable qui se dispense dans le phénomène de la réflection de la lumière, ce a quoi on n'aurait jamais songé, sans cette différence. »

Dans ces expériences, on voit que la vitesse du rayon lumineux n'est pas mesurée par le temps qui s'est écoulé entre l'instant de son départ et celui de son arrivée. L'appareil mesure seulement le temps que la roue met pour suspendre l'écoulement graduel de la lumière, en raison de la vitesse dont la roue est animée, et non pas en raison de la vitesse de la lumière.

Ainsi, par exemple, si on voulait connaître la vitesse d'un liquide qui passe par un tuyau, il faudrait d'abord savoir la distance qu'il doit parcourir, ensuite, au point de départ en arrêter instantanément son écoulement, afin que

11

l'appareil destiné à mesurer le temps soit traversé avec la même vitesse par les dernières molécules du liquide. Mais si vous voulez arrêter peu à peu l'écoulement du liquide, il en résulterait que celui-ci perdrait peu à peu sa vitesse en raison de la diminution de sa masse, de sorte que le dernier filet liquide arrivera à l'appareil avec un retard considérable, par rapport à la vitesse propre du liquide qui aurait coulé en masse continue.

Ce dernier cas est précisément celui dont s'est trouvée la roue dentée, vis-à-vis du rayon lumineux, car elle a éteint par degré l'éclat de l'image qui se projetait sur la lunette ; ce qui veut dire qu'une diminution successive de vitesse s'était produite dans les ondulations de la lumière.

Maintenant je citerai un passage de Cassini relatif à la vitesse de la lumière, lequel passage servira à justifier mes doutes et mes objections.

« Les observations, dit ce grand astronome, que l'Académie a faites des satellites de Jupiter, ont donné l'occasion d'examiner un des plus beaux problèmes de la physique, qui est de savoir si le mouvement de la lumière est successif, ou s'il se fait en un instant On a comparé le temps de deux émersions prochaines du premier des satellites dans une des quadratures de Jupiter avec le temps de deux immersions prochaines du même satellite dans la quadrature opposée de cette planète, et, bien que la lumière d'un satellite à la fin de sa révolution, dans la première quadrature, fasse moins de chemin pour venir à la Terre d'où Jupiter s'approche, qu'à la fin de sa révolution dans la seconde quadrature, quand Jupiter s'éloigne de la Terre, et que cette différence monte tout au moins à plus de 60,000 lieues de chemin dans un temps plus que l'autre, né moins on n'a point trouvé de différence sensible entre ces deux espaces de temps, ce qui a donné lieu de croire que les observations que l'on peut faire sur la surface de la Terre, où même dans tout l'espace compris jusqu'à la Lune, ne suffisent pas pour rien déterminer de certain sur ce problème, et que, par conséquent, les méthodes que Galilée a proposées pour cet effet, dans ses mécaniques, sont inutiles.

« Ce n'est pas que l'Académie ne se soit aperçu dans la suite de ces observations que le temps d'un nombre considérable d'immersions d'un même satellite est sensiblement plus court que celui d'un nombre pareil d'émersions. Cela se peut expliquer par l'hypothèse du mouvement successif de la lumière, mais cela ne lui a pas paru suffisant pour se convaincre que le mouvement de la lumière est un effet successif, parce que l'on n'est pas certain que cette inégalité de temps ne soit pas produite ou par l'excentricité du satellite, ou par l'irrégularité de son mouvement, ou par quelque autre cause, jusqu'ici inconnue, dont on pourra s'éclaircir avec le temps. »

Ainsi donc, bien que l'on puisse attribuer au mouvement successif de la lumière le retard qu'éprouvent les éclipses d'un même satellite, ce retard n'est sensible qu'après un nombre considérable d'immersions comparativement à un nombre égal d'émersions, et à des époques trèséloignées l'une de l'autre, et non pas dans l'intervalle de six ou sept mois, comme cela devrait arriver, pour pouvoir évaluer à 16 minutes le temps que la lumière met à traverser un espace de 76,000,000 de lieues. Mais on commence déjà à contester cette fameuse théorie de la vitesse de la lumière.

Dans le Bulletin de notre Association, à la date du 16

janvier 1876, au compte-rendu des travaux d'optique de M. Mascart, M. Jamin dit ce qui suit :

« La lumière qui nous vient des astres rencontre le globe dans des conditions périodiquement variables. Il se peut que la Terre aille au-devant de cette lumière qui la rencontre avec une vitesse augmentée. Il se peut que la Terre fuie, pour ainsi dire, le rayon qui la poursuit et ne l'atteint qu'avec une vitesse relativement moindre. Ces conditions différentes changent-elles les phénomènes optiques, et, en général, quelles modifications éprouve la lumière dans son mode de propagation et ses propriétés, par suite du mouvement de la source lumineuse et du mouvement de l'observateur ?

« Après la découverte de l'observation faite par Bradley, Arago essaya une expérience pour chercher si la déviation de la lumière d'une étoile à travers un prisme augmente ou diminue quand la Terre s'en approche ou s'en éloigne. Le résultat négatif de cet essai inspira à Fresnel une hypothèse célèbre, par laquelle il admit que les corps en mouvement entraînent avec eux une partie de l'éther qu'ils renferment, partie égale à l'excès de cet éther sur celui du milieu ambiant. Plus tard, cette hypothèse fut confirmée par une expérience classique de M. Fizeau. Cette expérience démontra que les liquides en mouvement entraînent avec eux les ondes lumineuses de la quantité prévue par le principe de Fresnel. Enfin, le même auteur, par une expérience pleine de difficultés, a trouvé comme très-probable, que la déviation d'un plan de polarisation, opérée par une pile de glace, change, suivant que cette pile, entraînée par le mouvement de la Terre, s'approche ou s'éloigne de la même étoile.

« Bien d'autres expériences semblaient devoir conduire

à des perturbations analogues. M. Mascart les a essayées toutes, en poussant la sensibilité des mesures jusqu'au point d'être supérieures à l'effet supposé possible : ce fut en vain; il n'a jamais constaté le moindre effet différentiel, il a de plus discuté toutes les conditions des divers problèmes, et montré que, sauf un cas resté douteux, chaque phénomène de ce genre, qui d'abord semble donner un résultat positif, rencontre, suivant M. Fizeau, des causes de compensation qui l'annulent, comme si une loi générale de la nature s'opposait toujours au succès des expériences. En résumé, le mouvement de translation de la Terre n'a aucune influence appréciable sur les phénomènes d'optique produits avec une force terrestre, ou avec la lumière solaire. »

Je crois qu'après ces observations, tout ce qu'on a avancé sur l'aberration de la lumière s'écroule par la base.

Encouragé par tout ce que je viens d'exposer, j'adressai, à M. Leverrier, la lettre suivante :

Paris, 31 janvier 1875.

Monsieur le Président,

Les remarques que j'ai l'honneur de vous communiquer font suite à celles que je vous ai adressées, au sujet de l'aberration des étoiles.

Arago, après avoir expliqué cette théorie, conclut en ces ermes :

« Remarquons maintenant que les dimensions de l'orbite

parcourue par la Terre sont insensibles relativement à la distance des étoiles, en sorte que tous les phénomènes qu'on observe dans les positions que la Terre vient d'occuper sur tous les points de son orbite, seraient exactement les mêmes, si un observateur était placé au centre de l'écliptique. »

Et de Lacaille disait :

« Puisque l'on attribue naturellement aux astres le mouvement réel de l'œil qui les regarde, tous les astres doivent paraître tourner, chaque jour, uniformément autour de l'axe de la Terre, prolongé jusque dans le Ciel, et dans des cercles parallèles, comme s'ils étaient dans la concavité d'une sphère concentrique à la Terre. »

Si l'on admet cela, n'est-il pas évident, Monsieur le Président, qu'un semblable phénomène doit se reproduire lors même qu'un œil placé sur la Terre regarde les astres dans les positions que la Terre vient d'occuper sur tous les points de son orbite $Tabc$, (fig. 34), et absolument comme si l'observateur était placé au centre de l'écliptique E.

Et ne pensez-vous pas, Monsieur, que dans ce cas, tous les astres $d\ e\ f\ g$ doivent paraître venir se présenter successivement à l'observateur terrestre, et qu'ils doivent paraître tourner, chaque année, uniformément autour de l'axe EA de l'écliptique, et dans des cercles parallèles, comme s'ils étaient dans la concavité d'une sphère concentrique à l'écliptique ?

Cependant un pareil phénomène, qui, conformément à l'hypothèse du déplacement de la Terre sur son orbite, devrait toujours avoir lieu, ne se produit jamais sur le plan de l'écliptique, et ce qui semble tourner autour de l'axe de la Terre, c'est le pôle de ce plan.

Je vais en faire la démonstration.

Admettons pour un instant que l'observateur soit transporté avec la Terre de T en $a\, b\, c$ le long du cercle de l'écliptique (fig. 35), il est clair qu'il viendra, lui aussi, occuper tous les jours des points différents sur l'écliptique, lesquels feront constamment converger ses lignes visuelles Tg, aA, bc, ce, (les directes aussi bien que les résultantes) sur l'axe du cercle EA de translation, et son pôle serait vu toujours à la même hauteur de l'horizon.

Eh bien ! si l'observateur regarde la sphère céleste chaque fois qu'il suppose se trouver sur le plan de l'écliptique Tgbc (fig. 36), il verra certainement que le pôle A de ce plan est constamment au même point a a' a'' a''' du Ciel, mais il verra aussi que le pôle du monde M et les constellations ont conservé leurs places respectives m, m', m'', m''', par rapport au plan Tgbc et à l'axe de l'écliptique AE, de sorte qu'à toutes les époques de l'année, les lignes visuelles de cet observateur, au lieu de converger vers l'axe du plan de translation, comme nous l'avons démontré (fig. 35), se trouveront toujours dirigées sur les mêmes droites parallèles, qui aboutissaient aux deux pôles, et vers les constellations, lors de sa première observation.

Quelle est la cause de ce phénomène ?

C'est que la Terre n'étant pas sortie du cercle qu'elle parcourt toutes les 24 heures, les rayons visuels de l'observateur n'ont pas pu tourner autour de l'axe de l'écliptique, ce qui ne serait pas arrivé si l'observateur avait réellement parcouru avec la Terre un espace quelconque de l'orbite annuelle. Si cela avait eu lieu, il se serait aperçu que les étoiles, de même que le Soleil, se déplaçaient tous les jours, d'un degré environ, sur la circonférence d'un cercle dont le centre est le pôle de l'orbe terrestre. Mais ces déplacements quotidiens sur l'écliptique sont particuliers au Soleil seulement, tandis que la sphère étoilée ne semble se déplacer que sur des circonférences parallèles au plan de l'équateur terrestre, c'est-à-dire comme si elle tournait autour du pôle de la Terre, et cela pendant toute l'année.

Enfin, si c'est vrai que notre œil, en tournant sur le cercle de l'écliptique, voit les changements, même les plus petits, que les étoiles semblent exécuter autour de leurs rayons visuels, à plus forte raison l'œil devrait voir l'immense circulation de la sphère étoilée s'effectuer autour de son pivot ou axe de la révolution annuelle. Mais comme il ne voit rien de semblable, alors le phénomène de l'aberration des fixes, qui, au dire de Francœur, met hors de doute le mouvement de translation de la Terre, démontrerait au contraire que, la translation de notre globe ne s'effectue pas sur le cercle de l'écliptique, ainsi que le prétend la théorie copernicienne, à moins toutefois que la commission scientifique ne tienne à sa disposition le fait capital, qui doit détruire toute mon argumentation, ou certains faits matériels que j'aurai l'honneur de lui signaler prochainement, afin de mettre un terme à des questions « sans portée. »

Agréez, Monsieur le Président, l'expression de mes sentiments les plus distingués.

Les idées que j'ai émises dans cette lettre n'ayant pas épuisé mon sujet, je vais les compléter par les observations suivantes :

Si l'aberration des fixes était un effet dû aux positions que la Terre vient d'occuper sur tous les points de son orbite, l'étoile placée au pôle de l'écliptique et autour de laquelle tourne l'observateur pendant une année devrait amener autour d'elle la circulation apparente des étoiles pla-

Pl. VII. Page 168

Fig. 31

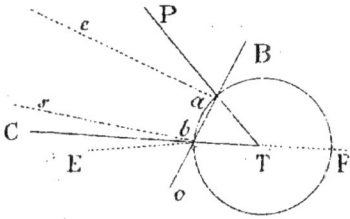

Fig. 32

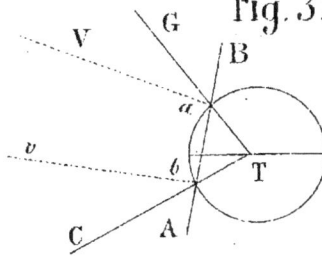

Fig. 33

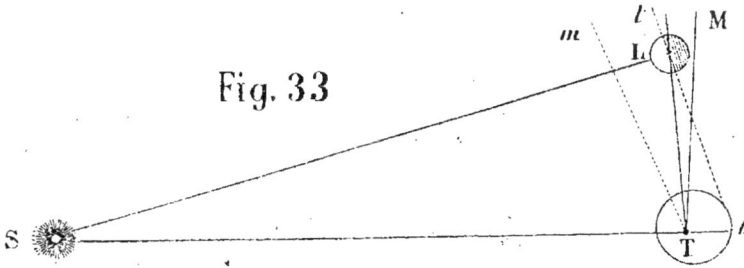

Fig. 34

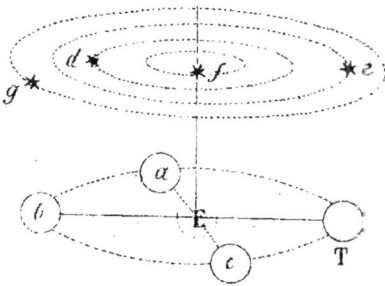

Fig. 35

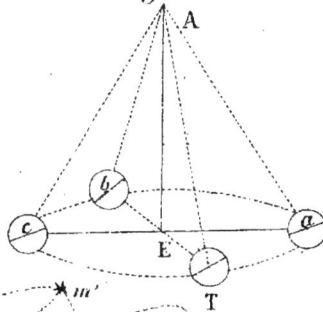

Fig. 36

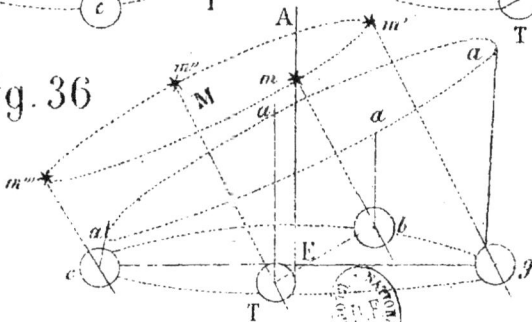

cées sur les rayons qui semblent partir de son centre.

Car, soit par l'effet des lignes visuelles directes, soit, comme le veut la science, par l'effet des résultantes des deux vitesses, l'une de la lumière et l'autre de la Terre, toujours est-il que l'étoile polaire de l'écliptique paraîtrait se déplacer sur la circonférence d'un cercle proportionnel à la grandeur et à la distance de l'orbe terrestre. Ce petit cercle que suivraient ainsi dans le Ciel les rayons visuels de l'observateur, n'atteignant pas l'espace qui est occupé par les autres étoiles, même les plus voisines, devrait nécessairement faire paraître celles-ci tantôt à gauche, tantôt à droite, ou bien en face, ou enfin derrière l'observateur.

Il s'ensuit que l'observateur croirait voir la sphère tourner autour de l'axe de l'écliptique, pendant qu'il en parcourrait le cercle dans le cours d'une année.

J'avais dit, dans ma dernière lettre à **M.** Leverrier, que je me réservais de lui signaler, à l'appui de mon argumentation contre le système copernicien, certains faits matériels et décisifs.

Fidèle à ma promesse, j'adressai, le 7 février 1875, au savant astronome, les observations qui suivent :

MONSIEUR LE PRÉSIDENT,

J'ai eu l'honneur de vous prévenir, dans ma dernière lettre, que j'aurais à vous signaler quelques faits matériels qui prouvent sans réplique, suivant moi, que la Terre ne circule point autour du Soleil :

Ces faits les voici :

Au dire d'Arago : « La Lune pendant son mouvement

de circulation autour de la Terre, nous présentant toujours la même face, il en résulte inévitablement la conséquence que cet astre tourne sur lui-même dans un temps égal à celui qu'il emploie à faire sa révolution autour de notre globe. A cet effet, il faut que le globe lunaire reste toujours parallèle à lui-même. »

Considérons en outre que : « La Terre aussi se meut parallèlement à elle-même, en sorte que le plan de son équateur coupe toujours le plan de l'écliptique suivant des lignes parallèles entre elles. »

Ces conditions préliminaires une fois établies, nous allons examiner les positions que la Lune devra présenter à chacune de ses phases, lorsqu'elle passera devant le méridien MEN, de la Terre, par exemple, (fig. 37), laquelle est censée se trouver constamment inclinée de 23° 1/2 sur le plan de l'écliptique TABC.

Supposons donc que, lorsque la Lune est dans son plein, elle se trouve au point L de son orbite Labc. Conformément aux observations, cet astre présentera sa face presque verticale au méridien M, EN, et bien que celui-ci soit parallèle à l'axe incliné Pp, sa courbe néanmoins, par rapport à la Lune, sera vue dans le sens d'une ligne droite perpendiculaire OEN, laquelle se projetterait verticalement en mn, sur le disque de la Lune. Après sept jours environ d'une marche toujours parallèle, cet astre arrivera au point a de son orbite.

C'est à ce moment que commencent les mésaventures de la théorie copernicienne.

En effet, si l'on doit s'en tenir aux observations que nous venons de transcrire, la Lune, ayant conservé en a le parallélisme de la ligne mn tracée sur son disque, devra nécessairement présenter toujours aux mêmes observateurs

la même face et la même position, de sorte que sa verticale
lr, se projettera exactement sur le même méridien, lorsque ce dernier passera devant elle.

Malheureusement pour les coperniciens, ce phénomène
n'a pas lieu dans leur système, car la Terre devant, selon
leur théorie, conserver inaltérablement la position de son
axe Pp, sur l'écliptique, il en résultera que le méridien
MEN, transporté autour de l'axe de rotation, viendra se placer vis-à-vis de la Lune a sur une ligne PTp, parallèle à
l'axe Pp, et par là, le méridien incliné lui-même de 23° $\frac{1}{2}$
relativement à la verticale lr de la Lune.

Dans ce cas, les observateurs qui se trouvent sur ce méridien, ne se doutant pas du changement arrivé dans leur
position, supposeront que c'est la Lune, au contraire, qui,
en marchant sur son orbite, s'est inclinée sur eux de 23° $\frac{1}{2}$,
vers leur gauche pour ceux qui se trouvent à l'hémisphère
boréal, et vers leur droite pour ceux qui sont à l'hémisphère austral.

Cependant la Lune, marchant toujours parallèlement à
elle-même, atteindra, quelques temps après, le point b de
son orbite, et, ici encore, elle se montrera dans sa position
verticale. A cette phase de la nouvelle Lune, tous les méridiens terrestres prendront de nouveau position sur la verticale gf, de sorte que l'astre, par rapport aux observateurs, paraîtra relevé de sa dernière position inclinée, et
présentera sa face perpendiculaire et parallèle à la ligne
méridienne de comme à l'époque de son plein, et conformément à l'observation.

Mais dans son premier quartier, lorqu'elle sera parvenue
en C, voilà qu'elle semblera subir une nouvelle inclinaison
de 23° $\frac{1}{2}$ à l'égard des observateurs placés sur le méridien
PTp. Cette fois cependant la Lune penchera en un sens

contraire à celui qu'elle présentait lorsqu'elle se trouvait en *a*, c'est-à-dire qu'elle paraîtra pencher vers la droite de l'observateur boréal, et vers la gauche de l'observateur austral. C'est seulement quand l'astre aura atteint le point L de son départ, qu'il semblera se relever encore une fois sur sa position verticale.

Ainsi donc, par l'effet de son parallélisme combiné avec celui de la Terre, la Lune devrait paraître changer de position tous les jours, en oscillant de droite à gauche, et de gauche à droite, sur un arc total de 47°, pendant le temps qui s'écoule entre deux quartiers, c'est-à-dire pendant 15 jours. Mais quand la Terre sera parvenue au point A de l'écliptique, nous verrons les oscillations lunaires s'effectuer en sens contraire à la nouvelle et à la pleine Lune, tandis que la face de cet astre ne se présentera verticale qu'à l'époque de ses quartiers.

Et pourtant, de mémoire d'homme, la Lune n'a jamais présenté de pareils phénomènes, car, excepté ses quatre grandes inégalités, que l'observation seule, suivant Lalande, fit découvrir, on n'a pas encore remarqué, dans ses mouvements, cette oscillation extraordinaire de 47°, que le parallélisme constant de la Terre sur l'écliptique devrait produire, non-seulement à l'égard de la Lune, mais aussi par rapport à l'axe *hi* du Soleil S, sur un même arc de 47°, et dans des conditions analogues pendant que la Terre circule autour de cet astre. Je ferai observer à ce propos, que le P. Scheiner, assure que : « l'inclinaison de l'équateur solaire sur l'écliptique n'a jamais été trouvée par lui moins de 6° ni plus de 8°. »

Or donc, si l'oscillation de l'axe du Soleil ne dépasse pas 2°, si la Lune nous présente toujours la même face et la même position pendant sa révolution autour de la Terre, il

faut conclure que le cours annuel de la Terre autour du
Soleil est une pure fantaisie. Après la constatation de ces
faits matériels qui tendent à remettre le Soleil à sa place
ancienne dans le Ciel, j'espère, Monsieur le Président, que,
dans l'intérêt de la science et pour l'honneur du système
copernicien, vous voudrez bien m'opposer le « fait capital, » dont vous m'avez reproché l'omission, et qui doit
démontrer d'une manière irréfutable que : « Le Soleil ré-
side glorieux au centre de notre système planétaire. » C'est
M. Flammarion qui s'exprime ainsi, et il ajoute : « La nature entière proclame la prépondérance du Soleil sur la
Terre. Ainsi soit-il. »

En attendant une réponse, je vous prie, Monsieur le Président, d'agréer, etc.

Cette lettre, comme on le pense bien, resta sans réponse, et, pourtant, il était si facile de me convaincre d'erreur, on n'avait qu'à produire le fait capital écrasant, et
toute mon argumentation se serait écroulée. Je crois cependant que, si l'on s'est tu, c'est qu'on n'a rien trouvé de bon
à me répliquer.

Notez que les phénomènes relatifs à la Lune et au Soleil,
que je viens de décrire, s'appliqueraient également à toutes
les autres planètes; ils devraient accomplir tous de la même
manière, une oscillation de 47° dans des temps proportionnels à leur révolution.

Mais des faits bien plus frappants et qui devraient avoir
lieu d'après l'hypothèse du parallélisme terrestre, ce serait
de voir le Soleil se projeter dans des degrés du Zodiaque
tous différents de ceux qui sont même déterminés par la
science. A l'effet de se convaincre, on n'a qu'à jeter un
coup d'œil sur la figure 14 dont Francœur s'est servi pour
expliquer les changements des saisons. Suivant lui, quand

la Terre est parvenue au point *t'* de l'équinoxe d'automne (fig. 38), elle doit se présenter en face du Soleil avec l'axe P' *p'*, incliné de 23° $\frac{1}{2}$.

Qu'arriverait-il alors ?

Il arriverait que les habitants terrestres forcés de passer devant le Soleil S sous le méridien P' *t' p'* incliné parallèlement à l'axe du globe, verraient le Soleil, comme si la Terre était placée en *i*, se projeter sur une ligne *iSh* qui étant parallèle à leur méridien irait nécessairement aboutir au point *h* du Zodiaque, à 23° $\frac{1}{2}$ de la Balance au lieu de voir l'astre occuper la ligne équinoxiale *t'St*, correspondant au 0° du même signe. Le même fait se reproduirait lorsque la Terre serait située au point *t* de l'équinoxe du printemps. Les habitants placés sous le méridien P*tp* verraient la projection de l'astre s'effectuer sur le même parallèle *hSi*, comme si la Terre eût été au point *h* de l'écliptique ; et par là, le Soleil paraîtrait occuper 203° $\frac{1}{2}$ du Zodiaque, dans le signe du Bélier, au lieu d'occuper 180° tel que nous le démontre l'observation. En outre, par ces fausses positions du Soleil sur le Zodiaque, il arriverait que l'astre paraîtrait avoir parcouru depuis l'équinoxe du printemps *i*, jusqu'au solstice d'été T', un arc de 66° $\frac{1}{2}$ au lieu de 90°, tandis que du solstice d'été à l'équinoxe *h* d'automne le Soleil semblerait faire une marche rapide de 113° $\frac{1}{2}$. De cet équinoxe au solstice d'hiver T, il paraîtrait ralentir sa marche en ne parcourant plus que 66° $\frac{1}{2}$, ensuite, pour achever sa route sur le Zodiaque et revenir à son point T de départ, le Soleil devrait parcourir un autre arc de 113° $\frac{1}{2}$.

Enfin, il faut encore que la Terre tourne sur son axe, pendant plus d'une heure après le midi moyen de chaque équinoxe, afin qu'elle puisse se présenter au Soleil de façon à ce que le « fil à plomb » couvre exactement la ligne méridienne, et signifier ainsi à ses habitants l'heure du midi vrai.

Voilà les phénomènes qui, contraires à l'observation, devraient s'accomplir dans le Ciel, si l'inclinaison de l'axe terrestre sur l'écliptique, et son parallélisme étaient des faits bien avérés,

Après quelques mois d'attente, je me décidai à donner connaissance, à M. Leverrier, du fait que j'avais constaté et qui était, à mes yeux, la preuve décisive que bien loin que la Terre circule autour du Soleil, elle se trouve, au contraire, au centre de notre système planétaire.

J'adressai par conséquent, le 15 mai, au savant astronome, la lettre suivante :

MONSIEUR LE PRÉSIDENT,

Conformément à ce que j'ai eu l'honneur de vous annoncer, dans ma lettre du 31 janvier dernier, je viens vous fournir, à l'appui de ma thèse, les preuves matérielles d'après lesquelles je crois pouvoir déterminer, de la manière la plus positive, la place que la Terre occupe dans la sphère céleste.

Mais je tiens avant tout à constater les motifs qui ont porté les coperniciens à adopter l'hypothèse de la distance prodigieuse des étoiles. Voici comment Cassini s'est expliqué, à ce sujet, dans les *Mémoires de l'Académie* pour l'année 1709.

« Képler plaça, de même que Copernic, le Soleil au centre du Monde, et l'orbe de la Terre entre ceux de Vénus et de Mars. Et parce qu'on ne voyait point que la Terre, faisant un si grand circuit autour du Soleil, causât aucun parallaxe sensible aux étoiles fixes, les astronomes furent obligés de supposer que les étoiles sont éloignées du Soleil à une distance immense, et à son égard la distance du Soleil à la Terre n'est que comme un point. »

En ce cas, il est évident que la dimension de la Terre doit se trouver elle-même circonscrite dans le point orbiculaire de l'écliptique. Aussi, tout cercle tracé sur la surface de notre globe, suivant le sens de son inclinaison, doit être considéré comme un équivalent du cercle de l'écliptique, ou bien de celui de l'équateur terrestre. Il s'ensuit qu'un observateur qui parcourrait un cercle, quelque petit qu'il fût, mais parallèle à l'équateur, verrait les mouvements apparents des corps célestes se succéder dans le sens exact qu'il les voit s'effectuer lorsqu'il est entraîné sur un parallèle terrestre par le mouvement diurne de la Terre.

Pour obtenir la démonstration de ce fait, j'ai imaginé l'appareil A (fig. 39) composé d'un plan circulaire TCD, incliné parallèlement au plan de l'équateur, et sur lequel on peut faire tourner, au moyen de la triangle *mn*, le cercle horizontal *cab*, qui est fixé au-dessus de la colonne B toujours en un sens vertical sur les lieux de l'observation. Un théodolite H se meut autour du cercle horizontal *cba*.

Cet appareil permet à l'observateur de bien saisir toutes les positions qu'il est censé prendre lorsqu'il veut explorer la sphère étoilée en circulant sur son parallèle autour de l'axe de la Terre.

Cela posé, nous commencerons par nous rendre compte des apparences diurnes que donne une étoile quelconque, *h* par exemple, de la Grande Ourse.

Supposons que nous soyons placés avec le théodolite H (fig. 40) sur le point T du parallèle de Paris TSOP, et au moment où l'étoile, vue à notre droite, paraîtra en quadrature avec le pôle.

Si, à partir de l'horizon T, jusqu'à l'étoile en question, nous examinons celle-ci par la visuelle angulaire *rh* que projette l'axe de la lunette dans le ciel, elle nous semblera en conjonction avec l'étoile *x* du Cygne et *h* du Dragon.

Mais si nous l'examinons ensuite par la visuelle que trace dans le ciel le profil *de* du cercle de déclinaison H, toujours perpendiculaire à notre horizon, nous verrons alors cette visuelle passer les étoiles Π d'Hercule et V du petit Lion. Après six heures de circulation, nous arriverons au point S du parallèle, distance de 90° du point de départ T.

Vue dans cette nouvelle position, l'étoile nous paraîtra être montée jusqu'à notre zénith S, sur la ligne méridienne qui passera, en ce moment, par l'axe même du monde Y Z P.

Le profil du cercle de déclinaison et l'axe de la lunette, orientés sur l'étoile, traceront dans le ciel une même ligne, qui passera de l'étoile par le pôle et par l'étoile E de Cassiopée.

La Terre, continuant à tourner sur son axe, nous transportera sur le point O du ciel, où il nous semblera que l'étoile s'est portée à notre gauche, et, encore une fois en quadrature avec le pôle, et par conséquent, en conjonction avec les mêmes étoiles que nous avait montrées la projection du profil du cercle de déclinaison, lors de notre station en T.

Mais par l'effet de sa position, opposée au point qu'on occupe en ce moment, on ne verra pas cette fois la ligne visuelle angulaire de la lunette, orientée, elle aussi sur l'étoile, se diriger vers les étoiles *x* du Cygne et *h* du Dragon; mais

12

on la verra aboutir à l'étoile, en passant par les étoiles Y, E, N de la Grande Ourse.

Enfin, arrivé en P, après une circulation de 18 heures, l'observateur se trouvera encore en face de la même étoile, placée elle aussi sur la ligne méridienne, mais au-dessus du pôle. Dans cette nouvelle position, P étant opposée a S, l'axe de la lunette et le profil du cercle de déclinaison se projettront encore sur l'axe du monde, mais on les verra passer, en sens inverse, d'abord sur la même étoile E de Cassiopée et ensuite par le pôle, et ils aboutiront à l'étoile n de la Grande Ourse, prise comme exemple de notre observation.

On a dû s'apercevoir, pendant le cours de notre observation, que cette étoile, aussi bien que les autres qui sont renfermées dans notre parallèle TSOP, ont décrit des cercles concentriques autour du pôle.

Maintenant, après que par le mouvement diurne de la Terre, nous aurons parcouru le parallèle céleste, nous allons répéter sur le plan parallatique TCD, et à l'aide de l'instrument B, toutes les observations faites sur l'étoile n de la Grande Ourse.

Si la théorie fondamentale du système de Copernic est exacte, si la terre se trouve réellement placée sur l'écliptique, et qu'à une distance de plus de 38 millions de lieues de l'axe du monde, nous puissions voir, par l'effet du parallélisme de nos lignes visuelles, circuler les étoiles circumpolaires, comme si la Terre tournait réellement autour de cet axe, nul doute alors que les mêmes apparences se reproduiront chaque fois que l'observateur tournera autour du plan parallactique TCD, vu que ce plan est lui-même placé sur l'écliptique, et dans le sens exact du parallèle de Paris ; de sorte que le parallélisme de nos lignes visuelles ne peut être plus altéré à l'égard de l'axe du monde que relativement aux étoiles circumpolaires.

La position et la place restant les mêmes, la question ne change pas, il ne s'agit plus que de tourner sur un cercle plus petit, en un laps de temps moins long.

En dirigeant donc, du point T du plan, le cercle de déclinaison H et la lunette vers l'étoile J de la Grande Ourse au moment où cette étoile sera dans sa quadrature avec le pôle, comme elle l'était lors de notre première observation faite sur le parallèle de Paris, nous verrons se reproduire les mêmes apparences, savoir : l'axe de la lunette se projeter encore sur x du Cygne, sur h du Dragon, et sur notre étoile, tandis que le profil du cercle de déclinaison passera, comme auparavant, de notre étoile sur celle de Π d'Hercule et sur V du petit Lion.

Mais quand l'instrument B, par un mouvement de circulation sur le plan TCD, sera ramené au point C, éloigné du point T de 90°, comme il l'était sur le parallèle, alors cet instrument, n'ayant pas effectivement circulé autour de l'axe du Monde, dont on le suppose éloigné de 38,000,000 de lieues, se présentera incliné de 41° du côté droit de cet axe, au lieu de se trouver incliné de face, comme il l'est réellement à l'égard de l'axe MR du plan TCD, autour duquel il a circulé.

Or, la position de l'instrument étant fausse à l'égard de l'axe du monde, on ne peut plus examiner l'étoile avec le cercle de déclinaison H, qui, quoique placé en profil $d'e'$ sur l'axe RM de notre plan, ne l'est plus maintenant par rapport à l'axe du Monde, et comme il était dans la position analogue S du parallèle de Paris, parce que, par l'effet de l'instrument incliné, l'axe du plan est vu en C, en sens oblique relativement à l'axe du Monde, de sorte qu'il ne peut pas se projeter sur la perpendiculaire de ce dernier.

Il faut alors tourner le cercle de déclinaison sur le cercle horizontal autant qu'il est nécessaire pour qu'il se présente dans une position H', par exemple, parallèle à celle qu'il présentait étant au point T du plan.

Mais dans cette position H', la visuelle H'sS, qui, lors de l'observation faite en T, partait du cercle de déclinaison et aboutissait au pôle HEP, ira maintenant se projeter, dans une direction oblique H'sS, en deçà du pôle R, et la lunette, orientée ensuite vers l'étoile par la visuelle o'l', donnera 69° comme hauteur de cette étoile au-dessus de l'horizon, ou cercle a'b'c'd', au lieu de 90° qu'elle donnait l'orsqu'on observait un S du parallèle O, P, T, S.

Enfin, le cercle H', dans sa position H', ne présentera plus son profil à l'axe MR du plan, mais bien sa face, de sorte que ce profil se projettera sur les étoiles DXY de la Grande Ourse, contrairement à ce qu'on avait observé étant en S, où ce profil passait alors par l'étoile, par le pôle et par E de Cassiopée.

Ces différences extraordinaires de position que présente notre instrument à l'égard de notre étoile et de l'axe du Monde, continuent à se produire à mesure qu'on tourne, avec le théodolite H sur le plan parallatique. Seul l'axe OL, o'l' o''l'' de la lunette ne se déplace pas, mais se projette constamment sur les mêmes étoiles x du Cygne, Y du Dragon et H de la Grande Ourse, tandis qu'il devrait changer de projection, suivant les mouvements de l'observation, à cause de la lunette qui, en tournant autour du plan parallatique se déplace toujours parallèlement vers un point du ciel très-éloigné du pôle, de sorte qu'un observateur, situé à cet endroit, ou dans l'étoile, verrait la lunette de l'instrument comme immobile.

Maintenant, si l'on remarque la route que cette lunette

Pl. VIII. Page 180

Fig. 37.

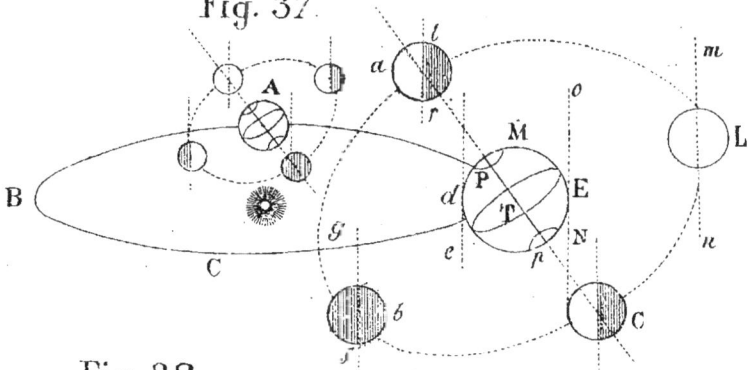

Fig. 38

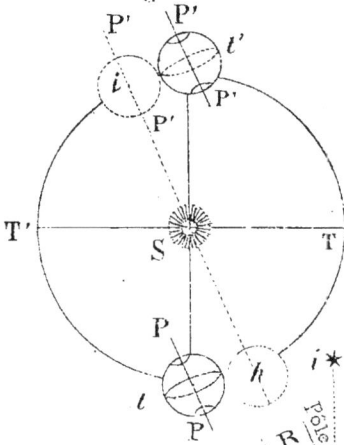

Fig. 40

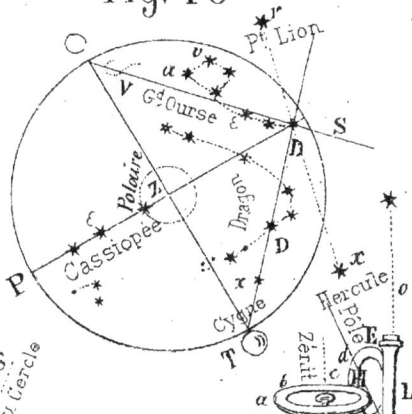

Fig. 39

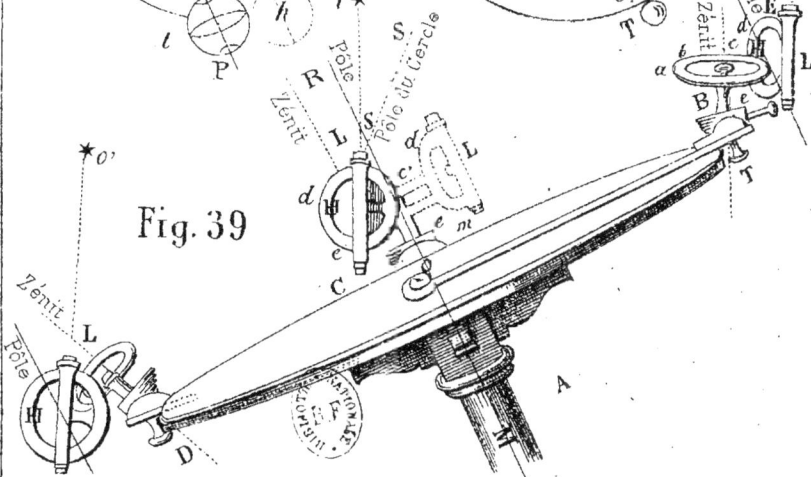

suit dans le ciel par son déplacement autour du plan parallatique, on verra que cette route prend toujours la forme elliptique et la même grandeur *hbcd*, à l'égard de l'étoile *h* de
la Grande Ourse (fig. 41) et *afgh* relativement à l'étoile *a*
de la Petite Ourse, tandis que l'ellipse *nopq* pour l'étoile Y
située à notre zénith, se trouverait en deça du pôle.

Ainsi donc, vues du plan parallactique, les étoiles loin de
paraître décrire des cercles concentriques autour du pôle du
Monde, semblent décrire dans le Ciel des ellipses qui s'entre-
lacent, suivant leurs positions à l'égard de l'observateur qui
ne les verra jamais passer par le pôle, ni même y toucher.

Ce qui prouverait que, pour que que les étoiles paraissent
circuler autour de l'axe du Monde, il faut absolument que
l'observateur tourne autour de cet axe.

Or, comme nous voyons se reproduire constamment, toutes les vingt-quatre heures, cette circulation apparente, n'est-
on pas en droit d'en conclure que c'est l'observateur qui circule tous les jours autour du pôle du monde, et que par là,
la Terre ne se trouve pas sur la circonférence du cercle
écliptique dont l'étendue, selon les coperniciens serait de 250
millions de lieues, qu'elle devrait parcourir dans l'espace
d'un an.

Et puis, si la Terre occupait successivement les différents
points de l'écliptique, l'observateur verrait toutes les vingt
quatre heures, chaque étoile décrire des ellipses particulières, entrelacées en tous sens et toujours en dehors du
pôle du monde, ainsi que nous l'avons observé en faisant
le tour du plan parallactique TCD placé sur sa surface et
dans la ville de Paris.

Je crois avoir amplement démontré les erreurs d'un système qui fait tourner la Terre sur son axe, en dehors du
centre autour duquel doit s'accomplir tous les jours la cir-

culation apparente des étoiles, représentant de la sorte ce phénomène aussi exactement que si la Terre circulait autour du pôle.

Or, en présence des faits matériels que je viens d'exposer que devient le système de Copernic ?

Et s'il s'écroule, la partie théorique de l'astronomie, n'est-t-elle pas toute à refaire ?

Certes, la chute de ce système, entraînerait celle des plus brillantes hypothèses, telles que la vitesse de la lumière, l'aberration des étoiles, les stations et rétrogradations des planètes, les distances annuelles de ces planètes, les mesures micrométriques des corps célestes, le déplacement du Soleil dans l'espace, la parallaxe annuelle des étoiles, le passage des étoiles filantes, aussi bien que celui des comètes par l'orbe terrestre, Mercure et Vénus, considérés comme planètes, la Lune considérée comme un satellite de la Terre, et tant d'autres dont la circulation de la Terre autour du Soleil est la base. Tout cela disparaîtrait du domaine de la science !

J'espère donc que, pour l'honneur de leur système, les coperniciens voudront bien m'opposer enfin ce fait capital, qui n'a qu'à se montrer pour me confondre.

Ce serait bien malheureux pour la science, si, après trois siècles d'observations, de discussions, de calculs et de labeurs, les astronomes se voyaient réduits à de simples conjectures, à cause qu'il leur est impossible de produire un seul fait matériel qui soit la preuve incontestable, éclatante de la révolution de la Terre sur l'écliptique et qui confirme les paroles fatidiques d'Arago, lorsqu'il disait que : « Copernic avait pu construire un système qui n'aura rien à redouter de l'examen sévère de la postérité... » Amen.

En attendant qu'on produise le fait capital en question et

qu'on m'en accable, je vous prie, Monsieur le Président de vouloir bien agréer l'expression de mes sentiments les plus respectueux.

Je pensai qu'on aurait voulu relever le défi, et que, pour me confondre, on aurait enfin signalé ce fait capital qu'on m'a reproché d'omettre ou d'ignorer. Il n'en fut rien, nos savants se renfermèrent dans le silence.

Ce fut alors que j'eus l'idée de publier les lettres que j'ai eu l'honneur d'adresser à M. le Président de l'Association scientifique, mais je pensai qu'il était plus convenable d'informer tout d'abord M. Leverrier de ma résolution, ce qui me fournirait l'occasion de lui faire part encore une fois des observations dont je compléterai ainsi l'exposition. J'attendis le moment favorable, qui se présenta le 10 mars 1876, jour qui a été marqué par une éclipse de Lune.

Voici la lettre que je lui adressai à ce sujet.

Paris, 15 mars 1876.

Monsieur le Président,

Je prends encore une fois la liberté de vous faire part des observations que j'ai faites le 10 de ce mois, à l'occasion de l'éclipse de Lune.

Le ciel, de nuageux qu'il était, s'est complètement éclairci quelques instants avant l'heure de l'éclipse. La Lune étant dans tout son éclat, laissait voir distinctement toute la pénombre que la Terre projetait sur son disque. Malgré cela le vrai commencement de l'éclipse par la pénombre n'a eu lieu qu'environ 24 minutes avant l'entrée de la Lune dans l'ombre, c'est-à-dire une heure après celle que la *Connais-sance des temps* avait annoncée.

D'après la parallaxe 57' 59" assignée à la Lune pour ce jour-là, cet astre serait éloigné de nous de 59 rayons terrestres environ. Cependant le retard observé de la pénombre pour toucher le disque lunaire fait supposer que la distance de la Lune n'est que d'environ 20 rayons terrestres.

Naturellement on trouvera ces données bien ridicules, si l'on s'en rapporte aux parallaxes déterminées par Lacaille et Lalande, lors de leurs opérations trigonométriques exécutées à Berlin en même temps qu'au cap de Bonne-Espérance. Et pourtant si les angles de parallaxes ne représentaient que les angles sous lesquels sont vues les images réfléchies par la Lune, sur la courbe atmosphérique et dans des dispositions bien différentes de celles qui sont données par les rayons directs, que deviennent alors toutes les parallaxes conjecturées par les astronomes ?

Je voudrais bien connaître la parallaxe du Soleil qu'on a déduite du passage de Vénus l'année dernière, pour examiner si elle se trouve aujourd'hui mieux en rapport avec les valeurs selon lesquelles on voit le diamètre du Soleil à des endroits différents de notre globe à un jour donné.

Jusqu'ici on a supposé que la distance moyenne du Soleil est de 23,984 rayons terrestres, avec un diamètre apparent de 32' 3''3, en raison d'une parallaxe de 8" 86.

Ce diamètre varie en proportion des distances différentes auxquelles le Soleil se trouve, pendant le cours annuel de la Terre. Eh bien ! nous allons maintenant vérifier ces belles théories.

Dans le recueil des observations faites à Cayenne, l'astronome Richer donne les hauteurs suivantes du Soleil observées pendant le mois de juin 1672.

Le 14 juin, hauteur méridienne du bord
supérieur et austral du Soleil . . . . . .   71° 51' 05"
  « Le 15, hauteur du même bord . . .   71° 48' 50"

« J'observai jusqu'à ce jour le bord du Soleil qui était
supérieur et austral à mon égard, mais, m'étant souvenu
que MM. Cassini et Picard, qui doivent observer de l'Observatoire royal de Paris, en même temps que j'observais à
Cayenne, étant convenus avec moi que nous observerions
les uns et les autres le bord du Soleil qui est toujours supérieur et boréal aux Européens et qui était pour lors inférieur et boréal dans le lieu que j'observais, je commençai
d'en observer la hauteur méridienne que je trouvais.

Le 16 de ce mois . . . .   71° 15' 05"
Le 17, hauteur du même bord . . . .   71° 13' 40"

Tel est le résultat des observations faites à Cayenne, par
Richer, voici maintenant ce qui résulte des opérations de
Cassini, pendant le mois de juin 1672 :

	15 juin	16 juin
	Bord	Bord
	supérieur austral.	inférieur boréal.
Hauteur du bord du soleil . .	71° 48' 50"	71° 15' 5"
Pour la correction de l'oc- tant	10"	10"
Hauteur corrigée	71° 49' 0"	71° 15' 15"
Réfraction par la table . . .	19"	20"
Parallaxe du soleil	3"	3"
Excès de la réfraction . . .	0° 0' 16"	0° 0' 17"
Hauteur véritable du bord . .	71° 48' 44"	71° 14' 58"

Il s'ensuit que la différence entre ces deux bords serait
de 33' 46".

Cependant le mouvement de déclinaison du Soleil du 14
au 15 juin a été de 2' 15" et cette différence résulte de la
comparaison entre les hauteurs observées 71° 51' 05" et
71° 48' 50". Quant au mouvement de déclinaison du 16

au 17 du même mois, calculé d'après les hauteurs 71° 15′ 05″ et 71° 13′ 40″, il a été de 1′ 25″.

Si l'on prend alors 1′ 48″, comme valeur moyenne et proportionnelle, et qu'on le soustraie de 33′ 46″, on aura 31′ 58″ 5, comme valeur véritable du diamètre du Soleil, vu à Cayenne le 16 juin 1672, bien que Cassini ne l'ait fait que de 31′ 40″, afin de mettre d'accord ce diamètre avec celui qui avait été calculé d'après sa table.

Selon les observations faites à Paris, par Picard, la valeur de ce diamètre, ce jour-là aurait été de 31° 38′ 5″.

Maintenant si l'on veut rectifier cette valeur par celle que la *Connaissance des temps* donne le jour du 16 juin, on aurait 31′ 33″ pour le diamètre du Soleil vu à Paris et 31′ 56″ pour le diamètre proportionnel vu à Cayenne le même jour, — différence 23″.

Nous avons déjà fait observer que quand le Soleil se présente avec un diamètre apparent de 32° 31′ 3″, c'est que cet astre doit alors se trouver à 23,984 rayons terrestres loin de la Terre.

Eh bien ! le diamètre 31′ 33″ nous fait connaître que, le 16 juin 1672, Paris était distant du Soleil de 24,748 rayons terrestres environ, et que 3ʰ 38ᵐ 39ˢ après, lorsque la rotation de la Terre avait ramené le méridien de Cayenne en face du Soleil, cet astre devait se trouver plus proche de ce pays de 663 rayons qu'il n'en était quand il passait devant le méridien de Paris, parce que son diamètre apparent, vu à Cayenne évalué 31′ 56″ porte sa distance à 24,085 rayons terrestres seulement.

Donc de deux choses l'une, ou la Terre s'approche du Soleil de 663 de ses rayons environ, c'est-à-dire de 1,042,833 lieues, pendant le temps qu'elle met à tourner du côté du Soleil le méridien de Paris à Cayenne, pour rebrousser chemin après, et le lendemain se trouver à une distance à peu près égale à celle de la veille, au moment du passage au méridien de Paris, où la Terre au lieu d'avoir un diamètre de 3,182 lieues, en aurait un de 3,000,000 de lieues au moins, afin de présenter les deux pays dans les distances qu'exigent les valeurs du diamètre qui ont été observées tant à Paris qu'à Cayenne, le 16 juin 1672.

Mais on est assuré par la triangulation exécutée sur la surface de la Terre, que le plus grand diamètre de notre planète ne dépasse pas 3,182 lieues, d'un autre côté, on sait aussi que Cayenne est plus près du Soleil que Paris de 530 lieues environ, à cause de la forme sphérique de notre globe. Il est évident que cette petite distance entre les deux villes à l'égard du Soleil n'étant pas suffisante pour justifier la différence assez sensible de 23" qui existe entre les valeurs des deux diamètres observées le même jour, on est forcé de reconnaître que la distance du Soleil à la Terre est au-dessous de 38 millions ainsi que le fait supposer la parallaxe de 8' 86", car la différence de 23" pour une étendue de 530 lieues porterait la distance du Soleil à 44,000 lieues seulement.

Cela posé, ne serait-il pas possible que, comme pour la Lune, l'angle qu'on a pris pour celui de la parallaxe, fût au contraire, l'angle d'écartement sous lequel les observateurs voient les images projetées par le Soleil, se peindre sur certains points de la courbe atmosphérique qui sont en dehors de leurs lignes visuelles parallèles.

En effet, examinons les hauteurs du centre du Soleil, qui ont été observées tant à Paris qu'à Cayenne, le 18 suivant du mois de juin 1672.

	Bord supérieur austral.	Bord inférieur boréal.
A Paris	64° 52' 40"	
A Cayenne.		71° 12' 35"
Correction de l'octant. . . .		10"
		71° 12' 45"
Réfraction suivant la table de Cassini	27"	20"
	64° 52' 13"	71° 12' 25"

Déclinaison à ajouter, en raison du mouvement horaire 3" 1, pour que l'observation de Cayenne corresponde, au même instant,

à celle de Paris			0° 0' 11"
donc			71° 12' 36"
Demi diamètre d'après *la Connaissance des temps*,			
A soustraire pour Paris .	15' 46"	
A ajouter pour Cayenne.		15' 58"
Hauteur véritable du centre du soleil.	64° 36' 27"	71° 28' 34"
Sa distance du zénith. . .	25° 23' 33"	12° 31' 26"
Or, la hauteur du Pôle à la porte Montmartre, où Picard a fait l'observation, était.		48° 52' 11"
A Cayenne		4° 56' 13"
Donc l'angle CTP (fig. 42).	43° 55' 58"	
Les angles P et C	68° 2' 1"	
Les angles complémentaires ZPC et Z'CP chaque . . .		111° 57' 59"
En ôtant à ces deux angles la distance SPZ de	25° 23' 33"	
pour le centre du soleil vu à Paris		
et l'angle S' C Z' de	18° 31' 26"	
pour le centre de l'astre vu à Cayenne		
on aura pour Paris. . .		86° 34' 26"
pour Cayenne .		93° 26' 33"
Leurs sommes.		180° 00' 59"

Ce qui revient à dire qu'au lieu d'une parallaxe d'environ 8" 86, il en résulte un angle qui s'écarte des visuelles parallèles des observateurs d'une valeur de 59" et de la parallaxe supposée de 1' 7" 86.

On peut en dire autant de l'écartement qu'éprouvent les visuelles de deux observateurs, qui, très-éloignés l'un de l'autre, regardent la même étoile.

Cette lettre, Monsieur le Président, aura probablement le même sort que toutes celles que j'ai eu l'honneur de vous adresser. C'est pourquoi je me suis décidé à les publier dans le courant de l'année, afin de savoir, si c'est à tort, que par mes lettres, je vous ai distrait un instant de vos études et de ces grands travaux dont vous avez considérablement enrichi la science par les théories des mouvements planétaires.

Veuillez agréer, Monsieur, l'assurance, etc.

Trois jours après, je reçus de l'illustre Président de notre Société, la lettre suivante :

Paris, 28 mars 1876.

Association scientifique de France

MONSIEUR,

« Je regrette la peine que vous prenez de m'écrire au sujet de vos opinions astronomiques, veuillez m'excuser si je ne réponds pas à vos désirs; vos vues diffèrent tellement de celles auxquelles je suis habitué que je n'y saurais rien comprendre.

Veuillez agréer, Monsieur, l'assurance de ma considération distinguée.

« Signé : LEVERRIER. »

Je m'empressai de répondre en ces termes :

MONSIEUR LE PRÉSIDENT,

C'est certainement bien regrettable de vous avoir importuné pendant longtemps de mes questions astronomiques, mais si, la première lettre dont vous m'avez honoré eût été écrite dans le sens de celle du 28 courant, j'aurais cessé immédiatement de vous adresser de nouvelles questions.

Maintenant que le mal est fait, il ne me reste plus que de vous supplier chaleureusement de vouloir bien, Monsieur le Président, m'excuser d'une faute involontaire et d'agréer en même temps l'assurance de ma parfaite considération.

Signé : Pierre SINDICO.

Cette lettre a clos une série d'observations scientifiques qui n'ont abouti à rien, car chacun est resté dans son opinion.

M. Leverrier déclare qu'il ne comprend rien à mes questions ; mais, de mon côté, ne lui avais-je pas antérieurement déclaré que ce qui m'amenait à lui poser toutes ces questions qui ont formé le sujet de ma correspondance, c'était précisément que je ne saisissais pas bien le sens des théories astronomiques.

A qui donc la faute ? C'est que dans l'étude de la nature, chacun a suivi des voies différentes.

Dans ma lettre du 26 octobre 1874, je disais, toutes les fois que j'eus l'occasion de faire quelques observations d'éclipse de Lune, j'ai toujours remarqué une différence assez notable entre la durée du passage de la pénombre qui avait été déterminée par l'observation et celle qu'avait calculée la *Connaissance des temps*.

Eh bien ! pour démontrer que je n'étais pas trop loin du vrai, je vais donner les observations de l'éclipse partielle de Lune du 3 septembre 1876, faites à Paris, par M. Wolf, et à Cadix, par M. Keimis.

Celles de M. Wolf, qui se trouvent insérées dans le Bulletin du 8 octobre, sont précédées des remarques suivantes :

« Le Ciel très-pur pendant la première moitié du phénomène, s'est couvert de nuages pendant la deuxième partie, dont les phases successives n'ont pu être notées, par conséquent, qu'avec une moindre précision.

« L'entrée de la Lune dans la pénombre n'a été accompagnée d'aucun phénomène appréciable. La portion envahie de l'astre était d'ailleurs parsemée de beaucoup de mers, dont la teinte grise contrastait trop par elle-même avec l'éclat des autres régions pour qu'un affaiblissement y pût devenir sensible. C'est seulement à l'approche de l'ombre que l'obscurcissement s'est manifesté dans la région d'Aristarque. »

M. Wolf ajoute :

« Le contact de l'ombre a eu lieu à 8ʰ 24ᵐ 30ˢ en un point situé à 5° 9 à l'est du point nord du disque lunaire. La *Connaissance des temps*, donne pour cet instant 8ʰ 24ᵐ 7ᵉ, à 9ʰ 16ᵐ la flèche de l'ombre est 10' 31" (moment du maximum).

« A 10ʰ 39ᵐ 47ˢ, l'ombre a quitté le bord de la Lune en un point situé à 61° 4, à l'ouest du point noir de la Lune (bord inférieur dans la lunette). »

Donc, M. Wolf, par un Ciel très-pur n'a pu préciser aucun instant pour l'entrée de la Lune dans la pénombre, bien que la *Connaissance des temps*, l'avait annoncée comme devant s'effectuer à 6ʰ 56ᵐ 8ˢ, c'est-à-dire 1ʰ 27ᵐ 9ˢ avant l'apparition de l'ombre sur le disque lunaire.

Mais alors, il était bien inutile d'annoncer l'heure exacte d'un phénomène, si celui-ci n'est pas visible.

Toutefois en examinant attentivement les données de M. Wolf, j'ai cru trouver les éléments suffisants pour connaître l'heure de l'entrée dans la pénombre, et en accord avec les phénomènes observés.

A cet effet, il nous faudra d'abord mettre en projection les phases principales de l'éclipse. Nous nous servirons de la méthode scientifique, afin d'éviter toute objection qu'on pourrait nous faire, en employant une autre méthode.

Ainsi donc, nous empruntons à la *Connaissance des temps*, de 1876, les éléments de l'éclipse ; les voici :

Temps de ∞ en ascension droite, temps moyen de Paris	8ʰ	41ᵐ	52ˢ 7.
Mouvement horaire en ascension droite de la ☾		28ᵐ	5ˢ 0.
Mouvement horaire en ascension droite du ☉		2ᵐ	15ˢ 5.
Parallaxe horizontale équatoriale de la ☾ . .		55ᵐ	33ˢ 2.
Parallaxe horizontale équatoriale du ☉ . . .		0ᵐ	8° 8.
Demi diamètre vrai de la ☾		15ᵐ	9ˢ 7.
Demi diamètre vrai du ☉		15ᵐ	53ˢ 1.

Temps moyen de Paris.			
Entrée dans la pénombre	6ʰ	56ᵐ	8ˢ
Entrée dans l'ombre	8ʰ	24ᵐ	7ˢ
Milieu de l'éclipse	9ʰ	31ᵐ	7ˢ
Sortie de l'ombre	10ʰ	38ᵐ	7ˢ
Sortie de la pénombre	12ʰ	6ᵐ	6ˢ

Grandeur de l'éclipse = 0,343, le diamètre de la lune étant un.

Angle pôle pour l'entrée dans l'ombre . . .	8°	N.	E.
Angle pôle pour la sortie de l'ombre	64°	N.	O.

Ces éléments sont plus que suffisants pour exécuter l'opération graphique.

Commençons d'abord par tracer une échelle AB, divisée en 60 minutes de degrés, sur laquelle on doit prendre la grandeur des espaces occupés par l'ombre et par la Lune pendant l'éclipse.

On cherchera ensuite à connaître la valeur du demi-diamètre de l'ombre.

A ce propos Lalande disait :

« Si, de la somme des parallaxes de la Lune et du Soleil, on ôte le demi-diamètre du Soleil, on aura la valeur du demi-diamètre de l'ombre, il y faudra ajouter environ 45" pour l'atmosphère de la Terre.

Alors: Parallaxe horizontale de la ☾	55'	33"	2
Parallaxe horizontale du ☉		8"	8
Somme	55'	42"	0
Moins le demi-diamètre du ☉. . . .	15'	53"	1
Reste	39'	48"	9
Ajouter pour la réfraction.		45"	0
Grandeur vraie du demi-diamètre de l'ombre	40'	33"	9

Maintenant tirons une ligne SD représentant l'écliptique (fig. 43) et, en un point C, supposons s'être trouvé le centre de l'ombre lors de la conjonction de la Lune avec la Terre et le Soleil. En prenant sur l'échelle AB une largeur de 40' 33" 9, valeur du demi-diamètre de l'ombre, et en faisant centre en C, on décrira le demi-cercle N*d*D. Ceci représentera en grandeur la moitié exacte de l'ombre terrestre.

Pour faciliter l'opération, il faut immobiliser le centre de l'ombre ; à cet effet, Lalande propose de se servir du mouvement relatif, qui consiste dans la différence entre deux mouvements.

Ainsi 28' 5" 0, étant le mouvement horaire de la Lune, 2' 15" 5, mouvement horaire du Soleil, la différence, 25' 49" 5, sera le mouvement relatif de la Lune.

13

Or, entre l'instant de la conjonction qui est arrivée à 8^h 41^m 52^s 7, et l'instant de l'entrée dans l'ombre qui s'était effectuée à 8^h 24^m 7^s, il y a une différence de 17^m 45^s 7, pendant lequel temps la Lune avait parcouru un espace parallèle à l'écliptique de 7' 38" 7, en raison de son mouvement horaire et relatif de 25' 49" 5.

On prendra alors, sur l'échelle cet espace de 7, 38" 7 et on les transportera de C en E, en abaissant du point E une perpendiculaire à SD, et, sur cette perpendiculaire on cherchera un point qui comme centre puisse faire tracer à un rayon de 15' 9" 7, valeur du demi-diamètre de la Lune, un cercle dont le bord touche parfaitement un point de la périphérie de l'ombre terrestre.

C'est dans cette position L que s'est trouvé l'astre lors de son entrée dans l'ombre.

Maintenant, pour avoir le lieu de la sortie de l'ombre, il n'y a qu'à calculer le temps écoulé en 8^h 24^m 7^s et 10^h 38^m 7^s, instant du dernier contact. La différence étant de 2^h 14^m, l'espace parcouru par la Lune sera alors de 57' 40". On prendra cette valeur sur l'échelle, on la transportera de E en S, ici même on abaissera une perpendiculaire SL et au point L' se trouvera le centre du disque lunaire, en contact exact avec la périphérie de l'ombre. Si, des centres LL', on mène des droites au centre C de l'ombre, nous saurons que le premier contact b s'est effectué à 8° Est du pôle P', Nord de la Lune, et que le second contact a eu lieu en un point e, distant de 64° du même pôle P' mais du côté de l'Ouest, exactement comme les avait déterminés la *Connaissance des temps*.

Cependant, M. Wolf a observé que ces contacts s'effectuaient, le premier par 5° 9 N. E. et le second par 61° 4 N. O.

Or, ces différences ne s'expliqueraient qu'en admettant de

trois choses l'une, c'est-à-dire, ou la grandeur du demi-diamètre de l'ombre était de 56' au lieu de 40' 33" 7, ou l'espace parcouru par l'astre pendant l'éclipse ne dépassait pas 54', plutôt que d'en avoir parcouru un de 57' 40", ou enfin l'axe de la Lune, lors ces deux contacts, s'était incliné de L en l et L' en l', sur l'écliptique SD par une oscillation totale d'environ 6°, au lieu de rester perpendiculaire à l'écliptique, position LP, L' P' qui nous est donnée par les points de contact b et c de l'ombre avec le disque lunaire, suivant les calculs de la *Connaissance des temps*.

Nous examinerons plus tard toutes ces questions, qui, selon moi, sont d'un haut intérèt, même au point de vue scientifique.

En attendant, je me contenterai de faire remarquer que même la méthode de projection scientifique ne donne pas les phases de l'éclipse telles qu'on les voit s'effectuer dans le Ciel.

Ainsi, par exemple, la *Connaissance des temps* a annoncé pour $9^h 31^m 7^s$ le milieu de l'éclipse M, c'est-à-dire l'instant où l'ombre de la Terre devait couvrir au maximum le disque lunaire d'une portion $q\,s\,t\,z$ égale à 9' 57". Mais, dans ce cas, l'axe de la Lune Mm, au lieu de rester toujours perpendiculaire à l'écliptique SD aurait dû s'incliner de M vers le centre C de l'ombre par un arc m, n, d'environ 20° afin que la courbe $q\,st$ eut passé par les mêmes taches de l'astre, qu'on aurait observé lors du milieu de l'éclipse.

Il y a plus, M. Wolf a noté que la plus grande phase de l'éclipse était arrivée à $9^h 16^m$, en ajoutant : « La flèche d'ombre est 10' 38" (moment du maximum). »

Donc, entre la projection graphique et l'observation d'une même phase, il y a eu encore une différence de temps de 15^m 7^s, ce qui donnerait aussi une différence de 6' en moins, entre l'espace parcouru par la Lune et celui trouvé par les données scientifiques.

En outre, si nous cherchions, par exemple, sur la ligne LL' du parcours (fig. 44), la place qu'occupait le centre de l'astre, à 9^h 16^m nous la trouverions en un point G, et cela en raison de l'espace 22' 36" parcouru par la Lune, pendant le temps qui s'était écoulé après 8^h 24^m 7^s, instant de son entrée dans l'ombre ; et, si du point G on trace ensuite la circonférence *chz* du disque lunaire avec son axe G*d* perpendiculaire à l'écliptique, comme lors du premier et du second contact, on verra alors le contour de l'ombre couvrir une partie de ce disque, en commençant à l'est par un point *c* dont la latitude nord serait de 41°, ensuite il passera par le cratère Lambert S Apenninus, à côté de ceux de Manilius, Jansin *t*, pour se terminer en *r* par 10° de latitude N. O.

Eh bien ! cette courbe de l'ombre n'est pas certainement celle que M. Wolf a dû voir, attendu que, suivant ses observations de 9^h 9^m 58^s, l'ombre avait atteint le 2e bord *p* de Posidonius, et ce cratère n'a commencé à émerger de l'ombre que vers 10^h 21^m 21^s; Gay-Lussac G était atteint à 9^h 12^m 32^s et n'est sorti de l'ombre que vers 9^h 44^m 37^s et, comme Aristarque *a* lui-même n'est sorti de l'ombre qu'à 9^h 24^m 20^s, ainsi ces trois cratères étaient plongés dans l'ombre lors de l'observation faite à 9^h 16^m.

Or, pour trouver dans la projection graphique cette phase de l'éclipse telle qu'elle a été vue par M Wolf, il faut choisir une de ces deux choses : ou tracer l'axe de la Lune dans une position inclinée *h*G d'environ 27° sur la ligne SD de l'écliptique, contrairement à l'hypothèse de son parallélisme, afin que les trois taches se trouvent couvertes par la courbe *qstz* de l'ombre ; ou bien, il faut porter le centre C de l'ombre en un point J, pour que, de ce nouveau centre, on puisse décrire un cercle passant par Aristarque, Gay-Lussac et Posidonius.

Toutefois, ce *cercle f i* vrai de l'ombre ne saurait être celui qui a été vu par M. Wolf, traversant le disque de la Lune ; attendu que, suivant ses observations, Aristarque, étant sorti de l'ombre à $9^h 24^m 20^s$, il ne devait pas se trouver bien loin de la limite de l'ombre, au moment de l'observation faite à $9^h 16^m$. Dans ces conc tions, le cercle de l'ombre *f a p i* censée passer tout à côté d'Aristarque et de Posidonius, ne pourrait atteindre le cratère Gay-Lussac, parce que l'arc de ce cercle n'est pas assez courbé pour arriver à toucher ce cratère.

Pour cela, il est nécessaire de trouver la courbe d'un cercle plus petit dont le centre serait en *i*, par exemple, (fig. 45); c'est seulement alors qu'on pourrait satisfaire aux données de l'observation ; car le cercle *rgpx* ne passant pas trop loin d'Aristarque et de Posidonius, passerait cependant au delà de Gay-Lussac, comme le demande l'observation.

On sent ici quel mécompte éprouverait un observateur, s'il prenait la courbe passant sur le disque lunaire, comme l'arc de cercle vrai de l'ombre terrestre, car le rayon *jg* du cercle *rgx*, n'aurait ici qu'une valeur d'environ 23′, tandis que le rayon vrai de l'ombre CN, suivant les calculs, devrait avoir 40′ 33″ 9. Ce n'est qu'aux bords 1, 2, de l'astre qu'on pourrait juger de la grandeur vraie de l'ombre.

Cela sera facile à comprendre si on réfléchit que l'ombre ne passe pas sur une surface géométrique, mais bien sur la surface arrondie de l'hémisphère lunaire qui nous regarde, de sorte que la portion d'arc de l'ombre, à partir des points extrêmes 1, 2, de contact avec la périphérie de l'astre, est censée se courber davantage en raison de l'étendue arrondie de l'hémisphère qu'elle devra occuper, et encore en raison de l'angle perspectif sous lequel elle est vue par l'observateur terrestre.

Dans notre cas, cet angle atteindrait une valeur d'environ 45' qui est la valeur de la distance entre le centre de la Lune et celui de la Terre.

L'éclipse du 3 septembre m'a montré un moyen bien simple pour obtenir le tracé de toutes les courbes qu'à développé l'ombre portée sur le disque lunaire.

Il m'a suffi de prendre la largeur de la corde 1, 2, de chaque arc de l'ombre, et en pointant sur la tache qui touche tout près le milieu de l'arc, de transporter l'ouverture du compas vers le rayon GJ, qui, du centre de la Lune, passe par le milieu de la corde; le point d'intersection était alors le centre, d'où je décrivais sur le disque l'arc du cercle de l'ombre portée.

Lorsque je n'avais pas bien examiné par quelle tache passait l'ombre, mais que cependant j'avais pu noter la limite de la courbe aux deux bords de la Lune, alors de ces deux points, par une ouverture de compas égale à leur distance, je traçais deux arcs dont leur intersection me donnait le centre de la courbe cherchée.

Ce moyen servirait utilement dans la méthode de proportion, pour connaître d'avance par quelles taches passerait l'ombre pour des instants donnés.

Malheureusement cette méthode est impuissante pour de pareilles recherches.

Car, si par la projection on peut connaître suffisamment les différentes phases de l'éclipse, et sa grandeur, néan-

moins cette méthode ne saurait jamais déterminer l'arc
d'oscillation de l'axe lunaire, et moins encore le déplacement et la direction du centre de l'ombre, attendu que, dans
la projection , il est avant tout nécessaire d'immobiliser
l'ombre et de maintenir constamment l'axe de la Lune dans
une position parallèle à lui-même.

Maintenant revenons sur nos pas, et, comme nous l'a-
vons dit ailleurs, tâchons de démontrer par l'observation
que la grandeur de la pénombre dans toutes les éclipses
est toujours plus petite que celle déterminée par la *Connaissance des temps.*

Plus haut M. Wolf disait :

« C'est seulement à l'approche de l'ombre que l'obscurcissement s'est manifesté dans la région d'Aristarque. » N'a-
yant pas donné l'heure de cette observation nous y supplée-
rons par une appréciation raisonnable du temps d'approche,
en supposant que l'instant de l'observation était $8^h 14^m 30^s$
c'est-à-dire 10^m avant l'entrée de la Lune dans l'ombre ;
donc, en prenant sur l'échelle un espace correspondant, on
trouvera que le centre de l'astre était en H.

Pour me conformer le mieux possible aux données de M.
Wolf, j'inclinerai l'axe *l*'H de 3° sur l'écliptique SD, et parallèlement à la position dont l'axe LL devait se présenter à
$8^h 24^m 30^s$, afin que le contact *b* de l'ombre se fut effectué
en un point situé à 5° 9 à l'Est du point Nord du disque lunaire.

Cela étant exposé, nous chercherons, sur la carte de la
Lune de Béer et Madler, le point où sur le disque serait
placé le cratère d'Aristarque.

En menant du centre de la Lune au centre d'Aristarque
une ligne droite, on verra que cette ligne fera avec l'axe
lunaire un angle de 60°.

Ensuite, faisant passer une autre droite par le pôle nord et par le même centre d'Aristarque on obtiendra, avec la ligne de l'axe, un autre angle d'environ 49°.

Répétons la même opération sur le disque H, le point *a* de rencontre des deux lignes *b' a'* II *a'*, donnera la position exacte du centre d'Aristarque ; du centre C de l'ombre décrivons un arc de cercle QXF passant par le centre d'Aristarque, cet arc représentera la limite géométrique de la pénombre ; mais si, par une ouverture de compas nous prenons la distance QF et en le pointant sur ces deux extrémités du disque, nous traçons deux petits arcs se croisant en V, on aura le centre d'où on pourra décrire la courbe QUF de la pénombre, pareille à celle que M. Wolf a dû voir lorsque « l'obscurcissement s'est manifesté dans la région d'Aristarque. »

Il nous reste à trouver la position de la Lune, à l'instant de son premier contact avec la pénombre ; pour cela, il suffira de porter son demi-diamètre sur la route L'I de manière à ce qu'en lui faisant décrire la circonférence du disque lunaire, cette circonférence puisse toucher un point X de l'arc QXF, appartenant au cercle vrai de la pénombre ; ce serait alors en I la position cherchée. Enfin si du centre I on hausse une perpendiculaire IK et que par le moyen de l'échelle A B on mesure la distance KE on connaîtra que cet espace est d'environ 14' 50'' et qu'il a été parcouru par le centre de la Lune en 35^m, temps qui s'était écoulé entre l'entrée de l'astre dans la pénombre à 7^h 49^m 30^s, et son entrée dans l'ombre effectuée à 8^h 24^m 30^s.

Eh bien ! la *Connaissance des temps* avait calculé 87^m 59^s pour la durée de la phase de la pénombre.

Car elle annonçait :

Entrée dans la pénombre . . . .)   6^h 56^m 8^s
Entrée dans l'ombre . . . .)   8^h 24^m 7^s

Donc, la différence entre l'observation et le calcul, pour la durée du passage de la pénombre, n'est rien moins que de 52^m 59^s.

De ce fait il résulte que la largeur de la pénombre XY, n'a pu être plus de 11' 30", tandis que si, à 6^h 56^m 8^s le bord de l'astre avait touché le cercle de la pénombre, sa largeur aurait dû être de 30' 30" au moins, ce qui dans le cas d'exactitude de l'observation, la distance de la Lune ne serait plus que 24 $\frac{1}{4}$ rayons terrestres, au lieu que dans la supposition d'une parallaxe 55' 33", dont on a déduit la grandeur de la pénombre, cette distance monterait à 61 rayons terrestres environ.

Le temps de 35^m trouvé par l'observation de M. Wolf, correspond à peu près au temps que j'ai noté, comme s'étant passé entre le dernier contact de l'ombre et la disparition complète de la pénombre sur le disque lunaire. Cette dernière phase du phénomène de l'éclipse est la seule qu^i peut préciser la durée du passage de la pénombre ; attendu que, pendant l'éclipse, l'œil s'est exercé dans la comparaison de l'éclat et de l'obscurcissement successifs du disque, de sorte que, quand l'ombre vient à quitter le bord de la Lune, l'œil sait apprécier à sa juste valeur l'espace du disque qui est couvert encore par la pénombre, et il en sait suivre la courbe qu'elle décrit sur la face de l'astre.

Je ne doute pas que les coperniciens, pour soutenir la valeur donnée à la parallaxe lunaire, ne disent à qui voudra l'entendre, que l'obscurcissement observé dans la région d'Aristarque était dû à la densité plus forte de la pénombre, et qui annonce ainsi l'approche de l'ombre ; mais cela n'a pas de prise, et je vais le prouver par les observations enregistrées dans l'*Histoire céleste*.

A la page 94, on lit ce qui suit :

Eclipse totale de Lune.

Année 1875. Janvier.	Temps vrai ou apparent.	
Le 11 au soir	H. M. S.	
	5 , 14 , 35 ,	Pénombre douteuse vers Grimaldi.
	5 , 25 , 35 ,	Pénombre très-forte.
	5 , 35 , 35 ,	Commencement douteux.
	5 , 35 , 42 ,	Commencement de l'éclipse.

Donc, l'intervalle du temps qui s'est écoulé pendant le contact de la pénombre très-forte et du contact de l'ombre, n'a été que $10^m 7^s$ au lieu que le passage total de la pénombre a duré plus de $21^m 7^s$.

A la page 127 :

Année 1675. Juillet	Temps vrai ou apparent.	Eclipse de lune.
Le 7 au matin . . .	H. M. S.	
	1 , 31 , 45 ,	Pénombre douteuse.
	46 , 45 ,	Pénombre très-forte.
	56 , 0 ,	Commencement douteux.
	56 , 45 ,	Commencement au-dessous de Grimaldi.

Donc, la pénombre précédait l'ombre de plus de 25^m, la pénombre très-forte de 10^m seulement.

Enfin, à la page 173, on trouve la durée de la pénombre pareille à celle que nous avons trouvée pour l'éclipse du 3 septembre. La voici :

Année 1682. Août.	Temps vrai ou apparent.	Eclipse de lune.
Le 18 au matin.	H. M. S.	
	3 , 50 , 0 ,	Commencement de la pénombre.
	4 , 26 , 30 ,	Commencement de l'éclipse.

Donc, durée du passage de la pénombre, $36^m 30^s$.

Ainsi par ces observations nous pouvons argumenter sans trop d'écart, qu'à 7ʰ 49ᵐ 30ˢ, instant où on suppose que s'est faite l'observation de la pénombre, la pénombre très-forte venait seulement alors d'entamer le bord de la Lune, tandis que l'obscurcissement, observé au même instant dans la région d'Aristarque, était bien la limite où la pénombre en traçait sa courbe.

Toutefois, si l'on devait se rapporter aux observations faites à Cadix par M. Areimis, la durée du passage de la Lune dans la pénombre, serait d'environ 62ᵐ au lieu de 36, mais ce temps serait toujours moindre des 88ᵐ dont la *Connaissance des temps* déterminait la durée du passage.

Et comme sur bien d'autres points les observations de M. Areimis diffèrent notablement de celles de M. Wolf, je crois intéressant de donner ici un résumé de ces observations, qui ont été insérées dans le Bulletin du 28 septembre.

« A 7 heures du soir, dit M. Areimis, je commençai l'observation, il n'y avait qu'une légère lueur crépusculaire vers l'Ouest, la nuit était magnifique, le vent soufflait à peine et le ciel était d'une transparence exceptionnelle.

» Pour tracer la projection de l'ombre terrestre, je fis usage d'une carte réduite de la Lune de Béer et Madler et de quelques photographies de Warren de la Rue, que j'avais constamment sous les yeux.

» Les heures sont données en temps moyen de Cadix ; les coordonnées géographiques de mon *observatoire*, sont : Lat. N = 36° 31' 52'' 8. Long. 0ʰ de Paris = 0ʰ 34ᵐ, 32ˢ 3.

» A 7ʰ 15ᵐ on voit facilement la pénombre qui couvre Océanus Procellarum, mare Imbrium, Sinus Astuum, (lisez Æstuum) et mons Carpathus (lisez Carpatus). A 7ʰ 40ᵐ on voit distinctement à l'œil nu, que la lumière manque dans la région ou cadran du nord-est (vision im.) qui prend une couleur rougeâtre. A 7ʰ 50ᵐ (heure du premier contact) l'ombre arrive au pic Cleostratus, bien que ce moment soit un peu incertain, et s'étend rapidement aux mons Carpatus et Sinus Provis (lisez Roris).

« Le milieu de l'éclipse devait arriver selon les éphémérides, à 8ʰ 57ᵐ, et l'ombre commençait à l'est par les 36° Lat. N. cratères Euler, Manilius, au milieu de mare Vaporum, cratère Vitruvius et se termine à l'ouest par les 22° Lat. N.

« La région du pôle boréal qui était la plus obscure avait une couleur orangée, et le reste de l'ombre était d'un blanc livide, très-semblable à la lumière de Saturne.

« A 10ʰ 4ᵐ eût lieu le dernier contact avec l'ombre, tout près du mare Humboldstianum (lisez Humboltianum) et par les 53° lat. N. dans le cadran du nord-ouest. »

Or, en comparant ces observations avec celles de M. Wolf ci-dessus données, la première chose qui saute aux yeux, c'est de voir les contacts du disque de la Lune avec l'ombre, s'effectuer à l'égard des deux observateurs, en des points tellement différents, que l'on se demande si la Lune a oscillé sur elle-même, ou bien si elle a rebroussé chemin pendant l'intervalle des quelques secondes qui se sont écoulées entre les deux observations.

En effet, si nous supposons que la Lune occupait à peu près la même place L, (fig. 46) soit à l'instant de 8ʰ 24ᵐ 30ˢ, soit à l'instant de 8ʰ 25ᵐ 32ˢ, qui, en temps moyen de Paris, correspond à 7ʰ 50ᵐ temps moyen de Cadix, il est certain que la Lune s'est vue forcée d'incliner son axe *l*L par une oscillation d'environ 24° sur l'écliptique, afin que dans cette nouvelle position de l'axe *l*L, elle pût effectuer son contact avec l'ombre terrestre en un point situé en *b* au 29° du pôle nord *l*, comme l'a observé M. Areimis aux environs du cratère Cleostratus, tandis que 2ˢ auparavant M. Wolf l'a observé s'effectuer en un point *b'* du disque, qui n'était éloigné que 5° 9 du point Nord de l'astre, et quoique ce contact avait eu lieu à peu près sur le même rayon CL.

Une pareille inclinaison a dû subir l'axe lunaire L'*l*, à la sortie de l'ombre, pour que l'astre arrivé en L' eut effectué son dernier contact en point *e* de l'ombre, mais à 53° lat. nord-ouest pour l'instant de l'observation de M. Areimis, faite à 10ʰ 38ᵐ temps moyen de Paris, et en un point du disque situé à 61° pour l'observation de 10ʰ 39ᵐ 47ˢ faite par M. Wolf, 1ᵐ 15ˢ après l'observation de Cadix.

A l'égard de la grandeur de l'éclipse, M. Wolf observait son maximum à 9ʰ 16ᵐ, au lieu que M. Areimis l'avait jugée être arrivée à 8ʰ 57ᵐ, temps moyen de Cadix, mais 9ʰ 31ᵐ 32ˢ en temps moyen de Paris ; ainsi donc, il y a une différence de 15ᵐ 32ˢ entre les deux observations pour un même phénomène qui devait cependant se produire à peu près au même instant, vu que c'était sur le même corps qu'avait lieu le passage de l'ombre terrestre.

Ce qu'il y a d'extraordinaire, c'est que par les données de M. Areimis on obtient la projection de l'axe L' L' de la Lune, toujours dans une position parallèle et presque perpendiculaire à la ligne LL' du parcours, et cela pendant toutes les phases de l'éclipse; au contraire, par les données de M. Wolf, cet axe doit changer de position à chaque phase, si l'on veut concilier les observations de M. Wolf avec celles de M. Areimis, et cette oscillation de l'axe pour Paris, atteint parfois un arc d'environ 33° par rapport à sa première position LL' qu'on a trouvé lors de l'entrée de la Lune dans l'ombre.

Car si, dans les observations de M. Wolf, cet axe L*o* (fig. 46) avait marché parallèlement à lui-même, comme il l'a fait dans les observations de M. Areimis, alors la Lune arrivée en G, par exemple, avec l'axe incliné G*l'*, aurait plongé dans la courbe *f g h* de l'ombre, des taches bien différentes de celles qui ont été signalées, soit par M. Wolf, soit par M. Areimis, conformément au tracé graphique de la figure 45 qui, en G, a été déterminé d'après les positions données par la *Connaissance des temps*.

Donc, pour que les observations de l'éclipse des taches lunaires, faites par M. Wolf et M. Areimis, soient à peu près entre elles conformes, pendant que la Lune s'est trouvée en G, il faut de toute nécessité supposer que, à l'égard de M. Wolf, l'axe G*l'* ait pris subitement la position G*l*, au lieu de conserver sa position LO, qu'il avait étant en L.

Maintenant, si comme le veut la théorie, l'axe a conservé toujours la même position par rapport aux deux observateurs, en supposant que la position LO soit la vraie observée pendant l'éclipse (fig. 47) il faut alors que, 2^s après l'observation de Paris, la Lune ait rétrogradé du point L jusqu'au point E, afin que tout en conservant à son axe sa première position LO, elle pût toucher l'ombre en un point *q* du disque situé à 29° nord-est, tel que M. Areimis l'avait signalé pour 8^h 24^m 32^s, temps moyen de Paris. Dans ce cas, la sortie de la Lune de l'ombre devait avoir lieu en un point S plutôt qu'au point L', où, à Paris a été observé se faire le dernier contact de l'astre.

Ainsi, pour concilier entre elles les observations des deux astronomes, il aurait fallu que la Lune eût parcouru deux routes bien différentes, l'une de E' en S, l'autre de L en L', en se croisant au point G par un angle d'environ 25°; et cela n'était pas suffisant, il fallait encore qu'après chaque

Fig. 41

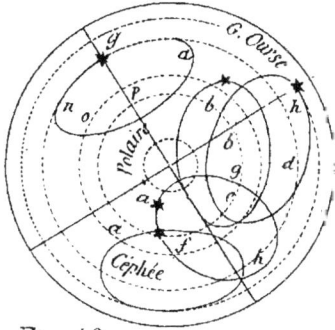

Fig. 42.

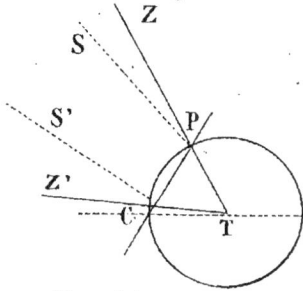

Fig. 43

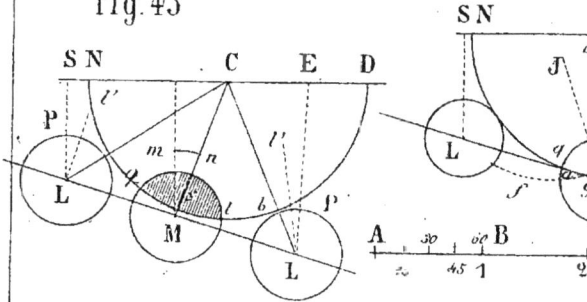

Fig. 44

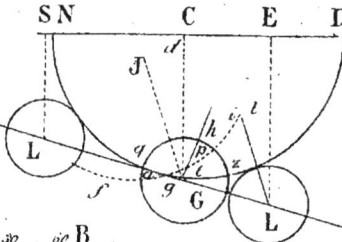

Fig. 45

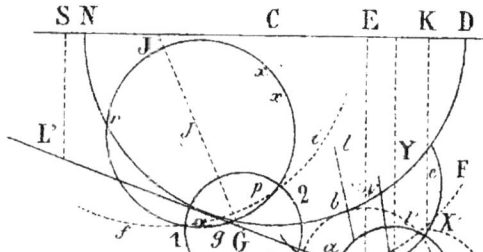

Fig. 46

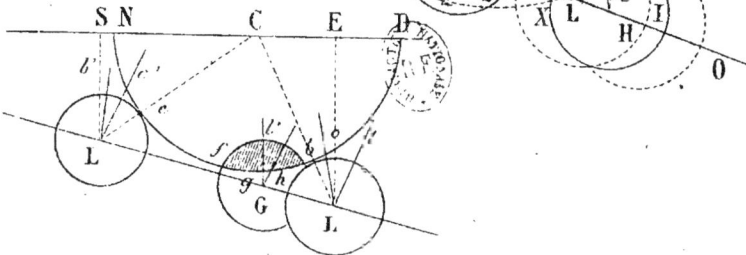

observation de **M. Wolf**, l'astre eût rebroussé chemin d'un trait E*e* d'environ 650 lieues, le diamètre de la Lune étant supposé de 870 lieues.

Il y a plus : les changements de route et les marches rétrogrades de la Lune auraient dû amener une suite d'autres phénomènes inattendus, tels que seraient les déplacements brusques de l'ombre sur le disque lunaire et même dans un sens contraire à sa course descendante ou ascendante.

Ainsi, par exemple, supposons qu'à 9^h 39^m 27^s et après son premier contact, observé à Paris, la Lune soit arrivée en G de sa route LL', il est certain qu'en ce point de l'espace, l'ombre aurait tracé sur le disque lunaire une courbe passant par les taches *n o f* mais après 5^s, c'est-à-dire à 9^h 39^m 32^s, ayant rétrogradé pour se prêter aux observations de Cadix, la Lune se trouvant au point B de la route E'*s*, les observateurs auraient dû voir que l'ombre *n o f q* avait changé subitement de place sur le disque, et sa courbe passer à côté de la tache *n*', en laissant à découvert et en pleine lumière les taches *o' f'* qui, quelques minutes avant, étaient elles-mêmes plongées dans l'ombre. Après quelques instants, la Lune, reprenant sa marche directe, devait naturellement arriver au delà du point G de la route LL', ici, alors, les deux observateurs auraient dû voir l'ombre redescendre brusquement sur le disque, à peu près aux régions qu'elle occupait lors du passage de la Lune par le point G.

Eh bien ! aucun astronome n'a signalé ces déplacements alternatifs et extraordinaires de l'ombre, tous ont vu les phases de l'éclipse s'effectuer régulièrement, passant l'ombre successivement par les mêmes taches sans variation sensible.

Or, comme les observations de M. Wolf donnent la projection des phases de l'éclipse dans un sens tout différent de
la projection que l'on obtient par les observations de M.
Areimis, on ne sait plus alors à quoi s'en tenir sur l'exactitude de ces observations.

Puisque les données de M. Areimis donnent à l'axe de la
Lune une position presque constante pendant toute l'éclipse,
est-il possible d'admettre que l'axe de l'astre se soit trouvé
toujours dans la même position toutes les fois qu'à Cadix
on faisait une observation, tandis que cet arc se mettait à
osciller en tous sens, seulement quand à Paris on se dispo-
sait à faire quelques observations.

Dans de pareilles incertitudes sur la marche de la Lune
dans l'ombre, les données qui se rapportent au passage de
la pénombre perdent tout à fait leur valeur, surtout pour
les données de M. Areimis, à cause encore des fautes d'impression, particulièrement celles qui concernent les temps
des différentes phases de l'éclipse.

Ainsi, par exemple, après avoir noté l'observation de 7^h
50^m, on la fait suivre, par une observation dont le temps
est donné pour 3^h 5^m et après celle de 8^h 32^m, instant où
l'ombre atteint le cratère d'Aristarque, on lit qu'à 8^h 11^m
la lumière apparut de nouveau sur ce cratère, alors, avec
ces différences aussi notables de temps et même contraires
aux successions naturelles des phénomènes, comment peut-
on être certain que 7^h 15^m était l'heure précise de l'arrivée
de la pénombre sur Sinus Æstrum et Mons Carpatus du
disque lunaire ? D'autant plus que cette pénombre était signalée comme ayant une couleur rougeâtre, tandis que
plus loin on lit :

« La région du pôle boréal qui était la plus obscure

avait une couleur orangée et le reste de l'ombre, était d'un blanc livide, »

Donc, si la plus grande partie de l'ombre était d'un blanc livide, comment voulez-vous que la pénombre qui est plus transparente et plus légère encore, ait eu une couleur rougeâtre ?

Mais passons outre à ces discordances.

Supposons, qu'à $7^h 15^m$, c'est-à-dire 35^m avant l'entrée dans l'ombre, la Lune se trouvât réellement au point H (fig. 47) de sa route, par une ouverture de compas 1, 2, faisant centre en F ; traçons la courbe 1, 2, 3, passant au milieu de 3 Sinus Æstrum. Si le signalement donné par M. Areimis était exact, s'il avait vu distinctement la pénombre sur le disque lunaire, alors il aurait noté que la courbe commençait par 11° lat. sud-est, passant au bord sud de Oceanus Procellarum, par le cratère Reinhold, Sinus Æstrum, la plus grande partie des Apeninnus, cratère Eudoxus, Mare Frigoris et se terminant par les 80° lat. nord-ouest.

Au contraire la description que donne M. Areimis, sans faire mention du passage de la courbe par Mare Frigoris et Mons Apeninnus, en disant seulement que la pénombre couvrait Mare Imbrium, Sinus Æstrum, Mons Carpathus et Oceanus Procellarum, ferait supposer que la pénombre traçait à peu près une courbe 7, 3, 8, en forme d'ellipse fort allongée, forme inadmissible dans les phénomènes des éclipses.

Néanmoins, acceptons comme exacte cette description incomplète de la grandeur de la pénombre portée sur le disque lunaire ; toujours est-il que la courbe 1, 2, 3, ne saurait représenter la courbe de la pénombre suivant les données de la *Connaissance des temps*, car, si la Lune eût

14

réellement employé 1ʰ 27ᵐ 9ˢ pour traverser la pénombre, alors à 7ʰ 15ᵐ M. Areimis aurait vu facilement la pénombre 4, 6, 5, commencer sa courbe par les 47° lat. sud-est en couvrant le cratère Hainz et région Ontanus, passant au milieu de Mare Tranquillitatis, et se terminer par 35° nord-ouest ; dès que la pénombre ne passait point par ces régions, c'est que la *Connaissance des temps* s'est trompée de 25ᵐ pour la durée du passage de la pénombre. Car, si du centre C de l'ombre on trace un cercle passant par les bords 1, 2, de la Lune, où se termine la courbe 1, 3, 2, ce cercle représentera la limite de la pénombre qui a été signalée par l'observation de Cadix. En cherchant sur la route MS, un point M, par exemple, qui soit le centre du disque lunaire, touchant le cercle 2, 9, de la pénombre, ce point mesurera la distance que la Lune a dû parcourir depuis le commencement de son entrée dans la pénombre, jusqu'en *e* où a eu lieu l'observation de 7ʰ 50ᵐ, lors du premier contact avec l'ombre. La conversion de l'espace ME' en temps, nous fera connaître, suivant les données de M. Areimis, que la Lune a employé environ 62ᵐ pour traverser la pénombre, au lieu de 88ᵐ, comme l'avait calculé la *Connaissance des temps*.

Ce qui prouverait une fois de plus que les parallaxes du Soleil et de la Lune, dont on fait usage dans les calculs d'éclipses, ne donnent point la mesure exacte de la distance de ces astres à la Terre.

On voit, par tout ce que nous avons exposé jusqu'à présent, la nécessité absolue d'examiner minutieusement toutes les théories reçues et adoptées par les astronomes coperniciens ; car, comme Arago, le disait fort bien.

« Une théorie n'a aucune sanction complète qu'autant

qu'elle rend compte dans leurs plus minutieux détails des phénomènes célestes. »

Même, M. Leverrier, dans la session générale tenue à Metz, les 19, 20 et 21 avril 1866, en parlant des perturbations planétaires, s'exprimait en ces termes :

« Le problème que doit résoudre l'astronome est celui-ci : Étudier toutes les observations faites, en discuter la valeur, examiner si elles sont conformes à la théorie, et, si cet accord n'existe pas, chercher la cause des différences. »

C'est bien par le désaccord qui me semblait exister entre les théories et les observations, que je me suis permis de soumettre, à notre illustre Président, mes impressions et observations, dans le but louable de chercher les différences.

J'espère donc, que le savant et éminent M. Leverrier, ne m'en voudra pas d'avoir par trop de zèle suivi le bienveillant conseil qu'il donnait jadis.

———

Ayant fait connaître, maintes fois, ma conviction profonde sur l'impossibilité pour l'homme de pénétrer le sublime mécanisme de la nature, je me trouve par là dispensé de chercher un autre système du monde, outre ceux qui ont été inventés jusqu'à nos jours. Cependant je donnerai ici les faits et les observations qui me paraissent de nature à faire supposer dans le Ciel les dispositions suivantes :

1° Notre système planétaire se trouverait circonscrit dans une enveloppe fluidique éminemment élastique ;

2° Ce fluide éthéré serait agité continuellement par les ondulations qui se forment autour d'une force située au centre du système ;

3° Les ondulations ainsi développées dans le fluide, serviraient pour sillonner les routes au milieu desquelles vont s'équilibrer un ou plusieurs corps célestes et cela en raison de leurs masses et volumes qui sont toujours dans le rapport de la vitesse propre de chaque onde ;

4° La Terre privée de la rotation sur son axe serait la première qui parmi les planètes circulerait en 24 heures autour de la force ou centre générateur de tous mouvements planétaires. Elle décrirait ainsi chaque jour une courbe épicycloïde montant vers le nord de la sphère, pendant une moitié de l'année et descendant vers le sud pendant l'autre moitié ;

5° La Lune, planète comme la Terre, circulerait, seconde, sans rotation, autour du centre générateur en 27 jours environ ; elle-même décrirait des spirales du nord au sud et du sud au nord pendant une période de 18 ans à peu près ;

6° Le Soleil, astre majeur de notre système, tournant sur son axe en 25 jours environ et par les oscillations des ondes fluidiques où il s'est équilibré, serait transporté autour de la Lune et de la Terre en moins de 366 jours. L'axe de son orbite qui correspond à la ligne des solstices, se trouverait de beaucoup plus incliné sur le plan de l'équateur terrestre, que l'axe correspondant à la ligne des équinoxes ;

7° Mercure, Vénus, en tournant sur leur axe, circuleraient autour du Soleil, non pas comme planètes, mais bien comme satellites, en décrivant des épicycloïdes en nombre proportionnels aux temps de leur révolution et au temps de rotation du Soleil ;

8° Enfin toutes les autres planètes, suivant l'onde déjà établie, circuleraient autour du centre commun sur des épicycloïdes en nombres proportionnels aux temps de leur révolution aussi bien qu'au temps de la révolution solaire.

Seulement la planète Mars, quoique la plus rapprochée du Soleil, mais pas assez pour être entraînée au milieu des ondulations solaires, décrirait peut-être, pendant sa révolution, un seul épicycloïde, qui, à certaines époques, traverserait l'orbite même du Soleil, en lui donnant par là l'apparence d'une marche désordonnée.

Maintenant venons aux faits.

J'ai dit plus haut que notre système paraîtrait envahi par un fluide élastique qui, par ses ondulations, communiquerait le mouvement circulaire que les planètes semblent effectuer autour de notre globe. Il y a longtemps déjà que, dans une brochure publiée à Nice, au sujet de la fameuse comète pronostiquée pour le 13 juin 1857, j'avais tâché d'expliquer l'hypothèse des ondulations.

Mais il me restait à la prouver.

D'abord j'ai constaté que les propriétés principales des ondes de tous les fluides étaient :

1° De repousser les corps au dehors du centre de leur mouvement, à l'instant même qu'elles parviennent à saisir les corps équilibrés dans le fluide ;

2° D'entraîner les mêmes corps vers le centre, lorsque un instant après avoir exercé leur première action les mêmes ondes sont forcées de revenir vers le centre dont elles sont parties, et cela en vertu de l'élasticité éminente dont sont douées les masses fluidiques.

C'est donc par ce mouvement de va-et-vient ou d'oscillation que les corps accomplissent avec l'onde leur mouvement de circulation.

Dans la révolution des planètes, nous avions déjà une

preuve d'une force centrale qui les faisait circuler autour d'elle.

Mais cette force était-elle répulsive ou attractive ? C'était l'un et l'autre ; car si elle eût été seulement une force d'attraction, elle aurait fini avec le temps par entraîner dans son centre les unes après les autres toutes les planètes de notre système; si, au contraire, elle eût été une force de répulsion, elle aurait chassé peu à peu toutes les planètes au dehors du système.

Or, la nature aurait-elle un moyen quelconque, capable de déterminer dans les corps célestes, ces deux sortes de mouvements en sens contraire?

Oui, la nature pourrait à cette fin, se servir aisément de masses fluidiques, c'est-à-dire au moyen d'une ou plusieurs agrégations de molécules uniformes, qui étant liées entre elles, par l'égalité réciproque dans la vitesse de leur mouvement, formeraient des masses homogènes, mais distinctes, en raison de la forme particulière des molécules, dont chaque fluide est constitué.

En effet, nous voyons tous les jours que lorsqu'une force s'agite dans un fluide, elle suscite dans les molécules de ce dernier des mouvements oscillatoires, qui, exercés en grande masse, peuvent représenter la force attractive, et en même temps celle répulsive, car, lorsque l'ondulation moléculaire arrive jusqu'aux corps plongés dans la fluide, par son mouvement en avant elle les repousse, mais, quand par la tendance qu'a le fluide élastique déplacé, de s'équilibrer, l'onde est forcée de revenir à son point de départ, alors comme force attractive elle entraîne les corps vers le centre, où a lieu l'ébranlement du fluide. Par ces mouvements moléculaires, la force peut à distance exercer sur les corps deux actions contraires, l'une de répulsion, l'autre d'attraction.

C'est donc ce va-et-vient dont il fallait prouver l'existence, même dans les corps célestes, pour que l'hypothèse des ondulations soit considérée comme un fait naturel de notre système.

Bien arrêté dans cette idée, j'ai étudié le moyen d'y parvenir, surtout après l'observation de l'éclipse du premier juin 1863.

J'ai donc imaginé de placer devant le Soleil une planchette immobile, dans laquelle il y avait un trou d'environ 12 millimètres de diamètre, la lumière passant par le trou, me traçait sur un papier, à cet effet disposé, parallèlement derrière la planchette, à une certaine distance, l'image du soleil comme celle A de la figure 48. Au même instant j'avais soin de marquer sur le contour du cercle lumineux quatre points, *abcd*, qui devaient me servir pour décrire le cercle exact de l'image. A chaque minute écoulée, je répétais le même pointillage, sur le cercle des images successives afin d'avoir le déplacement précis des images solaires. Ensuite , sur les quatre points *abcd* de chaque image, j'ai tracé le cercle de leur grandeur.

Par ce moyen, j'ai pu constater que le déplacement successif des images ne se faisait pas en ligne droite; mais en zig-zag.

En effet, si du point C, on mène une droite, CB, on verra tout de suite les images solaires, tantôt s'approcher, tantôt s'éloigner de cette droite, lesquels mouvements ne peuvent s'effectuer que par une suite d'oscillations solaires ou terrestres.

Or, la grande distance du Soleil à nous, ne permet pas d'attribuer à lui seul et à ses oscillations, le déplacement aussi sensible des images pendant le court intervalle de temps qui se passe entre une minute et l'autre, ce serait plutôt la Terre sur laquelle on opérait, la cause plus sensible de l'oscillation des images ; donc elle doit osciller dans l'espace pendant son mouvement diurne.

Les rayons de la Lune dans son plein passant, par le même trou de la planchette, m'ont donné les mêmes résultats dans le déplacement des images lunaires.

Ainsi, me voici parvenu, par une expérience bien simple, à constater le mouvement de va-et-vient de la Terre, mouvement qui ne peut être produit que par les ondulations d'un fluide mis en branle, lesquelles ondulations sont peut-être encore la cause des mouvements circulaires des astres.

Maintenant, si on supposait que les images de la figure 48 représentaient en grandeur la dimension réelle de la Terre en mesurant leur déplacement, on pourrait argumenter que la Terre dans ses oscillations, s'éloigne bien souvent de la droite CB, au-delà même d'une centaine de lieues, pour y revenir ensuite quelques minutes plus tard.

Si ces expériences étaient faites avec des instruments de précision, on pourrait peut-être obtenir la valeur de la force des ondes terrestres et ses modifications, suivant les distances différentes du Soleil à la Terre.

Ce n'est pas seulement par notre expérimentation, mais bien encore par les observations de Picard, qu'on peut constater la marche irrégulière de notre globe.

Dans les observations astronomiques faites en Danemark, au sujet de la hauteur du pôle d'Uranibourg, à l'article VIII, Picard disait ceci :

« Tycho eut de la peine à se satisfaire sur le sujet de la hauteur du pôle d'Uranibourg, laquelle, selon lui, fut premièrement de 55° 54' 30", puis de 55° 54' 40" et enfin de 55° 54' 45", mais il ne s'en faut pas étonner, car outre que sans le secours des lunettes d'approche appliquées aux instruments de la manière qui est présentement en usage, il était bien difficile d'en venir à une entière précision ; outre cela, dis-je, il y a un obstacle de la part de l'étoile polaire, laquelle d'une saison à l'autre, souffre certaines variations que Tycho n'avait pas remarquées, et que j'observe depuis environ dix ans. C'est à savoir que, bien que l'étoile polaire s'approche annuellement du pôle d'environ 20'', il arrive néanmoins que vers le mois d'avril, la hauteur méridienne et inférieure de cette étoile, devient moindre de quelques secondes qu'elle n'avait paru au solstice d'hiver précédent, au lieu qu'elle devrait être plus grande de 5'', qu'ensuite aux mois d'août et de septembre, sa hauteur méridienne supérieure se trouve à peu près telle qu'elle avait été observée en hiver et même quelquefois plus grande, quoiqu'elle dût être diminuée de 10'' à 15'', mais qu'enfin vers la fin de l'année, tout se trouve compensé, en sorte que la Polaire paraît plus proche du pôle d'environ 20'' qu'elle n'était un an auparavant. »

Hauteurs méridiennes, supérieure et inférieure, de l'étoile polaire observées à Uranibourg vers la fin de l'année 1671.

	58°	22'	35''
	53°	27'	45''
Différence...	4°	54'	50''
Dont moitié...	2°	27'	25''

Ces hauteurs furent observées plusieurs fois sans aucune variation sensible, d'ou il s'ensuivit que la hauteur du pôle d'Uranibourg était de 55° 55' 10'', ce qu'il faut entendre de la hauteur apparente qui doit être purgée d'environ une minute de réfraction suivant les découvertes de M. Cassini.

Je ne dois pas dissimuler que M. Richer étant alors à la Rochelle pour le voyage de Cayenne trouva par plusieurs observations faites avec un sextans de 6 pieds de rayon, que l'étoile polaire était éloignée du pôle de 2° 27' 5' et par conséquent moins de 20' qu'elle ne nous a paru.

On pourrait dire que l'étoile polaire est plus basse à la Rochelle qu'à Uranibourg d'environ 10° et par conséquent plus avant plongée dans les réfractions, ce qui pourrait avoir été la cause pour laquelle la véritable différence qu'il y a entre les deux hauteurs méridiennes de la Polaire aurait paru moindre à la Rochelle qu'à Uranibourg, et nous en avons un exemple très-sensible dans les observations de Cayenne, par lesquelles, l'étoile polaire, ne parut éloignée du pôle que de 2° 23'. Mais il n'est pas à croire qu'entre la Rochelle et Uranibourg la différence de réfraction pût être sensible, et je ne prétends pas rendre raison de ce différent, non plus que de dire pourquoi en ce temps-là l'étoile polaire fut observée à Paris dans une variation qui alla à près de 2' ; ce qu'ayant appris par une lettre de M. Cassini, je ne pus m'empêcher de lui en témoigner mon étonnement, comme n'ayant jamais rien observé de semblable ; car en effet, cette petite variation dont j'ai parlé ci-dessus n'est rien qui approche de cela. »

De cet exposé, il ressort, qu'outre la réfraction et l'aberration, il y avait un autre cause qui altérait la position de l'étoile polaire, altération fort considérable, si l'on se rapporte aux observations détaillées de cette étoile, dont Picard parle ci-dessus, et qui sont enregistrées dans l'*Histoire céleste* de 1741.

Examinons par exemple, celles du 31 mars au 1er avril, de l'année 1676.

Hauteur de l'étoile polaire.

31 Mars au soir.			1er Avril au matin.		
Temps de la Pendule.	Différence.	Hauteur.	Temps.	Différence.	Hauteur.
H. M. S.		D. M.	H. M. S.		D. M.
6 34 75		48° 20'			
38 25	3m 28s	18'			
41 53	» 27	16'	4 46 0		48° 8'
45 4	» 12	14'	49 10	3m 10s	10'
48 17	» 13	12'	52 32 20	» 10	12'
51 28	» 11	10'	55 42	» 22	14'
54 43	» 15	8'	59 6	» 24	16'

On voit ici que l'étoile a mis des temps différents pour
monter ou descendre les mêmes 2', ce qui ne peut être
produit que par la marche oscillante de la Terre sur son
orbite, car, même pour les hauteurs correspondantes, les
temps diffèrent toujours les uns des autres, ainsi :

	31 Mars au soir.			1er Avril au matin.	
A la hauteur de .	48° 16'				3m 24s
pour descendre à . .	14'	3m 12s	Pour		
de	48° 14'		monter ou		22s
à	12'	13s	descendre		
de	48° 12'		aux		10s
à	10'	11s	mêmes degrés		
de	48° 10'				10s
à	8'	15s			

Et encore le 31 mars au soir l'étoile a mis 12m 51s pour
descendre de 48° 16' à 48° 8', tandis que le matin suivant
pour remonter ce même espace de 8' a employé 13m 6s, différence en plus 15s.

Maintenant, voici des observations sur la luisante de la
Lyre et sur le Soleil.

12 Mai au soir.				24 Mai au soir.		
Temps.		Différence.	Hauteur.	Temps.		Différence.
H. M. S.			D. M.	H. M. S.		
10 24 57 1/2			41° 00'	5 50 19		9
28 6	3m 8s 1/2		30	53 29	3m 10s	
31 18	3 12		42 00	56 35 1/2	3 6	
34 21	3 3		30	59 44	3 8	
37 27	3 6		43 00	10 2 51	3 7	
40 34 1/2	3 7 1/2		30	5 57	3 6	

Le 22 du même mois, les hauteurs correspondantes du Soleil ont été observées comme suit :

	Au matin.			Au soir.	
Temps.		Différence.	Hauteur.	Temps.	Différence.
H. M. S.			D. M.	H. M. S.	
8 35 41			41° 30'	3 17 40	
38 51		3m 10s	42° 0	14 30	3m 10s
42 3		3 12	30	11 16 1/2	3 14
45 17		3 14	43° 0	8 4 1/2	3 12
48 29 1/2	3	12 1/2	30	4 52 1/2	3 12
51 44	3	11 1/2	44 0	1 36	23 16

Mais le 11 février même année, les différences des hauteurs correspondantes du Soleil ont été encore plus sensibles, savoir :

	Au matin.			Au soir.	
Temps.		Différence.	Hauteurs.	Temps.	Différence.
H. M. S.			D. M.	H. M. S.	
8 55 54		•	14° 00	3 28 53	
58 56		3m 2s	20	26 10	2m 43s
9 1 20	2	24	40	23 37	2 33
4 6	2	46	15 00	20 43	2 54
6 53	2	47	20	17 15	2 48
9 41	2	48	40	15 5 1/2	2 49

Donc, soit à l'égard des étoiles, soit par rapport au Soleil, on remarque toujours une différence sensible dans les temps que la Terre met à parcourir la même valeur de l'espace céleste.

Alors, quelle peut-être la cause de ces irrégularités dans la marche de la Terre, si l'on n'admet pas les oscillations ou le va-et-vient de notre globe pendant sa circulation diurne et annuelle ?

Mais voici encore d'autres inégalités dans la marche du Soleil, déduites sur les observations qui ont été faites pendant l'année 1683.

Avril, le 6 au soir.

Par les hauteurs correspondantes du soleil observées le 6 au soir et le 7 au matin, il était minuit à 11ʰ 58ᵐ 4ˢ de la pendule, et partant, la pendule devait marquer le 6 à midi 11ʰ 58ᵐ 18ˢ, mais le centre du soleil a paru au quart de cercle mural à 11ʰ 57ᵐ 56ˢ 1/2.

Nota. Depuis le 6 on a remué plusieurs fois le quart de cercle mural pour le placer plus exactement au méridien.

Le 14.

On a remué encore le quart de cercle mural pour le placer plus exactement au méridien.

Le 17.

On a encore un peu touché le quart de cercle mural pour le mettre à plomb.

Le 26 matin. Hauteur méridienne . . . . . . 55° 4' 38"

11ʰ 59ᵐ 37ˢ Passage du 1ᵉʳ bord . . . . . . du soleil.

0 1ᵐ 47ˢ Passage du 2ᵉ bord . . . . . . du soleil.

Donc le soleil a passé plus tôt au quart de cercle mural, qu'au méridien de 0' 2" 1/2 ; mais par diverses comparaisons faites par le moyen de l'ancienne pendule, on a trouvé que ce quart de cercle avait été tourné vers le couchant, en sorte, qu'il a marqué à 55° de hauteur, 0ᵐ 6ˢ 1/2 plus tard qu'il ne faisait auparavant.

C'est toujours aux défauts des instruments que les astronomes assignent les causes des différences qui en résultent, entre les observations d'un même phénomène, et faites à la même heure.

Mais, il me paraît bien probable que les mouvements irréguliers de la Terre soient en grande partie la cause des erreurs qu'on avait attribuées aux fausses positions du cercle mural.

Maintenant, voici d'autres observations faites toujours par Picard, et qui se rapportent aux mouvements irréguliers de la Lune.

A la page 7 de l'*Histoire céleste* on lit ceci :

Année MDCLXXII.

Le 18 août au matin.

Hauteur méridienne de la lune. Bord supérieur . 49° 14' 35"

Notez que la hauteur de la lune augmente encore de 0' 13", quoiqu'elle eût passé le méridien.

Le 28 novembre. . . . | Bord intérieur. | 37° 38' 0''

Nota. Environ 3' après le passage au méridien, la hauteur était augemntée de 0' 20''

Le 1er décembre, soir. | Bord inférieur. | 56° 35' 35''

| Bord supérieur. | 57° 8' 20''

Le bord supérieur n'était pas bien terminé, et l'on remarqua encore que la hauteur augmentait, quoique la lune eût passé le méridien.

Année MDCLXXIII.

Le 26 avril . . . . . . Hauteur méridienne du bord supérieur . . . . 44° 46' 15''

Notez que la lune commençait à descendre avant que d'être au méridien.

Année MDCLXXVI.

Le 21 mai, au soir. . . Le bord supérieur du méridien. . . . . 42° 17' 5''

Nota. La lune a paru descendre sensiblement un peu avant son passage au méridien.

Le 23 mai, au soir . . Hauteur du bord supérieur. | 30° 55' 55''

Notez qu'elle descendait sensiblement.

Le 3 juin au matin . . Bord supérieur au méridien. | 33° 35' 20''

Notez qu'elle montait sensiblement.

Or, comme ces observations ont été faites sur la Terre, on en doit augurer que les irrégularités de la Lune dépendaient des oscillations très-sensibles qu'éprouvait la Terre au moment de l'observation, plutôt que d'un mouvement oscillatoire de l'astre.

Cependant les occultations des étoiles par la Lune fournissent des preuves que cet astre a une marche oscillante dans l'espace.

Ainsi par exemple, à la page 359 du même livre, on lit ce qui suit :

Année MDCLXXXV.

Le 17 octobre, soir... | Diamètre de la lune, 29'42" à hauteur 13° temps vrai.

9ʰ 44ᵐ 7ˢ Entre le bord de la lune et l'étoile H qui précède le pied des Gémeaux 4' 49".

9ʰ 33ᵐ 57ˢ Immersion de l'étoile sous le disque éclairé de la lune.

11ʰ 1ᵐ 47ˢ Entre le même bord de la lune et l'étoile H 32' 58" à 27° de hauteur orientale. La lune était apogée et son mouvement horaire apparent à l'égard de l'étoile était de 29' 15".

En comparant la première observation avec l'immersion on a 50' 28", mais en comparant le temps de l'immersion avec celui de la seconde observation, on a 29' 1".

D'où l'on voit que ces différences ne pouvaient être produites que par une marche directe et rétrograde de la Lune pendant l'observation, c'est-à-dire par des mouvements oscillatoires dont l'astre était affecté.

Les oscillations que la Lune paraît éprouver, comme la Terre, en marchant dans l'espace, sont aussi sensibles même pour Jupiter.

Car, le 18 du mois d'avril 1683, on avait observé que « Jupiter passait au quart du cercle mural 5ᵐ 12ˢ avant Saturne ; il y avait passé le 15 au soir 5ᵐ 32ˢ auparavant ; mais, le 19, la différence des passages n'était que 5ᵐ 8ˢ. »

Enfin, dans le petit mais très-intéressant *Journal du Ciel*, de M. le professeur Vinot, il y a une observation précieuse faite par l'illustre Père Secchi, dont voici l'exposé, qu'on lit à la page 431 des numéros 212 et 213, année 1874.

« Le phénomène de la goutte, dans lequel le bord du disque d'un astre éclatant comme le Soleil, semble se joindre à un petit disque d'une planète comme Vénus, avant que celui-ci soit arrivé en réalité devant le premier, et qui laisse une grande incertitude sur l'instant précis du contact, vient d'être vérifié par le Père Secchi sur le premier satellite de Jupiter. Ce satellite étant encore séparé de la planète d'une distance égale à son diamètre, il a vu le bord de la planète s'élancer contre le satellite immobile, et se retirer immédiatement, et ce va-et-vient du disque a duré de 4 à 5 minutes, jusqu'à ce que le satellite eût bien entamé le disque.»

Cette observation nous fait voir clairement que Jupiter oscillait le long de son orbite, à chaque bordée des ondes fluidiques de l'éther, car, si ce va-et-vient eût été causé par la fameuse attraction, ce serait plutôt le satellite qui devait exécuter des mouvements vers la planète dont la force est énormément plus grande que la force attractive du satellite.

La grande vitesse dont est animé Jupiter par l'onde prépondérante qui le pousse en avant, mais qui le ramène vers sa position première, lorsqu'elle retourne vers le centre générateur des mouvements planétaires, fait que les oscillations de Jupiter sont sensiblement visibles, tandis que la marche du satellite produite par le déplacement de la planète dans le fluide éther, est trop lente pour rendre sensibles les oscillations du satellite, vu à une grande distance.

Je pense cependant qu'un examen plus attentif sur ce phénomène pourrait bien faire apercevoir les quelques légères oscillations du satellite. En attendant, nous avons des preuves que même la planète Jupiter se déplace irrégulièrement dans le Ciel.

C'est sans doute aux oscillations réciproques de la Lune et de la Terre qu'on doit la succession irrégulière des phases observées pendant l'éclipse partielle du 3 septembre 1876, faite à Paris, par M. Wolf, et à Cadix, par M. Arei-înis, car, le premier contact de l'ombre avec le bord orien-

tal de la Lune observé à Paris à 8ʰ 24ᵐ 30ˢ s'est effectué
en un point situé à 5° 9 à l'est du point nord du disque
lunaire, tandis qu'à Cadix ce contact a été observé en un
point situé à 29° à l'est du pôle nord de l'astre, et cette
observation a été faite 5 secondes après celle de M. Wolf ;
savoir, à 8ʰ 24ᵐ 32ˢ temps moyen de Paris.

Si ces observations sont exactes, et surtout celles de M.
Areimis, elles nous amèneraient à penser que pendant les
5 secondes écoulées entre les deux observations du premier
contact, la Terre, la Lune et le Soleil ont dû éprouver des
déplacements extraordinaires, pour que l'ombre terrestre
ait touché le bord de la Lune en deux points si différents
et aussi éloignés l'un et l'autre par un axe de 24°.

Même le second contact, à la sortie de l'ombre, s'est effectué avec un pareil écartement de 24°, attendu qu'à Paris
ce contact avait lieu à 10ʰ 39ᵐ 47ˢ en un point situé à 61° 4
à l'ouest du point noir de la Lune et à Cadix, à 10ʰ 38ᵐ par
53° 32ˢ latitude nord-ouest, c'est-à-dire 37° du pôle lunaire.

Ce changement du contact de l'ombre avec le disque de
la Lune, s'est effectué pendant le temps de 1ᵐ 14ˢ 7 qui
s'était passé entre l'observation de Paris et celle de Cadix.

Observations de Paris	Observation de Cadix.
En temps moyen de Paris	
H. M. S.	H. M. S.
8 24 30 Premier contact de l'ombre à 5°, 9, N. E. du disque lunaire.	8 24 32 Premier contact de l'ombre à 29° N. E. du disque lunaire.
8 39 27 Platon est à moitié dans l'ombre.	8 39 32 Les limites de l'ombre sont : à l'est, 38° latitude N. ; cratères : Lavoisier, Maysan, Plato, Archytas, Mayer, elle se termine à l'ouest par les 82° latitude N.

15

8 57 39	Archimède est atteint par l'ombre.	8 53 32 La limite de l'ombre passée par les 28° latitude N. à l'est; cratères : Phiggs, Diqchantus, au milieu du mare Imbrium, palus nebularum; cratères : Brug, Lacus, Mortis, Endymion, et se termine à l'ouest au 60° latitude N.
9 24 20	Aristarque est sortie de l'ombre.	9 24 32 L'ombre est limitée à l'est par 34° latitude N. ; cratères : Euler, mons Apenninus, Hœmus, Marcobius, et se termine à l'ouest par le 30° latitude N.
9 51 45	Emersion d'Archimède.	9 58 32 L'ombre est limitée à l'est par les 56° latitude N. ; cratères : Cléostratus, Scharp, un peu au nord d'Archimède, palus Putredinis, cratères: Nelaus, Jeanssen, Condorcet, et se termine à l'ouest par 12° latitude N.
10 21 40	L'ombre passe par le bord de la mer de Sérénité.	L'ombre est limitée à l'est par les 66° latitude N.; cratères: Pythagoras, Lacondamine, à moitié du mare Serenitatis, cratères : Proclus, mare Crisium, cratère Agarum, et se termine par les 16° latitude N.
10 39 47	L'ombre a quitté le bord de la lune en un point situé à 61° 4, à l'ouest du point noir de la lune. (Bord inférieur dans la lunette).	10 38 32 Eut lieu le dernier contact avec l'ombre, tout près du mare, Humboltianum, et par les 53° latitude nord-ouest.

Mais le maximum de l'éclipse a été observé

A Paris.	A Cadix.
9ʰ 16ᵐ	La flèche de l'ombre était 10' 31"	9ʰ 31ᵐ 32ˢ Le milieu de l'éclipse devait arriver à 8ʰ 57ᵐ (Temps moyen de Ca-

dix) et l'ombre com-
mençait à l'est par
les 36° latitude N. ;
cratères : Euler, Ma-
nilius, au milieu du
mare Saporum, cra-
tère Vitruvius, et se
termine à l'ouest par
les 22° N.

Soit D,M,N, (fig. 49) une partie de l'ombre terrestre
immobilisée, telle que nous l'avons fait pour la figure 43.
En V, soit le centre de la Lune, à l'instant de son premier
contact vu à Paris et en I ce même centre lors de la sortie
de l'astre de l'ombre. La vraie route de la Lune devait donc
se tracer suivant la ligne droite V,I,. Cependant, les observations de M. Wolf nous font connaître que cette route a
été parcourue en zig-zags par la Lune, et de plus a oscillé
énormément d'un côté à l'autre de sa première position,
puisque étant en V son axe présentait une inclinaison de 3°
sur l'écliptique SE.

Ainsi donc, pour se conformer exactement à la grandeur
de la partie éclipsée du disque, à chaque phase observée à
Paris ; la Lune aurait dû à 8^h 39^m 27^s sortir de sa route et
se trouver en un point B, avec son axe incliné d'environ 18°
à la droite de l'écliptique en sens contraire de la ligne Vv
qu'il avait présentée au commencement de l'éclipse.

Ensuite, vers 9^h 1^m 4^s elle devait se porter en D inclinée
de 20°, à 9^h 16^m en E, moment du maximun de l'éclipse
et inclinée de 15°, à 9^h 51^m 45^s en G avec une inclinaison
de 17° ; à 10^h 21^m 40^s en H et inclinée de 30°, et enfin, au
bout de sa route I, pour sa sortie de l'ombre, l'astre aurait
dû se trouver incliné de 3° à droite de l'écliptique.

En examinant le dessin, on voit donc, combien d'oscillations diverses devait effectuer l'axe de l'astre pour que le
disque lunaire se prolongeât dans l'ombre de la quantité
voulue par chaque phase observée.

Remarquons qu'au point D, cette oscillation de l'axe parvient jusqu'à former un arc convergent d'environ 23° avec la position de l'axe Vv étant en V, tandis qu'à la sortie de l'ombre elle ne faisait qu'un angle de 6°.

Mais, suivant les observations données par M. Arcimis, la Lune aurait dû parcourir des routes bien différentes, avec une inclinaison d'axe presque constante.

Ainsi, dès le premier contact effectué 2^s après l'observation de M. Wolf, l'astre devait se trouver en A, au lieu de V et par une inclinaison Aa de 24° sur l'écliptique ES, et presque perpendiculaire à la route qui du point A se dirigeait vers le point I, où devait avoir lieu le dernier contact vu à Cadix.

Ensuite, à la seconde phase, arrivée à 8^h 39^m 32^s elle aurait dû se porter en b plutôt qu'en B, puis à 9^h 6^m 32^s au point d, à 9^h 31^m 32^s, instant du milieu de l'éclipse, arriver au point e ; à 9^h 58^m 32^s au point g ; à 10^h 23^m 32^s au point h et parvenir enfin en i vers 10^h 38^m 32^s, instant de sa sortie de l'ombre.

D'où l'on voit que, pour concilier les observations des deux pays, la Lune devait effectuer une marche en zig-zags, savoir : de V en A, de A en B, ensuite en bD,dE,e,Gg,Hh, I et i.

En outre, à chaque déplacement de l'astre, l'axe du disque aurait dû varier de position d'un côté ou de l'autre de la position qu'il affectait un instant auparavant, mais d'une manière extrêmement sensible aux yeux de M. Wolf et très-peu perceptible à l'égard de M. Arcimis ; de sorte qu'on est à se demander, si, par hasard, M. Arcimis, au moyen de la projection graphique, n'aurait pas donné une certaine régularité aux positions de l'axe de la Lune en dehors des positions qui auraient pu résulter du tracé exact de ses observations.

Les notes précises en latitude, les contacts de l'ombre avec le disque lunaire pour les courbes de chaque phase de l'éclipse donneront quelque valeur à notre supposition.

Quoiqu'il en soit, la nouvelle méthode employée par M. Areimis pour l'observation d'éclipse de Lune et qui consiste à signaler la latitude des points, où, aux bords du disque lunaire, vont se terminer les courbes de l'ombre portée, me paraît une méthode excellente et que l'on devrait adopter, attendu qu'alors on connaîtrait la véritable grandeur de l'ombre et de la pénombre, et on aurait au besoin un moyen de vérification, et on pourrait savoir, pour un instant donné, par quelles taches passait la courbe de l'ombre portée, dans le cas que l'observation n'aurait pû être faite avec précision.

A présent, si nous essayons de mettre en projection ces mêmes phases, en immobilisant la Lune au lieu de l'ombre, nous connaîtrons quelle serait la route que devrait suivre la Terre pendant l'éclipse.

Soit donc L le disque lunaire (fig. 50) P*l*, le cratère de Plato ; A celui d'Aristarque ; *a* Archimède ; *au* Aulolycus ; G, Gay-Lussac ; P*o*, Pessidonius et P*i*, Picard ; et tous ces cratères dans les endroits exacts qu'ils occupent sur le disque, suivant la carte de la Lune de Baer et Madler.

Soit le rayon VB de l'ombre de la même grandeur que celui de l'ombre des figures précédentes.

A 8^h 24^m 30^s, premier contact, vu à Paris s'effectuer en B, à 5° 9, au nord-est du disque, le centre de l'ombre devait alors se trouver en un point V ; mais comme, à Cadix, ce premier contact a été vu à 8^h 24^m 32^s s'effectuer en un point D du disque éloigné de 29° nord-est, ainsi la Terre aurait dû rétrograder du point V pour se trouver, 2^s plus tard, en un point C, afin que son ombre touchât le disque lunaire en D.

A 8ʰ 39ᵐ 27ˢ, l'ombre couvrait la moitié du cratère Plato, à cet effet, la Terre a dû se porter au point E afin de tracer sur le disque, la courbe b,Pl,c de son ombre, passant par le cratère Plato, et en rapport avec son point V du premier contact.

Cependant à Cadix l'ombre n'a atteint Plato qu'à 8ʰ 39ᵐ 32ˢ et sa courbe commençait par les 38° latitude N. E. en se terminant au 82° latitude N. O. ; donc nouvelle rétrogradation de la Terre qui du point E au point F où elle projetait l'ombre ePL,f, sur le disque telle qu'elle a été signalée par M. Areimis. Dans cette phase, la Terre effectuait un mouvement CF de gauche à droite, par rapport à Cadix, mais de droite à gauche, c'est-à-dire de V en E par rapport à Paris, en donnant lieu à deux courbes bien différentes entre elles.

A 8ʰ 54ᵐ 32ˢ, la limite de l'ombre vue à Cadix passait par le 28° latitude N. à l'est, par le cratère Au Autolycus, couvrant entièrement a Archimède, et se terminant à l'ouest par 60° latitude N., pour cela la Terre a dû se porter en G et avec son ombre, tracer sur le disque la courbe g au h. Dans cette nouvelle phase, la Terre s'est encore avancée de gauche à droite.

A Paris, au contraire, l'ombre n'atteignit Archimède qu'à 8ʰ 57ᵐ 39ˢ, avec une courbe eai qui croisait celle que la Terre avait projetée lors de l'observation faite par M. Areimis ; donc, pendant l'intervalle de 3ᵐ 7ˢ, le centre de l'ombre G a dû s'avancer en H, mais, toutefois en arrière du point V où avait eu lieu le premier contact, à l'égard de Paris.

A 9ʰ 24ᵐ 20ˢ, Aristarque sortait de l'ombre et, comme

suivant l'observation de M. Wolf, Gay-Lussac G était toujours plongée dans l'ombre, il est certain que celle-ci devait traverser le disque avec une courbe *l*, A G *m*, *n*. Donc, le centre de l'ombre se serait trouvé en I lors de l'observation ; mais 12ˢ plus tard M. Areimis a vu que l'ombre était déjà loin d'Aristarque, car, la courbe était limitée à l'est au point O par 34° latitude N., Mons Apenninus *ap* et se terminant à l'est en *r*, par les 30° latitude N. Alors, pour Cadix, le centre de l'ombre a dû se placer en K, s'avançant toujours vers la droite, tandis qu'à l'égard de Paris, ce centre avait rétrogradé comme dans les autres phases.

Or, comment se fait-il que, ni M. Wolf, ni M. Areimis ne se sont aperçus de ces déplacements subits de l'ombre, puisque à 9ʰ 24ᵐ 20ˢ ayant tracé une courbe *l*, A G *mn*, elle en traçait une autre *o*, *ap*, *r*, quelques secondes après, bien que M. Wolf, à 9ʰ 37ᵐ 57ˢ, vît encore l'ombre, au plus bas du disque, couvrir entièrement Gay-Lussac G, en passant au nord du cratère Picard P*i*, par une courbe *o*, G*z*P*i*.

Notons que dans ces conditions, l'ombre devait alors couvrir de 13' 40" le disque lunaire, et cependant, M. Wolf dit « qu'au moment du maximum de l'éclipse la flèche de l'ombre n'était que de 10' 31". »

M. Areimis a noté le maximum lorsque la courbe de l'ombre commençait à l'est, en *l* par le 36° latitude N., passant par le cratère Manilius M. et terminant en *n* par les 22° latitude N.

Pour la phase de 9ʰ 51ᵐ 45ˢ observée à Paris, la Terre devait se trouver en N, tandis qu'à 9ʰ 58ᵐ 32ˢ pour Cadix, elle a dû rétrograder au point O. A 10ʰ 15ᵐ 51ˢ, le centre de l'ombre se serait transporté en Q à 10ʰ 21ᵐ 40ˢ, avancé au point R et rétrogradé jusqu'en S, pour représenter la place de 10ʰ 23ᵐ 32ˢ observée par M. Areimis ; ensuite la

Terre aurait marché jusqu'en T pour le dernier contact vu à Cadix à 10^h 38^m 32^s, et enfin marchant toujours en avant, elle devait parvenir au point U pour sa sortie de l'ombre, à l'égard de Paris, laquelle s'est effectuée à 10^h 39^m 47^s environ.

Donc, dans la supposition de l'immobilité de la Lune, la Terre ou le centre de l'ombre aurait dû tracer une route, tantôt directe, tantôt rétrograde et en sens angulaire, par rapport aux deux pays, savoir : de V en C, en E,FGHIKNO RST et U.

Dans la supposition de l'immobilité de la Terre, nous avons vu que la Lune elle-même devait tracer une route très-accidentée, avec une oscillation fort considérable de son axe.

Or, comme ni la Terre ni la Lune ne sont restées immobiles dans l'espace pendant l'éclipse, il est tout naturel de penser que, l'une et l'autre ont parcouru l'espace par un va-et-vient d'un côté à l'autre de leur orbite et avec des oscillations sensibles de leur axe.

Eh bien ! ces deux mouvements ne peuvent avoir lieu pour les corps planant dans l'espace, que par le moyen d'un fluide, qui, avec ses ondulations, imprime aux corps des mouvements oscillatoires, autour de la force, où doivent s'exécuter leurs mouvements de révolution.

Ce sont des phénomènes qui découlent du mouvement universel de la matière.

Alors, persuadé de l'existence de ces mouvements dont sont affectés les corps célestes, j'eus la curiosité de savoir comment se comporterait la Terre à l'égard de la Lune, dans le cas où la plus grande oscillation de l'axe lunaire n'eût dépassé un arc de 8° au lieu de 30° comme nous l'avons trouvé par la projection de phases, lorsque la Terre était supposée immobile.

Voici le résultat de cette recherche :

En conciliant le mieux possible la position de l'axe lunaire VV',*aa'*,etc., avec la grandeur de l'éclipse pour chaque phase.

En **V**, aurait dû se trouver la Terre au commencement de l'éclipse, vue à Paris à $8^h 24^m 30^s$ (fig. 51) ; en **A** pour l'observation de Cadix faite à $8^h 24^m 32^s$; à $8^h 37^m 27^s$ en **B** pour Paris ; en **C** pour Cadix à $8^h 39^m 32^s$ en **D** pour $8^h 46^m$ moment du maximum vu à Paris ; **M**, instant du milieu de l'éclipse, observée à Cadix à $9^h 31^m 32^s$. Ensuite Paris, **E**, $9^h 51^m 45^s$; Cadix **F**, $9^h 58^m 32^s$; Paris **G**, $10^h 21^m 21^s$; Cadix **H**, $10^h 23^m 32^s$; enfin en **I** pour la sortie de la Lune *i* de l'ombre observée à Cadix à $10^h 38^m 32^s$ et en **S**, pour la même sortie de la Lune **SS** vue à Paris à $10^h 39^m 47^s$. La Lune aurait dû suivre les routes tortueuses *v,a,b,c,d,m,e,f,g,h,i* et *s*, avec des inclinaisons variées de son axe, afin de représenter la grandeur de chaque phase qui a été observée dans les deux pays.

Maintenant si l'on prolonge les droites AV, IS, joignant les positions où la Terre s'est trouvée lors des contacts de la Lune avec l'ombre, on obtiendra un angle **AOI** d'environ 34° qui représenterait la valeur du mouvement angulaire exécuté par la Terre dans l'espace pendant le temps de $2^h 15^m$, c'est-à-dire depuis le commencement de l'éclipse jusqu'à la fin.

Or, comme par le centre O on pourrait tracer une portion du cercle passant par AMI, points qui représenteront les positions de la Terre, aux moments des premiers contacts du milieu de l'éclipse et du dernier contact, suivant les observations faites à Cadix, on pourrait argumenter par là que, dans l'espace de 24 heures, le centre de la Terre a parcouru en zigzags un cercle de 360° dont le rayon OA serait d'environ 33''.

Ainsi les observations de l'éclipse de lune et celles des étoiles circumpolaires démontrent, avec une évidence pareille à mes expériences, que la Terre et la Lune se déplacent sur leur orbite par des oscillations assez sensibles, et qu'en outre, la Terre pendant son mouvement diurne, parcourt une orbite excentrique autour du pôle du monde; car, si notre globe tournait effectivement sur son axe, cet axe prolongé dans le ciel étant celui même du monde, il en résulterait que le globe décrirait alors un cercle concentrique au pôle. Mais, comme les observations faites par Picard ont démontré que les étoiles circumpolaires semblent tourner autour du pôle à des distances toujours variées, pendant le mouvement diurne de la Terre, il faut alors convenir que celle-ci ne tourne point sur son axe, mais bien autour d'un cercle dont le centre est quelque peu éloigné du centre du monde visible.

Voici donc les observations de l'illustre Picard, par lesquelles nous avons trouvé la démonstration de l'orbe excentrique de la Terre et les variations diurnes et annuelles.

Examinons d'abord à la page 44 et suivantes de l'*Histoire céleste*, les observations sur la Polaire faites à la porte Montmartre.

	Hauteurs méridiennes.		
	51°	28'	0''
Le 16 décembre 1669	46°	25'	0''

On a trouvé les mêmes hauteurs les 20, 21, et 22 décembre, ce qui donne la distance apparente de l'étoile

au pôle.	2°	28'	0''
Et la hauteur apparente du pôle. . . .	48°	53'	0''

Cependant ces hauteurs corrigées des réfractions, d'après la table de Cassini, donneront les hauteurs vraies suivantes.

Pl. X. Page 234

Fig. 47

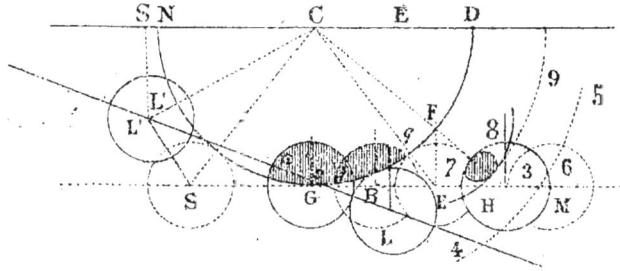

Fig. 48

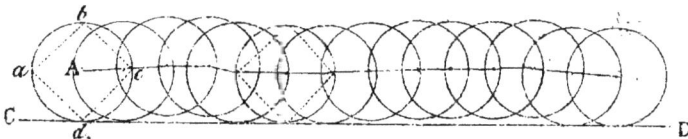

Fig. 49

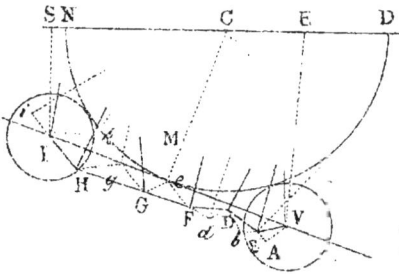

Fig. 50

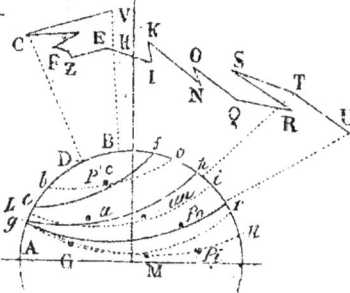

Fig. 51

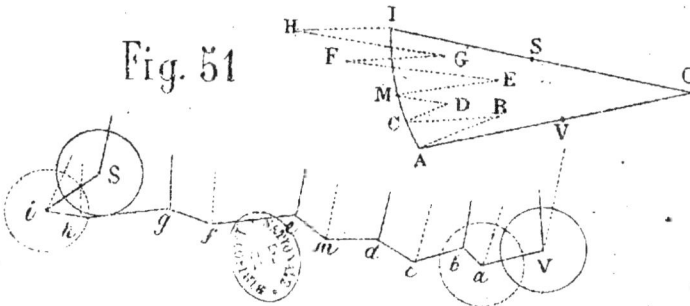

	Hauteur.	Réfraction.	Hauteur.	
Polaire	51° 21' 0''	49"	51° 20' 11"	
	46° 25' 0"	58"	46° 24' 02"	
Pôle	48° 53' 0"	53"	48° 52' 07"	
Donc, distance de la polaire au méridien				
supérieur			2° 28' 4"	
inférieur.			2° 28' 5"	
Différence			1"	

Ici l'orbite terrestre serait comme concentrique au pôle. Mais du 3 au 4 janvier même année, les hauteurs étaient :

	Réfraction.		Pôle.	
51° 22' 00"	49"	51° 21' 11"	48° 52' 7"	
46° 24' 30"	58"	46° 23' 32"		
Donc, distance du pôle pour le méridien				
supérieur.			2° 28' 44"	
inférieur.			2° 28' 35"	
Différence			31"	

en plus pour le passage inférieur, ce qui donnerait à l'orbite de la Terre une excentricité au pôle de 31".

Maintenant voici d'autres observations de la Polaire qui ont été faites à l'Observatoire royal, dont la hauteur vraie du pôle, déterminée par Picard, était 48° 50' 10".

Année 1675.

Les 5, 10 et 26 décembre.   Hauteurs méridiennes de la polaire.

Hauteur	Au soir.		Au matin.
	51° 18' 0"		46° 25' 0"
Pour la réfraction . . .	49"		58"
Hauteur corrigée. . . .	51° 17' 11"		46° 24' 02"
Hauteur du pôle		48° 50' 10"	
Donc, distance de la			
polaire du pôle . . .	2° 27' 1"		2° 26' 6"
Différence.		0' 55"	

en plus pour l'instant où l'étoile passait au méridien supérieur, ce qui serait en sens contraire de l'observation du 3 janvier et du 16 décembre 1669.

Année 1674.

Hauteurs méridiennes.

	Au soir.		Au matin.
Le 15 décembre	51° 17' 30"		46° 25' 0'
La polaire.			
Corrigées de la ré-fraction, ces hauteurs donneraient la distance de l'étoile au pôle . . .	2° 26' 32"		2° 26' 7"
Différence.		0' 25"	
Le 1er janvier 1675 . . .	51° 17' 30"		46° 25' 5"
Après correction, dis-tance de l'étoile . . .	2° 26' 32"		2° 26' 3"
Différence.		0' 29"	
Le 6 mars.			46° 25'

Année 1675.

Hauteurs méridiennes.

	Au soir		Au matin.
Le 28 décembre	51° 17' 00"		46° 25' 25"
Distances au pôle . . .	2° 26' 2"		2° 25' 42"
Leur différence		0' 20"	

Année 1676.

Le 7 décembre.

Année 1680.

Hauteurs méridiennes.

	Au soir.		Au matin.
Les 27 et 28 décembre.	51° 15' 35"		46° 27' 20"
Distance au pôle	2° 24' 37"		2° 23' 47"
Leur différence		0' 50"	

Année 1682.

	Au soir		Au matin
Le 1er janvier	51° 15' 45"		46° 27' 40"
Distance au pôle	2° 24' 47"		2° 23' 27"
Leur différence		1' 20"	

Ici finissent les observations de la Polaire, faites par Picard, qui mourut le 12 octobre de la même année 1682.

Dans toutes ces observations on voit que les distances supérieures et inférieures de l'étoile au pôle, ne sont jamais les mêmes pendant les mouvements diurnes, de sorte que notre globe est forcé tous les jours de décrire une or-

bite plus ou moins excentrique au pôle, afin de représenter les variations journalières dont l'étoile polaire semble
être affectée.

Mais une remarque encore très-intéressante, qui se dé-
gage de ces observations, est celle de voir la distance de
l'étoile au pôle, lors de son passage au méridien inférieur
paraît être à peu près la même du 7 décembre 1673 au 6
mars 1675, car ce dernier jour l'étoile était encore à la distance de 2° 26' 7'' au-dessous du pôle, tandis que sa distance au-dessus, au moment de son passage au méridien,
supérieur diminuait chaque année d'environ 30'', puisque
le 7 décembre 1673 l'étoile étant éloignée du pôle de 2° 27'
2'', elle ne l'était plus le 28 décembre 1675 que de 2° 26'
2''.

Du reste, tous les jours on remarque, aussi bien pour
l'étoile dite Capella, les variations de distance entre les passages supérieurs et inférieurs méridiens. Voici ces observations :

Année 1673.

Hauteurs méridiennes du Capella.

Le 26 juillet . . .	Nord.	
	4° 36' 25''	
Réfraction	11' 28''	
Hauteurs corri-gées	4° 24' 57''	
Distance de l'é-toile au pôle . .		44° 25' 13''
Le 31	4° 36' 40''	
Réfraction	11' 26''	
Hauteurs corri-gées	4° 25' 14''	
Distance au pôle.		44° 25' 8''

Année 1674.

Les 4 et 6 août.		
Hauteurs corri-gées	4° 24' 51''	
Donc . . .		44° 25' 19''

Année 1675.

			Sud.	
Le 14 mars. . . .			86° 47' 10"	
Réfraction			4"	
Distance sud du zénith			3° 12' 54"	
Du pôle ou zénith.			41° 9' 50"	
Leur somme ou Distance du pôle				44° 22' 44"
Les 18 et 19 . .	4° 37' 40'			
Réfraction	11' 25"			
Hauteurs corrigées	4° 26' 15"			
Distance du pôle.		44° 23' 55"		44° 22' 44"
Différence . . .			1' 11"	
Le 20, grand froid comme en plein hiver	4° 37' 35"			
Donc, au lieu d'être la réfraction ici plus grande, elle est moindre que celles des 18 et 19.				
Le 16 août	4° 36' 30"			
Réfraction . . .	11' 27"			
Hauteurs corrigées	4° 25' 03"			
Distance du pôle.		44° 25' 7"		
Les 28 et 29 Hauteurs corrigées			86° 46' 17"	
Distance du pôle.		44° 25' 7"		44° 23' 33'
Différence			2' 34"	

Année 1681.

Le 14 juillet . . .		4° 36' 40"
Réfraction	11' 26"	
Hauteurs corrigées	4° 25' 14"	
Distance du pôle.		44° 24' 56".

Année 1685,

Le 28 juin	4° 38' 6"	
Réfraction	11' 23"	
Hauteurs corrigées	4° 26' 53"	
Distance du pôle.		44° 23' 17"

Donc les différences pour cette étoile étaient en plus pendant les passages inférieurs, tandis que pour l'étoile polaire, ces différences paraissaient se faire lors des passages supérieurs. Et, quoique les hauteurs inférieures de l'étoile Capella aient varié d'un an à l'autre plus que celles effectuées par la Polaire, cependant elles-mêmes n'ont pas différé de beaucoup du 26 juillet 1673, au 16 août 1675, et du 19 mars 1675 au 28 juin 1685, car, la différence de la distance du Pôle, entre ces deux dernières époques, c'est-à-dire dans l'intervalle de 10 ans, n'a été que de 38" environ, au lieu d'être de 2' 20" au moins.

Or, toutes ces observations ne semblent-t-elles pas presque faites pour nous démontrer le mouvement elliptique et excentrique que tous les jours la Terre exécute autour du pôle du monde, plutôt que celui d'un cercle concentrique, comme devrait le faire paraître le mouvement de rotation, s'il existait ? Entre autres, ces observations ne nous démontrent elles pas que cette ellipse journalière de la Terre change de position tous les ans à l'égard du pôle du monde ?

Mais voici encore sur ce sujet d'autres observations qui se rapportent aux étoiles a B de Céphée.

Hauteurs méridiennes.

Le 3 décembre 1675.	Au soir.			Au matin.
A de Céphée				20° 6' 60"
Le 4	77° 37' 5"			
Réfraction	13"			2' 38"
Hauteurs corrigées . .	77° 36' 52"			20° 4' 12"
		Pôle.		
		48° 50' 10"		
Distance du pôle . . .	28° 46' 42"			28° 45' 58"
		Différence.		
		41"		
B de Céphée. . . .				28° 1' 0"
	69° 41' 55"			
Réfraction	22"			1° 51"
Hauteurs corrigées. . .	69° 41' 33"			27° 59' 09"
Distance au pôle. . .	20° 51' 13"	Différence. 22"		20° 51' 01"
Le 3 décembre 1676 . .				

A de Céphée.	77° 37' 0"				
Réfraction		13"			
Hauteurs corrigées. . .	77° 36' 47"				
Le 4				20° 7' 5"	
Réfraction				2' 38"	
Hauteurs corrigées. . .				20° 4' 27"	
Distance du pôle. . . .	28° 46' 37"	Différence. 54"		28° 45' 43"	
B de Ciphée.	69° 42' 0"				
Réfraction		22"			
Le 3, hauteurs corrig'.	69° 41' 38"				
Le 4				28° 1' 30"	
Réfraction				1' 51"	
Hauteurs corrigées. . .				27° 59' 39"	
Distance du pôle. . . .	20° 51' 28"			20° 50' 31"	
		Différence. 57"			

Sur ces dernières observations de A et B de Céphée, Picard fait la remarque suivante :

Le matin

sous le	A de Ciphée . . .		20° 7' 5"
pôle	B de Ciphée		28° 1' 30"

Par ces observations supposant la hauteur du pôle de 48° 50' 10'
la réfraction   pour A   0° 3' 35"
serait   pour B   0° 2' 50"

Ces valeurs sont trop grandes pour qu'elles soient attribuables à la seule réfraction, car dans les tables des réfractions dressées par les astronomes les plus éclairés, aucune ne donne des valeurs aussi grandes à de pareilles hauteurs.

Même les observations de Picard faites dans le but de connaître les réfractions atmosphériques, sont loin des valeurs signalées ci-dessus.

Je vais donner une partie de ces observations comparées avec la table des réfractions.

Suivant

1675.	PICARD			CASSINI	Connaissance des temps	LACAILLE
	Réfraction D. N. S.	hauteur		Réfraction	Réfract. moyenne	Réfraction
Le 2 janvier, au matin, grand froid à						
Réfraction	0° 25' 0'	1° 0	0	27' 56"	24' 22" 3	28' 57"
	0° 20' 00"	2 0	0	21' 4"	18' 23" 1	22' 50"
	15' 30"	3 0	0	16' 6"	14' 28" 7	16' 41"
	5' 40"	10 0	0	5' 28"	5' 20" 0	5' 37"
1677. 17 mai, au matin, hauteur du soleil						
Réfraction	27' 42"	0 37' 10		29' 36"	27' 28"	30' 42"
1681. 20 juin, au soir, le bord inférieur du soleil touchait l'horizon à la hauteur						
Réfraction	0. 35' 5"	0 5		0 31' 58'	32' 51" 6	33' 7 '
21, au matin, le soleil à						
Réfraction	30' 25"	0 30		30' 8"	28' 33"	31' 13"
au soir Le bord inférieur du soleil à						
Réfraction	27' 50"	0 30	●			
22 au matin Le bord supérieur du soleil à						
Réfraction	30' 35"	0 30	●	30' 8"	28' 33"	31' 13"
Bord inférieur à Réfraction	31' 50"	0 30	⊃			
Bord supérieur à Réfraction	24' 20"	1 10	⊃	26' 47" 5	23' 10' 7	29' 46"
Bord inférieur à Réfraction	24' 25"	1 10	⊃			

On voit donc qu'à partir de 30' de hauteur au-dessus de l'horizon, les valeurs de réfractions des tables, surtout celles de Cassini, sont plus grandes que des valeurs observées même pendant le plus grand froid, où les réfractions, au dire de Picard, étaient plus grandes qu'en été et la nuit plus grandes que le jour.

Dans les observations mêmes qu'a faites Picard sur le raccourcissement du diamètre vertical du Soleil, on s'aperçoit bien, que les réfractions qu'il a supposées pour les étoiles *ab* de Céphée sont trop grandes.

Ainsi par exemple, le 30 novembre 1666, à la hauteur de 15° le diamètre vertical du Soleil, avait subi un raccourcissement de 0' 3'' seulement, tandis que la table de Cassini lui en donnerait un de 7''.

Le 23 novembre 1667 au matin,	
à 19° de hauteur, le diamètre horizontal	32' 37''
le diamètre vertical	32' 34''
Différence.	3''

ce qui donne une réfraction de 2' 28 à la hauteur de 19° au lieu que la table de Cassini donne 2' 49'',

Le 3 décembre 1668 au soir, à la hauteur de 6°	
raccourcissement radical	0' 48'' 1/2

à peu près comme la table de Cassini, qui donne à cette hauteur une réfraction de 8' 55''.

Le 4 janvier 1669, au soir, à la hauteur	
apparente du bord inférieur du soleil de	1° 54'
raccourcissement.	2' 15''
Mais suivant la table de Cassini, la réfraction	
aurait dû être de	3' 56''
Le 1er février, même année, à la hauteur	
orientale de 3°	
Diamètre vertical	31' 3''
id. horizontal	32' 38''
Différence	1' 35''
suivant la table 2' 09.	
Enfin le 7 décembre, le soleil étant au	
méridien à la hauteur de 18° 25' 10''	
Diamètre horizontal	32' 41''
id. vertical	32' 37'' 4/2
Différence	3'' 1/2
suivant la table 2' 09	

A cette hauteur la table de Cassini donnerait 2' 55'' de réfraction et 6'' pour le diamètre du Soleil, au lieu de 3'' 1/2./

Dans les réfractions 2' 38'' pour *a* et 1' 51'' pour B de

Céphée suivant la table de Cassini, se trouvèrent plutôt plus grandes que plus petites que celles qu'auraient affectées les hauteurs de deux étoiles observées le 3 décembre 1876.

Si Picard a évalué 3' 35" comme réfraction pour l'étoile *a* de Céphée à 20° 7' 5" et de 2' 50" comme réfraction de l'étoile B à 28° 1' 30", cela a été en vue de faire les distances propres aux deux étoiles sous le pôle, égales aux distances observées au-dessus du pôle, car Picard ne supposait pas que la Terre par sa marche oscillante et irrégulière pût altérer la hauteur des astres.

Et c'est certainement à cette même cause que l'on doit les sensibles différences qu'on rencontre entre toutes les tables des réfractions qui ont été dressées sur les observations les plus exactes.

En effet, la *Connaissance des temps* de notre époque déclare que ces tables ont été calculées d'après les formules de Laplace, confirmées plus tard par les expériences directes de Biot et d'Arago sur le pouvoir réfringent de l'air.

Cependant elle donnait avant les tables de réfractions suivant Bradley, et, à l'époque de Lalande, la table des réfractions, dressée par Cassini, était depuis longtemps celle du livre de la *Connaissance des temps*.

Au sujet de la réfraction atmosphérique, Lalande disait ceci :

« Les hauteurs correspondantes du Soleil ou d'une étoile sont très-propres à faire connaître la quantité de réfraction.

« Cette méthode fut employée autrefois par M. Picard, et l'a été récemment par M. de Lacaille, c'est par son moyen qu'on a reconnu que la réfraction horizontale, la plus grande de toutes les réfractions est d'environ 32 ½.

« M. de Lacaille détermina surtout en 1753 la réfraction de 18° avec un soin particulier et par un grand nombre d'observations, cette réfraction de 18° est une des plus importantes, parce que c'est celle du bord du Soleil à Paris, dans le tropique du Capricorne, M. de Lacaille y emploie neuf étoiles, et trouve vingt résultats entre 2', 59'' et 3' 25'', le milieu entre tous donne la réfraction moyenne à 18° de hauteur apparente pour Paris de 3' 12'' 6. »

Mais alors pourquoi Lalande dans sa table donne-t-il à cette hauteur une réfraction moyenne de 2' 59'' 4 ; Bradley 2' 54 et la *Connaissance des temps*, 2' 57'' 8 ?

Plus loin Lalande ajoute :

« Mais la plus grande difficulté consistait à déterminer la réfraction vers 45° de hauteur.

» Hamsteed et Halley faisaient cette réfraction de 54'', Cassini de 59'' ; Picard et La Hire de 71'' ; Bradley de 57'' ; M. de Lacaille l'a trouvée de 66'' 1/2, mais on croit assez généralement qu'elle ne passe pas 60''.

Pour la *Connaissance des temps*, cette réfraction n'est que de 58'' 3.

« Jamais tables de réfractions, dit Lalande, ni aucune autre table astronomique n'ont été vérifiées par tant d'observations, ni avec des précautions aussi grandes que celles construites par Lacaille. Dans la table de réfractions dressée par M. Cassini, les réfractions sont un peu plus petites, savoir : de 4'' à 18° ; de 6'' à 30 ; de 6'' à 49°, etc., etc.

« Les réfractions publiées dans les tables de M. de la Hire et qui auraient été calculées en tout ou en partie par M. Picard, s'accordent assez bien avec celles de M. de Lacaille, depuis l'horizon jusqu'à vers 35° de hauteur, mais depuis 35° jusqu'au zénith, elles sont toujours trop grandes.

« Les réfractions de Hamsteed sont celles qui s'éloignent le plus de celles de M. de Lacaille, elles sont plus petites de 1' 14" à 10° ; de 40" à 20° ; de 31" à 30° et 21" à 40° de hauteur.

• Les réfractions de Newton et de Halley sont aussi trop petites, de 45" à 10° de hauteur ; de 29" à 20° ; de 22" à 30° et de 15" à 40° ; enfin celles de M. Bradley sont plus petites de 14" à 6° ; de 22" à 10° ; de 26" à 20°; de 11" à 40°. »

Même les réfractions moyennes données par la *Connaissance des temps* d'aujourd'hui sont plus petites de 2' 40" à 30° ; de 4' 35" à 1° ; de 2' 13" à 3° ; de 37" à 10° ; de 17" à 20° et de 10" à 40°.

Alors de toutes ces tables, quelle est la meilleure ?

Lalande dit encore :

« L'incertitude que l'on a sur la hauteur du pôle de Paris, vient de l'incertitude de la réfraction à 49° de hauteur.

• La latitude du milieu de Paris, qui est de 48° 51' 22", était marquée de 48° 30' dans la Géographie de Ptolémée ; de 48° 40' dans Aroncé Finé, qui vivait en 1528, dans Fernel son contemporain, dans Mersenne, Bourdin, Alleaume ; elle est de 48° 49' dans Viete, Morin et Duret ; de 48° 51' dans Bouillaud ; de 48° 52' dans dans Midorge et Gassendi, en 1625 ; de 48° 54' dans Roberval et Henrion (Cosmo., p. 328) ; de 48° 55' dans la même Cosmographie, page 325, c'était en 1615 ; M. Petit, intendant des fortifications, la trouva, en 1652, par des hauteurs méridiennes du Soleil de 48° 53' 10", et en 1654, de 48° 52' 41". MM. Roberval et Buot, en 1667, de 48° 59' au jardin de la bibliothèque du roi. »

Eh bien ! ces observations seront-elles toutes inexactes, ou bien seront-elles altérées en partie par les déplacements variés que la Terre paraîtrait effectuer dans l'espace pendant ses mouvements diurne et annuel.

« La hauteur du pôle est constante, ajoute Lalande, c'est une vérité reçue de tous les astronomes. M. Manfredi avait cru reconnaître une variation, dans celle de Bologne par la comparaison des solstices d'hiver et d'été observés à la méridienne de St-Pétronie depuis 80 ans, mais, je suis persuadé qu'il faut attribuer à des circonstances locales les différences qu'il a trouvées. »

Pour ma part, je pense, au contraire, que Manfredi était dans le vrai, seulement on ne se doutait pas de la cause de ces variations dans la hauteur du Pôle, laquelle cause a continué à troubler toujours les opérations des astronomes.

Au dire de Lalande :

« M. de la Hire observa dans la suite la hauteur apparente du pôle à l'Observatoire, de 48° 51' 2" ; comme il augmentait la réfraction et diminuait la parallaxe du Soleil, il trouva la vraie hauteur, 48° 49' 58".

« Suivant M. de Louville, la hauteur apparente du pôle à l'Observatoire était 48° 50' 58", il en ôte 50" pour la réfraction, ce qui donne la hauteur vraie 48° 50' 8".

« M. Maraldi trouve 48° 50' 12" ; M. Monnier y ajoute 2" de plus, à cause de la réfraction, ce qui donne 48° 50' 14".

« M. Monnier par des observations de l'étoile polaire faites en 1738, trouva la hauteur apparente du pôle 48° 51' 4", il en conclut la hauteur vraie 48° 50' 14".

Par d'autres observations faites en 1740, il jugea la hauteur apparente du pôle à l'Observatoire 48° 51' 9" et la hauteur vraie 48° 50' 15", la réfraction étant de 54" lorsque le thermomètre était a 3° au-dessus de la congélation.

« M. Cassini de Thury au moyen d'un quart de cercle de 6 pieds de rayon, qui venait d'être construit pour l'Observatoire, trouva la hauteur du pôle, en 1742, de 48° 50' 12 et de 48° 50' 9" en employant les deux lunettes différentes, et en supposant la réfraction de 52", à la hauteur du pôle, s'il avait supposé la réfraction de 58", comme M. de Lacaille, il n'aurait trouvé, par les observations, que 48° 50' 5".

. Ainsi M. de Lacaille avec une réfraction plus grande de 6" que M. Cassini le supposait (ce qui devait diminuer la hauteur du pôle), a trouvé cependant encore 4" de plus pour la hauteur du pôle, il y a donc 10" de différence entre ces observations ; au reste, ces différences sont assez petites pour prouver que la hauteur du pôle ne varie point dans un même lieu, c'est-à-dire que le mouvement diurne de la Terre se fait toujours sensiblement sur le même axe, et autour des mêmes points. Cette hauteur du pôle de 48° 50' 14" est celle dont j'ai coutume de me servir. »

Après tant de variations sur la hauteur du pôle de Paris, on a pensé aujourd'hui de l'arrêter pour l'Observatoire à 48° 50' 11".

Mais je doute fort que cette hauteur soit la dernière, si on recommençait à faire de nouvelles observations.

Quoique Lalande fût convaincu sur la hauteur constante du pôle, néanmoins il laisse planer bien des doutes, lorsqu'il dit que : « Les variations de la hauteur du pôle qui en résultent par la comparaison des différentes observations, sont trop petites pour prouver que le mouvement diurne de la Terre se fait toujours sensiblement sur le même axe et autour des mêmes points. »

Or, est-il possible que tous les astronomes, l'un après l'autre, se soient toujours trompés dans leurs observations et leurs appréciations ?

Donc, s'ils ont trouvé des hauteurs différentes, c'est que la Terre avec son axe affectait des positions diverses dans le Ciel, lors de chaque observation.

Après avoir prouvé l'existence des mouvements oscillatoires des corps célestes, après avoir constaté l'existence de l'orbite diurne de la Terre, son excentricité par rapport au pôle du monde et les changements de sa position journalière et annuelle, il nous reste à établir les mouvements épicycloïdes du nord au sud et du sud au nord que la Terre exécute dans le Ciel pendant le cours annuel du Soleil.

C'est ce que nous tâcherons de faire au moyen d'un phénomène remarquable que l'on a appelé aberration des fixes.

Sur ce phénomène, voici ce qu'écrivait Lalande dans son Astronomie :

« L'aberration est un mouvement apparent observé dans les étoiles fixes, par lequel elles semblent décrire des ellipses de 40" de diamètre.

« Flamsteed avait cru, non-seulement d'après les observations du docteur Hook, mais encore d'après les siennes propres, qu'il y avait une parallaxe annuelle dans les étoiles fixes; cependant la quantité et la loi en étaient peu connues. Samuel Molyneux, irlandais, entreprit, vers l'an 1725, de vérifier ce qu'on avait dit là-dessus, et de déterminer avec plus de soin les circonstances de ces mouvements.

« Le 3 décembre 1725, Molyneux observa au méridien l'étoile Y à la tête du Dragon, il marqua exactement la distance au zénith, il répéta cette observation les 5, 11 et 12 du même mois, il ne trouva pas de grandes différences, et comme on était dans un temps de l'année où la parallaxe annuelle de cette étoile ne devait pas varier, il crut qu'il était inutile de continuer les mêmes observations.

« M. Bradley se trouva dans ce temps-là à Kew, il eut la curiosité d'observer aussi la même étoile, le 17 décembre 1725, et ayant disposé l'instrument avec soin, il vit que l'étoile passait un peu plus au sud que dans les premiers jours du mois : d'abord, les deux astronomes ne firent pas grande attention à cette différence, elle pouvait venir des erreurs d'observations, cependant, le 20 décembre, l'étoile avait encore avancé vers le sud, et, elle continua les jours suivants, sans qu'on pût attribuer ce progrès au défaut des observations.

« Au commencement de mars 1726, l'étoile se trouva parvenue à 20" du lieu où on l'avait observée trois mois auparavant, alors, elle fut pendant quelques jours stationnaire, vers le milieu d'avril elle commença de remonter vers le nord, et au commencement de juin, elle passa à la même distance du zénith, que dans la première observation faite six mois auparavant, sa déclinaison changeait alors de 1" en trois jours, d'où il était naturel de conclure qu'elle allait continuer d'avancer vers le nord ; cela arriva comme on l'avait conjecturé ; l'étoile se trouva au mois de septembre de 20" plus au nord qu'au mois de juin, et 39" plus qu'au mois de mars, de là l'étoile retourna vers le sud, et au mois de décembre 1726, elle fut observée à la même distance du zénith que l'année précédente, avec la seule différence que la précession des équinoxes devait produire.

« La première idée fut d'examiner si cela ne provenait point de quelque nutation de l'axe de la Terre, mais d'autres étoiles observées en même temps ne permettaient pas d'adopter cette hypothèse ; une petite étoile qui était à la même distance du pôle et opposée en ascension droite à Y du Dragon aurait dû avoir par l'effet de cette nutation le même changement en déclinaison ; cependant elle n'en avait eu que la moitié, comme cela parut en comparant jour par jour les variations de l'une et de l'autre observées en même temps, c'était la 35ᵉ étoile de la Girafe.

« Le 19 août 1727, M. Bradley commença d'examiner soigneusement quelles étaient les variations des étoiles, suivant leur différente situation.

« Il vit que les étoiles situées près du colure des solstices, comme Y du Dragon, étaient les seules qui fussent le plus au nord ou le plus au sud dans le temps des équinoxes. Mais une règle plus générale qui ne pouvait guère lui échapper, était, que chaque étoile paraîtrait stationnaire ou dans son plus grand éloignement vers le nord, lorsqu'elle passait au zénith, vers six heures du soir; que toutes avançaient vers le sud, lorsqu'elles passaient vers six heures du matin, et que le plus grand écart était à peu près comme le sinus de la latitude de chacune.

« Enfin, lorsque au bout d'une année, il vit toutes les étoiles reparaître chacune au même lieu où elle avait d'abord paru.

« En outre, l'aberration était nulle en latitude pour les étoiles situées dans l'écliptique ; donc, pour ces étoiles-là, l'aberration devait se faire tout entière dans le plan de l'écliptique ; la plus grande aberration en longitude arrivait lorsque l'étoile était ou en conjonction ou en opposition.

« Ainsi, une étoile devait paraître 40" plus à l'Orient, la Terre étant en un certain point de son orbite, que six mois après, lorsque la Terre arrivait au point opposé.

« Bradley aperçut heureusement que cette différence de 40" était précisément le chemin que la Terre parcourt dans son orbite en 16 minutes de temps, il se rappela que la lumière employait le même temps à parcourir le diamètre de l'orbite terrestre, suivant la découverte faite par Bomer, en 1675.

« M. Bradley put d'abord imaginer que l'on voyait les étoiles 16^m plus tard, à cause de leur éloignement, quand elles étaient en conjonction que lorsqu'elles étaient en opposition, et que par là, on les voyait de 40" moins avancées, mais, suivant ce raisonnement, il n'y aurait point eu d'aberration pour l'étoile située au pôle de l'écliptique, dont la distance est toujours la même.

« Enfin, M. Bradley eut l'idée heureuse de combiner le mouvement de la lumière avec celui de la Terre, suivant les lois de la décomposition des forces ; il essaya cette hypothèse, et l'on a vu qu'elle s'accordait parfaitement avec toutes les observations.

« En examinant les observations d'un grand nombre d'étoiles, M. Bradley a jugé que le maximum de l'aberration était de 20" $\frac{1}{2}$; par exemple, la plus grande variation de Y du Dragon en déclinaison est de 39" d'où l'on conclut par le rapport des sinus des latitudes, que si, cette étoile était située exactement au pôle de l'écliptique, elle décrirait un cercle dont le diamètre serait 40" 4 ; la 35e étoile de la Girafe à 19" d'aberration, d'où M. Bradley conclut 40" 2 pour la plus grande aberration ; la dernière de la queue de la Grande Ourse, est de 36" plus au sud vers le milieu de janvier, qu'au mois de juillet, ce qui donne 40" 4 ; la Chèvre environ 16" plus au nord en février qu'en août, ce qui suppose 40".

La quantité de 20" répond à 8ᵐ 7ˢ dans les tables des mouvements du Soleil, ainsi, on est assuré à moins de 5" près, qu'il faut 8ᵐ 7ˢ à la lumière du Soleil pour arriver jusqu'à nous dans ses moyennes distances, d'où il suit que la vitesse de la lumière est 10,313 fois plus grande que la vitesse moyenne de la Terre.

« Ainsi, cette aberration de 20" est relative seulement à la grandeur de l'orbite que décrit la Terre, c'est la seule que cette orbite puisse nous faire apercevoir, elle serait plus grande si la Terre décrivait une plus grande orbite ; la lumière doit être plus de 3 années à venir des étoiles jusqu'à nous à raison de leur distance, mais, parce que cette durée est toujours la même à 8ᵐ près, nous ne nous apercevons pas de la variation que ces 8ᵐ produisent en plus ou en moins, comme la Terre fait 20" pendant ces 8ᵐ cette différence de 20" qui est tantôt dans un sens tantôt dans un autre, quelquefois nulle pour une même étoile, et, qui affecte différemment les diverses étoiles suivant leur situation, produit les irrégularités que les astronomes ont observées. »

La première objection, contre cette théorie de l'aberration, c'est de faire remarquer que, si celle-ci était vraie, Bradley aurait dû voir les variations de la 34ᵉ étoile de la Girafe s'effectuer dans un sens tout différent de celui qu'il a observé, car la vitesse angulaire de la Terre, vis-à-vis les étoiles n'éprouvait point un changement sensible pendant les douze heures qui s'étaient écoulées entre l'observation de Y du Dragon, et la 35ᵉ de la Girafe, cette dernière aurait donc dû effectuer un changement en déclinaison à peu près égal à celui observé pour Y du Dragon, mais en sens contraire ; savoir : vers le nord, si , pour l'étoile du Dragon s'effectuait vers le sud, et cela, à cause que pour faire l'observation de l'étoile de la Girafe, Bradley devait attendre que la rotation de la Terre l'eut amené à occuper dans l'espace une position diamétralement opposée à celle qu'il avait occupée lors de l'aberration de Y du Dragon, puisque ces deux étoiles, quoique à la même distance du pôle, étaient néanmoins opposées en ascension droite.

Alors si, pendant la première observation, Bradley marchait avec la Terre à la rencontre de l'étoile Y du Dragon, au moment de la seconde observation, se trouvant tourné de l'autre côté du ciel, devait éloigner de plus en plus de l'étoile 35ᵉ de la Girafe, puisque dans cette position opposée à la première, Bradley, était par la Terre transporté à reculons dans l'espace, de sorte que sa vitesse étant la même par rapport aux deux étoiles, leur aberration devait résulter de la même valeur, seulement vers le sud, pour Y du Dragon et vers le nord pour la 35ᵉ de la Girafe.

L'aberration en longitude devait produire la même valeur, en sens contraire pour les deux étoiles.

Cependant Lalande dit qu'en « comparant jour par jour, les variations de l'une et de l'autre étoile, la 35ᵉ de la Girafe, n'a eu que la moitié de celle observée pour Y du Dragon. »

Donc, la Terre n'a point marché sur l'écliptique autour de l'axe de cette dernière, donc, la Terre n'a pas exécuté son mouvement diurne sur un cercle horizontal à l'axe du Monde.

Pour concilier la plus grande variation de Y du Dragon en déclinaison qui est de 39'' avec celle de l'étoile 35ᵉ de la Girafe qui a 19'' d'aberration, et aussi avec les variations journalières et annuelles de la Polaire observées par Picard, il faudrait supposer que pendant le mouvement diurne, la Terre parcourt autour du Pôle céleste une orbite inclinée d'environ 20" sur l'axe du Monde, et que tous les jours, cette orbite se déplace en spirale ascendante pendant trois mois et en spirale descendante pendant les trois mois suivants, en remontant de nouveau vers le nord du ciel, pour en redescendre pendant les autres six mois successifs, de sorte qu'au bout de l'année, et par des mouvements épicycloïdes, la Terre parcourrait un espace dont la valeur serait d'environ 40".

Mais ce ne sera qu'une longue série d'observations très-précises qui pourront confirmer où faire rejeter cette hypothèse.

Cependant, quoiqu'il en soit, je pense que, c'est par des mouvements analogues que la Terre doit tourner autour de l'axe du Monde, afin de donner une apparence d'aberration dans les fixes.

Maintenant reste à savoir, si les observations de Bradley, aussi bien que celles d'autres célèbres astronomes, sont telles qu'ils les ont vues dans le ciel, ou bien si elles ont été préalablement accommodées aux besoins de certaines hypothèses.

Car, dans l'*Histoire céleste*, à la page 252, on dit que :

« M. Picard avait communiqué à l'Académie les observations qu'il avait faites depuis 1675 de la luisante de la Lyre, dont la hauteur méridienne observée dans les deux solstices, avait toujours paru la même, ce qui était contraire aux observations de M. Hook, qui avait prétendu trouver 20" de différence, dont il avait voulu conclure le mouvement de la Terre. »

Voilà donc un démenti sur l'exactitude des observations de Hook.

Voyons à présent si, comme l'a assuré Lalande, « l'accord que l'on voyait dans les observations de Y du Dragon faites dans tous les mois de l'année, parut par toutes les autres étoiles dont l'aberration fût observée et calculée, quelle que fût leur distance aux colures, et si, Bradley vit (sans parti pris) que les étoiles situées près du colure des solstices comme Y du Dragon, étaient les seules étoiles qui fussent le plus au nord ou le plus au sud dans le temps des équinoxes.... et qu'enfin l'aberration était nulle en latitude pour les étoiles situées dans l'écliptique. »

Eh bien! dans les *Observationes astronomicæ, annis 1781, 1782 et 1783, institutæ in observatorio regio Hauniengi, auctore Thoma Bugge,* on trouve pour les étoiles Y et B du Dragon des valeurs d'aberration qui diffèrent absolument de celles données par l'hypothèse.

Voici ces observations avec lesquelles il y a aussi celles faites pour la luisante ou *a* de la Lyre.

Anno 1781.

	Draconis.				Lyrae.	
	Y	Différ.	B	Différ.	A	Différ.
13 Julii.	85° 50' 25"		86° 47' 25"		72o 54' 45"	
18 id.	id.	0"	id,	0"	» » 50"	+ 5"
19 id.	» » 27"	+ 2"	» 30'	+ 5"	id.	0"
20 id.	» » 20"	—	» 25'	— 5"	» » 45"	— 5"
31 id.	» » 22"	+ 2"	» 25"	0"	» » 47"	+ 2"
14 Augusti.	85° 50' 26"	+ 4"			72c 54' 45"	— 2"
17 id.	» » 25"	— 1"			» » 50"	+ 5"
31 id.	85° 50' 32"	+ 7"	86° 47' 30"	+ 5"	72° 55' 0"	+ 10"
1 Septem.	» » 30"	— 2"				
8 id.					» 54' 55"	— 5"
12 id.	» » 30"	0"			» 55' 0"	+ 5"
13 id.					» 54' 55"	— 5"
24 id.					» » 55"	0"
13 Décemb.					» » 50"	— 5"

Anno 1782.

	Y		B		A
19 Junii.			86° 47' 5"		
23 id.			» » 10'	+ 5"	
23 Julii.			» » 20"	+ 10"	
28 id.	85° 50' 25"	— 5"	» « 20"	0"	
9 Septem.	» » 22"	— 3"			72· 55' 5" + 15'

Anno 1783.

	Y		B		A	
17 Julii.	» » 15"	— 5"	86° 47' 10"	—	45"	—
27 id.	» » 30"	+ 15"	» » 17"	+. 7"	0"	» »
29 id.	» » 30"	0"				
1 Septem.	85° 50' 32"	+ 2"				

Ici l'on voit bien que d'un jour à l'autre le changement
en déclinaison, a été de 2" à 5" en plus ou en moins et
même stationnaire pour l'une de ces trois étoiles ; que pendant une saison de l'année 1781, la plus forte déclinaison
nord, arrivée le 31 août, a été de 10" pour a de la Lyre, de
7" pour Y et de 5" pour B du Dragon ; mais de 10" pendant la nuit du 22 juillet 1782, que dans l'espace d'un an
à l'autre, savoir de 1781 à 1782, l'étoile a de la Lyre a eu
un changement en déclinaison nord de 15", de 3" nord
pour l'étoile Y du Dragon, mais de 27" sud pour l'étoile B
de la même constellation ; enfin de 1782 à 1783, ce changement s'est fait vers le nord, de 10" pour Y, mais de 10"
sud pour B et de 20" sud pour a de la Lyre.

Je donnerai encore d'autres observations sur certaines
étoiles.

Année 1781.

	Arcturus	Différ.	Andromedæ A	Différ.	Casiopæ A	Différ.
10 Octobris.	54° 39' 30"					
11 id.	id.	0"				
17 id.	» » 32"	+ 2"				
19 id.	» » 25"	— 7"				
3 Novemb.			62° 13' 0"		89° 39' 30"	
4 id.	54° 39' 15"	— 10"	» 12' 55"	— 5"		
17 id.					» » 40"	+ 10"
19 id.					» » 42"	+ 2"
20 id.					id.	0"
21 id.					» » 40"	— 2"
3 Décemb.					89° 39' 40'	0"
5 id.					id.	0"
8 id.					» » 30'	— 10'

Année 1782.

	Geminorum δ	Différ.	Andromedæ A	Différ.	Casiopæ A	Différ.
25 Februar.	56° 41' 57"					
6 Martii.	» » 50"	— 7"				
12 id.	» » 47"	— 3"				
24 Novemb.			62° 13' 20"		89° 40' 0"	
22 Decemb.			» » 17"	— 3"	id.	0"

Année 1783.

	Geminorum δ	Différ.				
15 Februar.	56° 41' 42"					
1 Martii.	» » 40"	— 2"				
20 id.	» » 47"	+ 7"				

Ainsi ces étoiles, comme les précédentes, éprouvèrent de pareils changements en déclinaison, sans ordre, ni règle par rapport aux colures ou à l'écliptique, de sorte que l'étoile P des Gémeaux, bien que placée exactement sur l'écliptique, a subi d'un jour à l'autre une déclinaison entre 2" et 7"; comme l'étoile Y du Dragon, située près du colure des solstices et le pôle de l'écliptique, du 25 février au 12 mars 1782 elle a eu une déclinaison sud de 10", tandis qu'en 1783 à la même époque cette étoile effectuait un déplacement vers le nord d'environ 5".

17

Pour l'étoile *a* de Cassiopée, depuis le 3 novembre 1781 jusqu'au 24 novembre 1782, ce changement annuel a été de 30" vers le nord, quoique par sa position elle eût dû en avoir bien moins que l'étoile Y du Dragon, qui, du 1er septembre 1781 au 9 septembre 1782, n'a éprouvé qu'une déclinaison sud de 8".

Pour compléter mes argumentations contre l'hypothèse de l'aberration, je vais signaler encore les observations de plusieurs étoiles qui ont été faites par Picard, près de la Porte Montmartre, dont la hauteur apparente du pôle était 48° 53', de sorte que ces observations seront données plus grandes de 1' 58" afin de les représenter comme étant faites à l'observatoire.

Année 1669.

	A du Lion Regulus		A du Bouvier Arcturus		A de l'Aigle Luisante
4 Mars.	54° 43' 38"				
5 id.	» » 58"	+ 20"			
22 id.	» 44' 8"	+ 10"			
2 Avril.	54° 42' 58"	—1' 10"			
11 id.	» 43' 33"	+ 35"			
12 id.	» » 48"	+ 15"			
13 id.	» » 43"	— 5"			
17 id.	» » 48"	+ 5"			
23 id.	» 44' 8"	+ 20"			
24 id.	» » 28"	+ 20"			
30 id.	» » 38"	+ 10"			
17 Mai.			62° 5' 33"		
21 id.			» » 38"	+ 5"	
22 id.			» » 28"	— 10"	
26 id.			» » 38"	+ 10"	
28 id.			» 6' 38"	+ 1"	
31 id.			» » 58"	+ 20"	
1 Juin.			62° 6' 28"	— 30"	
3 id.			» » 58"	+ 30"	
7, 12, 13, 18			» » 38"	— 20"	
19			» » 53"	+ 15"	
21, 28			» » 48"	— 5"	
1, 6, 10 Juillet.			» » 38"	— 10"	
24 Août.					49° 13' 8"

Année 1670.

	Régulus		Arcturus		Luisante	
24 Mai.		Retr.	» 6' 38"	— 40"	A de l'Aigle	
			62° 5' 58"			
17, 18 Juin.			» » 53"	— 5"		
20 id.			» » 33"	— 20"		
22 id.			» » 53"	+ 20"		
13 Juillet.			id.			
18, 24 id.			62° 5' 18"	+ 5"		
13 Août.					49° 13' 18"	+ 10"

Année 1672.

	Régulus		Arcturus		Luisante	
29 Juillet.			62° 4' 58"	— 1"		
2,5 Août.			id.		49° 13' 28"	+ 10"

Année 1673.

	Régulus		Arcturus		Luisante	
25 Avril.	54° 43' 38"		62° 4' 58"	0"		
27 id.	id.					
7 Juin.			id.			
14 id.			» 5' 3"	+ 5"		
19,23 id.			» 4' 58"	— 5"		
21 Septem.					49° 13' 45"	+ 17"

A l'Observatoire

Année 1674.

	Régulus		Arcturus		Luisante	
4 Août.		Retr.	62° 4' 35"	— 23"	A de l'Aigle	
31 id.					49° 13' 55"	+ 10"

Année 1675.

	Régulus		Arcturus		Luisante	
13 Mars.	54° 42' 45"	— 53"				
19 Juillet.			62° 4" 7" 1|2	— 27" 1|2		
20 id.			32° 4" 10"	+ 2" 1|2		
27 id.						
11 Août.					49° 14' 7"	+ 12"
20 id.					id.	
					» 14' 0"	— 7"

Année 1676.

24 Février	54° 42' 15"	— 30"				
15 Août.				γ 51° 3' 0" α 49° 14' 25" B 46° 49' 29"	+ 25"
16 id.				γ 51° 2' 55" α 49° 14' 25" B 46° 49' 30"	— 5" 0" + 10"
1 Sept.				γ 51° 2' 55" α 49° 14' 30" B 46° 49' 30"	0" + 5" 0"

Année 1679.

| 19 Août | | | | | α. 49° 15' 3" | — 33" |

Année 1680.

| 4 Août | | | | | γ. 51° 3' 10"
α. 49° 15' 0" | + 15"
— 3" |

Année 1681.

| 30 Juin
» | | | 62° 2' 50" | — 1' 20" | 49° 15' 0" | 0" |

Année 1682.

| 17 Août | | | | | 49° 15' 17" | + 17" |

Année 1683.

22 Avril	54° 40' 38"	— 1' 37"				
1 Mai	35"	— 3"				
25 Septembre 27 id. 28 id.					49° 15' 23" 30" 27"	+ 6" + 7" — 3"
1 Octobre					23"	— 4"

Année 1684.

22 Avril	54° 40' 25"	— 10"				
1 Mai 26 id.	24"	— 1"	62° 1' 35"	— 1' 15"		
30 Août					49° 15' 45"	+ 22"
10 Octobre					id.	0"

Année 1740.

28 Avril	54° 24' 10"	— 16' 15"					
23 Juin			61° 13' 20"	— 18' 15"			
20 Octobr.					49° 23' 5"	± 8' 20"	

Donc, ces observations nous font connaître que, quelles que soient les positions des étoiles à l'égard du pôle de l'écliptique, elles éprouvent d'un jour à l'autre, comme d'une saison à la suivante, aussi bien qu'après une année, des changements en déclinaison qui peuvent même dépasser 20" en plus ou en moins, sans règle fixe, et cela contrairement à ce qu'avait prétendu Bradley dans son hypothèse, et contrairement encore à ce que disait Lalande, savoir :

« Que l'aberration diurne est nulle, parce que le mouvement diurne de la Terre est trop lent pour qu'il puisse avoir un effet sensible. »

Nous voyons aussi, qu'après 15 ans, à partir du 23 avril 1669, jusqu'au 22 avril 1684, Régulus descendait vers le sud de 3' 43"; Arcturus, du 26 mai 1669 au 26 mai 1684, avait aussi descendu vers le sud de 4' 03"; mais, que a de l'Aigle, du 24 août 1669 au 30 août 1684, était monté au contraire vers le nord par une traite de 2' 37" ; enfin, depuis l'année 1784 jusqu'à l'année 1740, Régulus continuait à descendre de 16' 15" vers le sud ; Arcturus, de 18' 15"; et l'étoile de la luisante de l'Aigle montait toujours vers le nord de 8' 20".

Des déplacements pareils en déclinaison ont été effectués par toutes les étoiles observées par Picard, mais avec des variations qui ne sont pas d'accord avec la théorie de l'aberration.

Même le mouvement séculaire diffère sensiblement d'une étoile à l'autre. Ainsi, par exemple, de l'année 1669 jusqu'à l'année 1740, l'Epi de la Vierge, situé vers l'écliptique, a subi une variation en déclinaison nord-sud de 22' 18", tandis que Régulus, bien que lui aussi situé vers l'écliptique, n'a subi qu'une déclinaison nord-sud de 10' 28" seulement, à peu près comme Procyon du petit Chien, dont la déclinaison n'a été que de 9' 53" nord-sud, pareillement à l'étoile *a* de l'aigle qui n'a été que de 9' 57", laquelle valeur cependant s'effectuait du sud vers le nord, en sens contraire des étoiles précédentes.

Ainsi, Arcturus ou l'étoile *a* du Bouvier éprouvait comme l'Épi ou *a* de la Vierge, un même changement en déclinaison du nord au sud de 22' 13".

Le cœur du Scorpion ou Antarès, de 1675 jusqu'en 1740, a subi une déclinaison nord-sud de 10' 15".

C'est seulement la luisante de la Lyre qui a été l'étoile observée comme presque stationnaire, car, pendant la période de 70 années, elle n'effectuait son changement en déclinaison que de 3' 12" et encore du sud vers le nord, comme l'a fait la luisante de l'Aigle.

Si toutes ces observations sont exactes, elles donneraient matière pour faire supposer que, pendant ces 70 années, l'orbite journalière et annuelle de la Terre se serait inclinée de 20" sur l'équateur céleste, en oscillant du nord au sud sur un point du ciel, correspondant à la luisante de la Lyre, puisque cette étoile n'avait subi une déclinaison du sud au nord que d'environ 3', tandis que les **autres étoiles** ont éprouvé des changements toujours plus sensibles en raison de leur position relative à l'égard du déplacement successif de l'orbite terrestre.

Je ne sais pas si, après cette époque, l'orbite de la Terre a continué à se déplacer et osciller dans le même sens ou en sens contraire, car, après les observations consignées dans l'*Histoire céleste* de l'année 1741, je n'ai pas encore eu l'occasion d'examiner les observations qui ont été faites successivement jusqu'à nos jours.

En attendant nous devons reconnaître que c'est aux observations consciencieuses de l'illustre Picard, que nous sommes redevables de la découverte des oscillations ou déplacements irréguliers de la Terre sur des épicycloïdes dont le centre, ne coïncidant point avec le pôle du Monde, permet de s'assurer que ces épicycloïdes sont décrits par un mouvement de révolution que la Terre accomplit tous les jours autour de l'axe de la sphère céleste.

De ces observations il paraît ressortir encore que les épicycloïdes se déroulent en spirales du nord au sud, sur une étendue d'environ 19", et cela à partir du mois de mars jusqu'au mois de septembre, et du sud au nord à partir du mois de septembre jusqu'au mois de mars suivant, avec une étendue d'environ 20". C'est ce phénomène qui a donné l'hypothèse de l'aberration des fixes.

Nous avons déjà prouvé, par le moyen du plan parallactique, que le simple parallélisme des visuelles d'un observateur placé sur la surface terrestre ne peut donner aucunement la circulation apparente des étoiles autour du pôle, mais que, pour observer ce phénomène, il est nécessaire que l'observateur tourne réellement autour de l'axe du Monde.

Afin qu'il ne reste plus de doute sur ce fait capital, nous allons répéter le même procédé, mais d'une manière bien plus simple, pour qu'il soit à la portée de toute personne qui voudrait en faire l'expérience.

Soit NESO (fig. 52) un cercle ou un plan circulaire dont l'axe A a, devra être dirigé exactement vers le pôle P du ciel ; soit BCDF une glace immobile suspendue parallèlement au-dessus du cercle parallactique et au travers de laquelle on verrait un certain nombre d'étoiles dont on veut faire l'observation.

Cela posé, et pendant une belle nuit d'hiver, plaçons au point N une règle NS de façon à ce qu'elle vise une étoile située au dessous du Pôle P.— Le bout de cette règle en touchant le glace BCDF indiquera le point, par où passe l'image de l'étoile et que l'on marquera d'une couleur quelconque.— Ensuite, sur l'alignement A _a_ de l'axe du cercle ou plan parallactique, traçons aussi sur la glace avec une autre couleur un point P, correspondant à celui P du Pole. Restons fixes dans cette position, afin que la Terre, par son mouvement de rotation, nous transporte dans le ciel autour d'un cercle qui est celui de notre parallèle. Par ce fait alors il nous semblera que c'est la sphère étoilée qui aura tourné autour de nous, et de telle sorte que, si après 6 heures de circulation nous visons avec la règle la même étoile S, nous verrons qu'elle s'est déplacée en se portant de S en un autre point _e_ que nous marquerons avec la même couleur qu'auparavant.

Mais si nous regardons l'alignement du pôle, nous verrons que ce pôle n'a pas changé de place et qu'il se trouve fixé au même point _p_. Six heures plus tard, il y aura un nouveau déplacement dans l'image de l'étoile, elle serait vue en un point _n_ au-dessus du pôle qui est resté encore à sa place primitive _p_.

Enfin si chez nous les nuits d'hiver étaient plus longues, 18 heures après la première observation, on verrait l'étoile s'arrêter en un point O de la glace, tandis que le pôle serait toujours vu fixé en _p_.

En faisant une courbe par les points marqués de couleur on trouverait que l'étoile a décrit un cercle _seno_ autour du pôle _p_ immobile.

Si l'on répète la même opération pour connaître la marche d'autres étoiles circumpolaires pendant le mouvement diurne de la Terre, en traçant avec des couleurs différentes les quatre points de déplacement que les étoiles ont exécuté sur la glace, on trouverait même pour ces étoiles que leurs routes ont décrit des cercles concentriques au pôle P, suivant leur distance de ce pôle.

Or, si le système de Copernic représente le vrai système du ciel, il est évident que c'est par la rotation de la Terre sur son axe que nous avons vu s'accomplir les phénomènes ci-dessus remarqués par l'alignement des étoiles, bien qu'au dire des coperniciens l'écliptique sur lequel nous nous trouvons avec la Terre soit tout entier éloigné de plusieurs millions de lieues de l'axe du Monde.

Ces phénomènes seraient aussi visibles sur tous les parallèles, même au pôle du globe, ou le parallèle n'aurait ici que quelques centimètres de diamètre.

Un observateur placé dans ce lieu, et sans attendre le temps qu'il faut à la Terre pour tourner sur son axe, pourrait en tournant sur ses talons voir s'effectuer les mêmes apparences de la circulation diurne des étoiles autour du pôle du Monde.

C'est précisément dans des conditions identiques par rapport au pôle du Monde que se trouve notre plan ou cercle parallactique NESO placé comme il est sur le parallèle de Paris. En tournant autour de lui, nous obtiendrons les mêmes résultats, comme si l'on était au pôle même de notre globe et on exécuterait un tour sur ses talons.

Plaçons-nous donc au même point S' (fig. 53) cercle S' E' N' O', comme lors de la première observation, et avec la règle visons la même étoile S. On verra sans doute l'image de cette étoile repasser par le même point s de la

glace, car ce serait la reproduction d'un phénomène identique à celui paru lors du mouvement diurne de la Terre·
Le Pôle aussi paraîtra se projeter de nouveau au point p.

Ensuite, portons-nous au point E' du plan afin de nous trouver, par rapport au ciel, dans une position pareille à celle que nous avons occupée, six heures après que la Terre tournait sur son axe.

Nul doute alors que l'étoile paraîtra au même point e déjà signalé, si, comme le prétendent les coperniciens, ces apparences sont les mêmes, soit qu'on circule autour du Pôle, soit qu'on circule en dehors du pôle, pourvu que la circulation se fasse autour d'un axe parallèle à l'axe du Monde, tel que le présente la position de l'axe de notre cercle parallactique.

Eh bien ! rien de tout cela car, au lieu de voir cette étoile prendre la place c en montant peu à peu vers le nord comme nous l'avons vu naturellement s'effectuer dans le ciel, ici, au contraire, la même étoile du point s' descendra peu à peu vers l'horizon et prendra place en un point e' de la glace, et ensuite en un point bien plus bas, comme n, lorsque l'observateur la visera étant en N du cercle parallactique. Enfin, son image passera à travers la glace en un point S' quand on sera arrivé vers le point O' du plan.

Les mêmes déplacements sont éprouvés par le Pôle P, qui au lieu de rester toujours fixé en p', se portera au contraire en r, t, et en u ; de sorte que, si l'on fait passer une courbe par les points marquants sur la glace, les déplacements propres, soit du pôle, soit de notre étoile ou de plusieurs différentes étoiles, on trouverait que cette courbe tracerait des ellipses S' e', n' o', p' r', t u, et d'autres encore qui peuvent s'entrelacer les unes dans les autres (fig. 54) suivant leurs positions relatives par rapport à l'observateur et à la grandeur du plan parallactique sur lequel on tourne.

Mais alors, si étant sur la surface de la Terre, les visuelles parallèles nous donnent la circulation apparente des étoiles dans un sens tout divers de ce que nous voyons s'effectuer pendant le mouvement diurne de la Terre, et cela à cause que le lieu où nous sommes placés se trouve éloigné de quelques milliers de lieues de l'axe de la Terre ; comment voulez-vous prétendre, savants coperniciens, que la Terre, étant placée sur l'écliptique, et distante de plusieurs trillions de lieues de l'axe du Monde, nous donne par le simple parallélisme des visuelles, en tournant sur elle-même, l'apparence exacte de la circulation des étoiles, comme si la Terre parcourait réellement un cercle autour de l'axe du Monde ?

Ainsi, par les observations et les faits que je viens d'exposer, on doit être convaincu enfin que la Terre est forcée constamment de circuler toutes les 24 heures autour de l'axe du Monde, sur une orbite excentrique au pôle de la sphère étoilée, ce qui détruit l'hypothèse de la rotation de notre globe sur son axe.

Si, dans une observation où l'on dispose de toutes sortes d'instruments pour des recherches plus délicates, on faisait en grand l'expérience dont j'ai donné les détails, je pense que l'on parviendrait peut-être à trouver la grandeur approximative de cette orbite.

Appuyé sur les observations de Picard, j'ai taché de démontrer qu'en outre des mouvements oscillatoires de sa circulation diurne et excentrique autour du Pôle du Monde, la terre semble encore se porter du nord au sud et du sud au nord du ciel, par des mouvements épicycloïdes dont l'étendue serait d'environ 40".

Or, ces mouvements ne sauraient avoir lieu sans l'intervention d'une force agissant dans un espace dont la largeur et la profondeur seraient toujours proportionnelles à la force impulsive.

Cela posé, supposons que la force se manifeste d'abord en un point *a* d'une masse fluidique (fig. 55) et qu'ensuite, pour développer son action, prenne la direction *ab;* cette direction sera bientôt changée, car les masses moléculaires du fluide en pressant de tous côtés la force, contraindra celle-ci à tourner continuellement sur elle-même par des mouvements épicycloïdes *abcdef,* et comme les molécules fluidiques entourent sphériquement la force après l'avoir tout d'abord développée en largeur, par exemple, ces molécules pousseront ensuite la force à se dérouler dans la profondeur du fluide sur une spirale AB (fig. 56) dont l'étendue serait toujours proportionnelle à la pression moléculaire du fluide. Mais pour que les épicycloïdes de la force puissent monter ou descendre, il faut qu'ils tournent en sens incliné *mn,* à la verticale de l'axe AB de leur parcours.

Après cela, il est facile de concevoir que la force engendrera dans la masse du fluide d'autres mouvements semblables, comme celui 1,2,3,4,5, (fig. 55) lesquels à leur tour feront circuler suivant leur direction tous les corps qui seraient enveloppés dans les ondulations du fluide, ainsi engendrées.

Donc, les ondulations de l'éther seraient la cause plus que probable de tous les mouvements de la Terre qui s'exécuteraient alors dans le sens de la force impulsive.

Ainsi, après avoir parcouru pendant un jour un cercle autour de la force, ce cercle monterait peu à peu vers le nord du ciel, transportant avec lui la Terre et la descendant ensuite vers le sud, dans l'intervalle d'un temps égal au temps que le Soleil met pour accomplir sa circulation annuelle autour du centre moteur.

Cette durée égale du temps entre le parcours spirale de la Terre et la révolution de l'astre, ferait penser que c'est le Soleil qui limite l'étendue du parcours ascendant et descendant de notre globe. Car, lorsque la Terre aux mois de mars et septembre (fig. 57) se trouve en *éq, c'q'*, le Soleil à ces époques, en se projetant perpendiculairement sur le plan de l'équateur de la Terre, semble arrêter la marche de cette dernière, et quand l'astre après l'équinoxe du printemps par sa marche ascendante surpasse en hauteur le point du ciel occupé par la Terre, alors celle-ci, en vertu des ondulations solaires, descend peu à peu vers le sud pour se trouver en **A**, lorsque le Soleil est parvenu en S vers l'époque du solstice d'été. Et quoique l'astre à partir de ce point S de son orbite descende lui-même vers le sud du ciel, néanmoins comme il plane toujours au-dessus du globe terrestre, il continuera encore par ses ondulations à pousser la Terre vers le sud jusqu'au mois de septembre, époque de l'équinoxe d'automne, et où le Soleil est parvenu une autre fois à se projeter perpendiculairement sur l'équateur terrestre *e' q'* et arrêter la marche descendante du globe.

Continuant sa course vers le sud le long de l'écliptique, l'astre se trouvera planer au-dessous de la Terre et, par ses ondulations dans le sens ascensionnel, fera remonter à cette dernière la spirale qui se développe du sud au nord jusqu'au point *cq*, où aura lieu la station du mois de mars.

Il me semble que cette démonstration est bien suffisante pour faire comprendre la manière par laquelle pourrait être limitée l'étendue du parcours spirale de la Terre, et nous faire connaître en même temps que l'axe de l'orbe solaire, passant par les points des deux équinoxes, se trouve incliné d'environ 40'' sur le plan de l'équateur terrestre ; tandis que l'autre axe qui se projette sur la ligne solsticiale couperait ce plan sous un angle de 23° $\frac{1}{2}$ à peu près.

Mais ces deux axes, en passant par les centres du **Soleil** et de la Terre, se croiseraient-ils en angle droit ? Ce n'est pas probable ; voici pourquoi :

Suivant Francœur, « Le passage d'une étoile au méridien divise en deux temps parfaitement égaux l'intervalle du lever au coucher ; mais la même chose n'a lieu pour le Soleil qu'aux solstices. A raison du changement perpétuel de déclinaison, les angles horaires du lever et du coucher sont un peu inégaux. A l'équinoxe du printemps la seconde moitié du jour surpasse la première de 1^m 12^s ; c'est le contraire à l'équinoxe d'automne. Midi n'est donc exactement le milieu du jour qu'aux deux solstices. »

En outre : « Les quatre saisons sont d'inégales durées, par suite de la variation de vitesse et de distance du Soleil. Le printemps est plus court que l'été et p'us long que l'automne, l'hiver est la moins longue des saisons. »

Le printemps se compose de 92 jours, 21^h 20^m ; l'été, de 93 jours, 14^h, 11^m ; l'automne, de 89 jours, 17^h, 1^m ; enfin l'hiver est composé de 89 jours, 1^h, 14^m seulement.

Donc si, du solstice d'hiver H (fig. 58) à celui d'été E, on ne compte que 181 jours, 24^h, 44^m, tandis que du solstice d'été E à celui d'hiver H on compte 183 jours, 9^h, 12^m ; il faut convenir que l'axe joignant les deux solstices **E, H**, divise l'écliptique en deux parties inégales, en passant d'un côté du centre du Soleil, si celui-ci se trouvait au milieu de l'écliptique ; mais, comme à l'instant des deux solstices cet axe doit passer exactement par les centres du Soleil et de la Terre, celui-ci étant placé en dedans de l'écliptique, elle devra alors se trouver exactement sur la ligne de cet axe.

Pl. XI. Page 270

Fig. 52

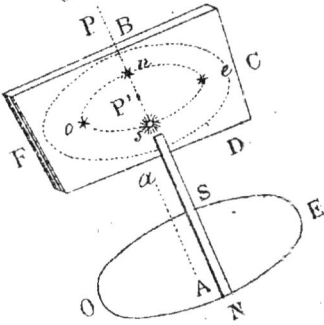

Fig. 53

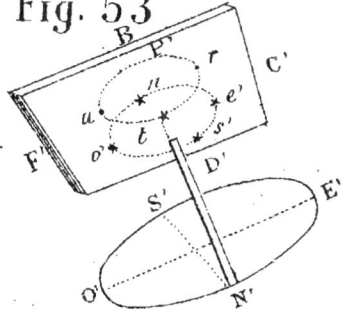

Fig. 54

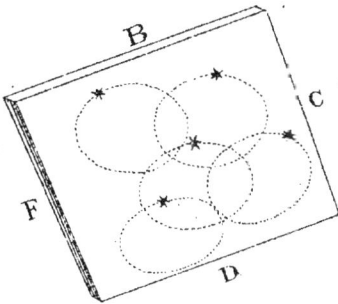

Fig. 55

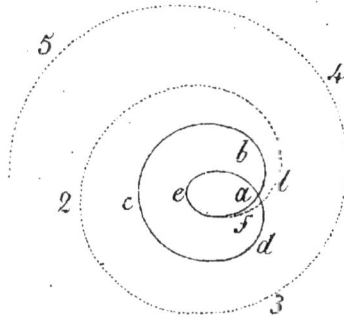

Fig. 56

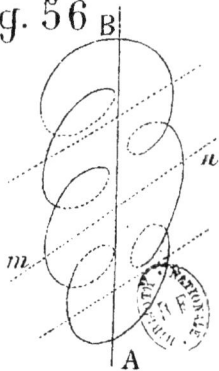

Fig. 57

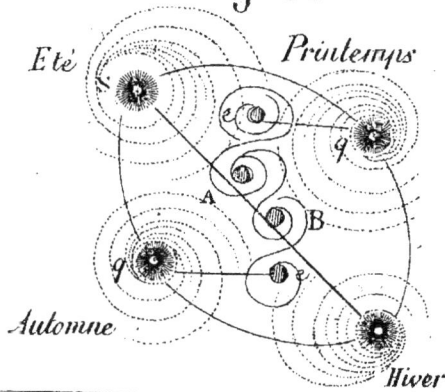

Maintenant, si nous remarquons que du printemps à l'automne il y a un intervalle de 196 jours, 11^h 31^m et que, de l'automne au printemps, on ne compte que 178 jours, 18^h, 15^m, nous trouverons que l'axe de l'écliptique aboutissant aux points des équinoxes Ss, partagera ce plan plus inégaement encore, et passera bien plus loin du centre écliptique.

Et comme « à l'équinoxe de printemps, la seconde moitié du jour surpasse la première de 1^m 12^s et que c'est le contraire à l'équinoxe d'automne, alors à ces deux époques la Terre ne se trouvera plus située exactement sur cet axe Ss, mais bien un peu du côté du solstice d'été P, » afin qu'elle puisse, par la méridienne PS passant sur le Soleil, « donner à la seconde moitié du jour un surplus de 1^m12^s. » Le même doit arriver, mais en sens contraire lors de l'équinoxe d'automne A. Cette valeur de 1^m 12^s ne représenterait-elle pas la valeur angulaire de l'axe de la spirale terrestre annuelle, incliné vers le point du solstice d'été ? Peut-être !

Quoi qu'il en soit, la position de la Terre étant ainsi établie à l'égard des quatre saisons, il en résultera que son orbite journalière devra être tracée par un cercle Pe Ah, qui serait alors excentrique au centre C de l'orbe solaire.

Dans le cas que cette orbite serait plus près du solstice d'été, les observations donneraient la valeur du diamètre du Soleil en sens contraire des lois optiques, comme ailleurs nous l'avons déjà fait supposer.

Maintenant, si nous considérons que la marche de haut en bas et de bas en haut dans le ciel est telle que nous l'avons argumentée par les observations de Picard et de Bradley, la Terre devra alors employer plus de temps pour descendre vers le sud que pour monter ensuite vers le nord, afin de concilier par ces différences de temps les positions de la Terre sur sa spirale, avec celle du Soleil sur l'écliptique.

Cependant, sans altérer en rien la vitesse diurne, laquelle est considérée comme toujours de la même valeur, on pourrait supposer que la partie descendante de la spirale, à partir du mois de mars, est parcourue par la Terre sur des épicycloïdes dont la distance diminuerait de jour en jour jusqu'à l'équinoxe d'automne, et qu'ensuite elle monte l'autre côté de la spirale par des tournoiements épicycloïdes, s'écartant de plus en plus au fur et à mesure qu'elle s'éloigne du point de l'équinoxe d'automne, pour arriver à atteindre le point de l'équinoxe du printemps.

Combien donc faudra-t-il de mouvements épicycloïdes à la terre pour représenter les apparences de la sphère céleste ?

C'est bien par le système des épicycles, que les anciens astronomes ont tâché d'expliquer les inégalités des mouvements de notre globe.

Arago en se moquant un peu d'eux disait ceci :

« Les anciens avaient essayé de rattacher les stations et les rétrogradations des planètes à leurs idées astronomiques. Ne point rendre compte de ce phénomène c'eût été avouer qu'on ne savait rien de positif sur le système du Monde. Aussi les explications abondèrent ; mais grand Dieu ! qu'elles explications ! Des cercles se mouvant sur des cercles...

« Le système des épicycles, tout ingénieux qu'il était, ne pourrait aujourd'hui être défendu ; il doit être rejeté surtout par cette considération empruntée à la mécanique, qu'un corps dans son mouvement circulatoire, ne peut être retenu autour d'un point idéal dépourvu de matière, et qui de plus se déplace sans cesse. »

Mais si les considérations mécaniques empêchaient le développement des épicycles, comment se fait-il que Arago lui-même, avec les Coperniciens, ait adopté le mouvement circulatoire de rotation *aōcd* (fig. 59) des satellites, par exemple, sur le cercle ABCD ou orbite de leur révolution, ensuite que ces deux cercles ensemble doivent circuler sur un autre plus grand *efgh* telle que l'est l'orbite de leur planète principale P. Ne sont-ce pas là « des cercles se mouvant sur des cercles ? » tout simplement comme dans l'hypothèse ancienne.

Et leur « mouvement circulatoire ne se fait-il pas, autour de points idéals dépourvus de matière et qui se déplacent sans cesse ? »

Donc le système des anciens n'est pas aussi absurde qu'on le prétend aujourd'hui, et, si les considérations empruntées à la mécanique font rejeter ce mode de mouvoir les corps célestes dans l'espace, les faits empruntés aux mouvements ondulatoires de tous les fluides expliqueraient sans trop de peine que cet entrelacement de cercles peut non-seulement avoir lieu, mais qu'il est nécessaire à l'accomplissement des mouvements célestes.

Il nous reste enfin à donner quelques satisfactions sur la cause par laquelle la Terre marcherait dans l'espace, sans avoir besoin de tourner sur son axe.

Nous avons dit ailleurs que les ondes d'un fluide qui, partant du centre moteur, viennent saisir les corps, ne peuvent les entraîner avec elles, quand leur vitesse n'est pas en rapport avec la masse propre de chaque corps.

Mais, lorsque la vitesse est proportionnelle à la masse, l'onde pousse les corps dans son sillon avec plus ou moins de force, et la révolution se fait ainsi plus ou moins rapidement.

C'est bien quand les corps sont entraînés avec une grande

18

rapidité que leur rotation n'a pas lieu ; car ils restent comme attachés sur l'onde même qui les transporte.

Donc, pour que le corps puisse être doué de rotation, il faut que lui-même conserve une certaine indépendance de mouvement, qu'il peut obtenir, moyennant un intervalle de temps entre la propagation des ondes, parce qu'alors, le corps pendant quelques instants étant délié de l'étreinte exubérante de l'onde, pourra se prêter à recevoir un tout autre mouvement outre que celui de révolution.

En effet, si l'onde qui parvient à pousser un corps, n'est pas suivie immédiatement par d'autres ondes, elle aura le temps en se retirant de glisser sur une partie de la périphérie du corps, avec tendance de le faire pivoter sur l'axe d'une certaine quantité.

Une fois que l'onde a lâché le corps, l'onde qui était plus en avant revient sur ses pas pour prendre la même place que celle-là, et glisser elle-même sur le corps, mais d'un côté opposé, en lui communiquant ainsi une autre petite quantité de mouvements tournants. C'est à la suite redoublée de ces glissements opérés par intervalles que les ondes achèveront le mouvement rotatoire du corps, en l'emportant en même temps autour de leur autre générateur. La durée de cette rotation dépendra de la force de l'onde, à l'égard du corps et de l'intervalle de temps que les ondes mettent pour se suivre.

Or donc, si la Terre n'est pas douée du mouvement de rotation, on doit penser qu'elle est trop près de la force impulsive qui lui fournit des ondulations dont la succession ne se fait pas attendre suffisamment, afin de laisser quelques instants, la Terre, libre de ses mouvements.

L'onde répulsive, qui, la première, va communiquer un mouvement quelconque aux corps célestes, représenterait la force centrifuge ; l'onde attractive, qui ensuite transporte les corps célestes vers le centre moteur, représenterait la force centripète.

Les corps plus lourds, ayant besoin d'une vitesse plus grande, pour se mouvoir, tendent toujours à se porter vers le centre du mouvement afin de trouver l'onde sur laquelle ces corps puissent s'équilibrer et recevoir la force nécessaire de translation qui soit en harmonie avec leur pesanteur.

Les corps plus légers tendent toujours à s'éloigner du centre du mouvement, jusqu'a ce que, dans l'affaiblissement progressif des ondes, ils trouvent une onde dont la vitesse soit en harmonie avec leur légèreté.

De ceci il en résulterait, comme conséquence raisonnable de l'hypothèse d'ondulations, que si la Terre était, parmi les planètes, la plus proche du centre moteur, elle en serait aussi la plus lourde ; enfin, si elle parcourait journellement une orbite, changeant tous les jours de place dans la sphère étoilée, la distance des planètes à la Terre se trouverait toutes les heures altérée, et, par là, impossibilité pour l'observateur terrestre d'obtenir les parallaxes astrales, même lorsque l'opération trigonométrique est exécutée pendant un intervalle de temps bien court, car les oscillations qu'éprouvent les astres à chaque instant et qui deviennent assez sensibles pour l'observateur placé sur la Terre empêcheraient naturellement la construction exacte de toute sorte de triangulation.

Ainsi nous n'avons aucun moyen précis pour connaître la véritable distance des astres, et, comme je le disais ailleurs, il faudra nous contenter d'un à peu près, et encore faudrait-il avant tout savoir la grandeur approximative de l'orbe journalière de la Terre et son inclinaison sur l'axe du Monde.

On pourrait peut-être y parvenir par la mesure micrométrique du diamètre de la Lune qui, étant l'astre le plus rapproché de nous, doit donner des différences assez sensibles de grandeur, entre deux observations simultanées qui seraient faites en deux pays très-éloignés et situés, l'un sur l'hémisphère boréal et l'autre sur l'hémisphère austral, ayant un commun méridien.

La différence qui résulterait entre les valeurs de ces deux diamètres lunaires serait sans doute proportionnelle à la distance de deux observateurs terrestres.

Après douze heures on répéterait la même opération dans des conditions analogues, mais par deux observateurs situés sous un méridien diamétralement opposé au premier.

Ces quatre observations corrigées des réfractions et de la valeur du mouvement en déclinaison, que la Lune aura exécuté pendant douze heures, donnerait, je pense, une différence assez marquée pour permettre de calculer en diamètres terrestres la grandeur approximative du diamètre de l'orbite, sur laquelle notre globe circule tous les jours excentriquement autour de l'axe du monde.

Ce diamètre orbiculaire, une fois connu, nous servirait comme échelle de comparaison, pour mesurer les distances moyennes des astres, et cela par la valeur de l'arc du déplacement qu'effectue chaque astre sur la sphère céleste pendant les 6 heures environ que met la Terre à parcourir un quart de son orbite journalière, car, suivant moi, ces déplacements doivent être proportionnels aux distances des astres à la Terre.

Autant devons-nous dire à l'égard de la Lune, qui, après la Terre, est la seconde planète circulant autour du centre impulsif.

Elle aussi est privée du mouvement de rotation.

Il est vrai que les coperniciens ont doué cet astre d'un mouvement de rotation dont la durée, au dire de Lalande, est parfaitement égale à celle de la révolution, c'est-à-dire de 27 jours, 7^h 43^m 5^s.

Mais ailleurs, il dit encore que :

« Les révolutions moyennes de la Lune qu'on vient de déterminer supposent dans celle-ci un mouvement toujours égal et uniforme, cependant il n'est aucun astre dont les mouvements soient aussi compliqués et aussi irréguliers... les inégalités que l'observation seule fit découvrir sont au nombre de quatre principales, sans compter le mouvement de l'apogée de la Lune et le mouvement du nœud ; la première est l'équation de l'orbite, la seconde est l'érection, la troisième est la variation et la quatrième est l'équation annuelle. »

Il y a en outre : « l'équation séculaire qui exprime une accélération qu'on a remarquée depuis longtemps dans les moyens mouvements de la Lune ; la durée de sa révolution, en mettant à part toutes ses inégalités, est plus courte actuellement de 22 tierces de temps, qu'elle ne l'était il y a 2000 ans.

Mais alors, si le seul mouvement de révolution subit des changements aussi sensibles, comment peut-on espérer que le mouvement de rotation, qui est tout à fait indépendant du premier, le suive rigoureusement dans toutes ses inégalités, afin que, au dire d'Arago, « nous voyons aujourd'hui la même face de la Lune qui se montrait aux anciens, il y a plus de 2000 ans, car, pour peu qu'il y eût la moindre inégalité entre la durée du mouvement de révolution et celle du mouvement de rotation, nous finirions par voir à la longue la région de l'astre qui est invisible aujourd'hui. »

En dehors de leur sophisme, les coperniciens n'ont aucun

fait à produire pour démontrer l'existence réelle de la rotation lunaire.

Ainsi, Francœur croyait nous la prouver avec évidence, lorsque dans son *Astronomie* il disait ceci :

« En observant les taches très-remarquables du disque de la Lune, on reconnaît que l'hémisphère qui nous regarde est toujours le même, si l'on se transporte par la pensée dans le Soleil, on verra la Terre autour de laquelle tourne la Lune, lorsque celle-ci est au-delà de notre globe, le Soleil a l'aspect de la même face que nous voyons, et quand elle est en deçà, c'est-à-dire entre le Soleil et nous, il voit l'autre hémisphère, puisque la face vue de la Terre, est demeurée la même : ainsi du Soleil, on voit tour à tour les divers points de la surface lunaire.

« En accomplissant la révolution entière de son orbite, la Lune a en même temps exécuté précisément un tour entier sur son axe, puisqu'elle a présenté aux spectateurs du Soleil tous les points de sa surface. »

Eh bien ! cette démonstration que Francœur a prise comme exemple, pour nous prouver la rotation de la Lune, est faite tout au contraire, pour nous convaincre que la Lune ne tourne point autour de son axe, car, si les spectateurs du Soleil ont vu successivement tous les points de la surface lunaire pendant que cet astre accomplissait son mouvement de révolution autour de la Terre, les spectateurs de cette dernière, n'ont vu et ne voient jamais que le même hémisphère, parce que la Lune ne tourne pas autour de son axe pendant sa révolution.

Lorsqu'un globe, privé de rotation, circule dans l'espace autour d'un centre les seuls habitants de l'hémisphère qui est tourné vers ce centre, peuvent voir tous les phénomènes de l'espace céleste qui s'accomplissent tant au dedans qu'au dehors de l'orbite de leur planète, tandis que les habitants de l'hémisphère opposé doivent se contenter de voir les seuls phénomènes qui ont lieu au dehors de l'espace circonscrit par le centre de révolution de leur globe.

Mais, si ce globe est en même temps doué du mouvement de rotation sur son axe, alors tous ses habitants verront successivement les mêmes phénomènes qui peuvent avoir lieu soit en dedans, soit en dehors de l'espace céleste occupé par le cercle de révolution.

Ainsi donc, si la Lune L (fig. 60) tournait effectivement sur elle-même, tous les points de sa surface, ou bien ses habitants, devraient regarder successivement tous les points du Ciel qui les entourent, sans en excepter la Terre T, puisqu'elle fait naturellement partie de l'espace céleste ; les éclipses E de Terre par exemple, seraient vues nécessairement par tout le monde lunaire.

De même, les habitants de la Terre, qui avec cette dernière sont placés vers le centre de l'orbe lunaire, devraient voir successivement passer devant eux tous les points de la surface de la Lune, et cela pendant l'espace d'une révolution au moins.

Mais l'observation de tous les jours, pendant des siècles entiers, nous a démontré que les habitants de la Terre n'ont vu jusqu'à présent qu'un seul et même hémisphère. Or, pour que la rotation de l'astre soit admissible, il faudrait de toute nécessité faire marcher la Lune le long de son orbite, avec un parallélisme constant, dans la direction *abcdefgh*, etc.

C'est alors seulement que la Lune, pour présenter toujours le même hémisphère vers le centre de son orbite où est placée la Terre, serait forcée de se déplacer en oscillant dans l'espace, et en parcourir son orbite de révolution par des mouvements épicycloïdes qui seraient engendrés par les ondulations fluidiques se développant tout autour de la Terre en marche.

Et cependant Arago refusait absolument tout parallélisme au globe lunaire pendant son mouvement de révolution, car sur ce sujet il s'est exprimé en ces termes :

« Comment des esprits éclairés ont-ils pu ne pas reconnaître d'emblée que, si le globe lunaire ne tournait pas sur son centre, que si, pendant son mouvement de circulation, il n'était pas doué d'un mouvement de circulation, que s'il restait toujours parallèle à lui-même, la face du globe qui se présenterait à nous, après chaque demi-révolution, serait toujours opposée à celle que nous voyons d'abord. »

Il est étonnant qu'Arago, qui passe pour un des savants les plus éminents, puisse soutenir franchement une thèse contraire au fait qu'il voulait prouver, c'est-à-dire que, si la Lune montre toujours la même face, « c'est précisément parce qu'elle tourne sur son centre sans marcher parallèlement à elle-même, le long de son orbite, » tandis que nous avons démontré que si les choses se passaient comme cela, la Lune au contraire montrerait tous les points de sa surface.

Le mouvement annuel du Soleil, avec ses ondulations, modifiera sans doute les courbes épicycloïdes de la Lune, et cela en raison de la distance de cette dernière par rapport au Soleil. Ainsi, dans les conjonctions les courbes seront un peu plus aplaties qu'aux époques des oppositions des astres où les ondulations solaires et terrestres concourront ou même but.

L'orbite excentrique, que parcourt la Lune tous les mois, devrait elle, aussi, se déplacer continuellement en spirale d'une valeur angulaire d'environ 5° dont le plus grand écart s'effectue du nord au sud pendant 9 ans et demi, et du sud au nord pendant une même quantité de temps.

Il est probable que ce cycle lunaire a un certain rapport avec les époques anomalistiques de la Terre, et surtout celles du Soleil, dont la masse étant supérieure à la masse des autres étoiles devra nécessairement détourner les planètes des ondes sur lesquelles elles sont équilibrées, se faisant ainsi comme la cause principale des perturbations planétaires.

Par ces motifs, il paraîtrait raisonnable de considérer le Soleil comme étant le seul astre qui circule plus régulièrement autour du centre moteur de notre système, et que l'axe spiral et perpendiculaire de son orbite est à peu près dans le sens de celui sur lequel agit la force impulsive des mouvements planétaires, de sorte que les inclinaisons propres des orbites de chaque planète sur l'écliptique seraient en rapport de leur masse et de leur distance de l'astre lumineux.

Ainsi, lorsque le Soleil S (fig. 61), à l'égard de la Terre T, est en conjonction avec une planète, il pourra, par la force de ses ondulations fluidiques, repousser la planète en P, au delà de l'orbe qui lui sillonne l'onde impulsive AB, partant du centre moteur et, en vertu de laquelle la planète exécute son mouvement de révolution.

Au fur et à mesure que le Soleil, par sa marche annuelle sur l'écliptique, s'éloigne de la planète, ses ondulations éthérées y parviendront de plus en plus affaiblies, de sorte que la planète pourra, d'onde en onde, revenir, à l'époque de ses quadratures, occuper le sillon *bc* de son orbite et, par rà, se trouver à sa distance moyenne de la Terre.

Au moment de l'opposition des astres, le Soleil étant arrivé en S' à sa plus grande distance de la planète, celle-ci, gravitant dans le fluide, parviendra à sa plus petite distance P de la Terre, entraînée en deçà de son orbite par la force prépondérante des ondulations du système, et cela à cause que les ondes solaires seront en ce moment trop éloignées de la planète, pour agir sensiblement sur ce corps.

Mais après l'opposition, en remontant de nouveau l'écliptique, le Soleil S s'approche peu à peu de la planète d, la chasse encore une fois vers son orbite, pour la pousser ensuite au delà même de cette orbite, de manière à lui faire décrire des courbes épicycloïdes en nombre à peu près égal aux années solaires dont la planète a besoin, pour exécuter son mouvement de révolution autour du centre générateur.

Plus les planètes se trouveront éloignées du Soleil, plus aplaties et moins grandes seront les courbes de leur épicycloïde.

Or comme Mercure et Vénus sont, parmi les corps célestes, ceux qui se trouvent les plus proches du Soleil, et qu'ils accomplissent leur révolution en moins de temps qu'il en faut au Soleil, en passant tantôt en deçà et tantôt au-delà de l'orbite solaire, il paraît bien naturel de penser que la révolution de Mercure et de Vénus soit due principalement au mouvement de rotation du Soleil, modifiée par les ondulations du système ; dans ce cas, au lieu d'être de vraies planètes, Mercure et Vénus ne seraient plus que de simples satellites du Soleil.

Car les satellites semblent effectuer leur révolution au moyen de deux ondulations : la première serait celle ABC (fig. 62); qui partant du centre du système planétaire, cherche à les entraîner autour de ce centre ; la seconde, abcd, serait celle engendrée par la rotation de leur astre P et qui tend à les entraîner autour de ce dernier.

C'est donc dans le contraste et aux points d'intersection

S de ces deux ondulations, qu'ont lieu les changements des vitesses, ou les éléments des courbes épicycloïdes sur lesquelles les satellites vont exécuter leur révolution.

On sait que les ondulations d'un fluide ont pour but de communiquer à grande distance un mouvement curviligne à tous les corps plongés dans un milieu, et que ce mouvement ne peut s'effectuer instantanément, mais bien entre deux intervalles de temps : 1° lorsque l'onde B, atteignant les corps P, les chasse vers A au delà de la place qu'ils occupent momentanément ; 2° lorsque le fluide, dans sa tendance à l'équilibre, ramène l'onde A avec le corps vers le centre de leur départ P.

Et comme les ondulations qui se suivent les unes après les autres repoussent toujours la première onde au delà de sa place naturelle, pour la faire ensuite rétrograder, ainsi cette oscillation continuelle du fluide produit alors le va-et-vient des corps qui sont plongés dans le sillon creusé par deux ondulations consécutives.

Or, quand les ondes AA', $d\,s$ du système planétaire, qui tracent l'orbite d'un satellite S, vont se croiser avec les ondes d'un système secondaire, comme celles $a\,b\,c\,d$, engendrées par la rotation d'une planète P, ces ondes, dans leur choc, perdent peu à peu la vitesse dont elles sont animées, et cela au fur et à mesure que l'astre ou planète supérieure s'avance vers les satellites S, de sorte qu'elles finissent par devenir impuissantes et incapables d'entraîner encore les satellites dans leurs sillons.

C'est alors que les ondulations astrales a b se trouvent animées d'une vitesse toujours croissante, plus l'astre s'approche des satellites ; elles s'emparent bientôt de ces petits corps S, et les emportent autour du centre de leurs mouvements.

Mais comme l'astre, ou la planète principale, poussé par les ondes du système, s'avance vers le cercle de son orbite A'A,B'B et que les satellites par leur petite masse ne peuvent point le suivre avec la même vitesse des ondes astrales, ils se trouveront de plus en plus en arrière et sur des ondes astrales tellement affaiblies, que ces dernières *cd* seront forcées à leur tour de les céder aux ondes A'A d s du système planétaire, qui, en se croisant entre elles avec des vitesses supérieures, vont sillonner, aux satellites *d*, de nouvelles routes.

Voilà, suivant moi, comment peuvent se produire les courbes epicycloïdes sur lesquelles les satellites suivent leur planète.

Donc Mercure et Vénus seraient deux satellites du Soleil, plutôt que des planètes.

Quant à Mars, il est probable qu'en des temps très-reculés, il faisait partie du système solaire, comme troisième satellite de l'astre resplendissant, car même à présent on le voit assujetti aux ondulations de ce système astral. Pour s'en convaincre, il suffit d'examiner les mouvements de Mars dans la sphère étoilée, vers l'époque de ses oppositions.

On verra, pendant plusieurs mois avant, cette planète tourner sur une courbe abc (fig. 63) autour de l'écliptique SABC (fig. 63), la traverser en un point B, et s'approcher ainsi considérablement de la Terre T, sur une route qui serait représentée par une sorte de nœud M qui, traversant une fois encore l'écliptique, servirait comme trait-d'union à lier une autre courbe épicycloïde *d,e*, que Mars va ensuite décrire au delà de l'écliptique.

Or, cette sorte de nœud que toutes les planètes supérieures effectuent sur la sphère étoilée vers les époques de leurs oppositions, ne dépasse jamais l'écliptique du côté de la

Terre, c'est seulement les satellites comme Mercure et Vénus qui, pour tourner autour du Soleil sont censés traverser l'écliptique, en allant vers la Terre exécuter le nœud qui doit les relier avec l'épicycloïde suivant, dont se compose leur mouvement de révolution.

Ainsi s'exécutent les mouvements de révolution de tous les satellites autour de l'orbite de leur astre.

Mais alors n'est-il pas manifeste que les ondulations solaires sont la cause du détournement de Mars de sa route naturelle, en le forçant à traverser et repasser l'écliptique, comme s'il était un satellite du Soleil.

Et, pareillement aux satellites, n'exécute-t-il pas son mouvement entier de révolution sur un seul épicycloïde.

Car, si Mars parcourait entièrement son orbite, tracée par les ondulations DE du système planétaire, comme les autres planètes supérieures, il décrirait sur son orbite et non point sur l'écliptique un nombre d'épicycloïdes à peu près égal aux années solaires dont est composé le temps de sa révolution.

Ainsi, au lieu d'un seul épicycloïde, Mars devrait en décrire presque deux, puisqu'il lui faut environ deux ans pour faire un tour entier autour de la sphère étoilée.

Cependant le temps de sa révolution, étant presque le double du temps de la révolution solaire, dénoterait que Mars n'est plus maintenant un satellite lié étroitement au système ondulatoire du Soleil, car pendant 15 mois environ, on le voit parcourir une grande courbe qui constitue la plus grande partie du cercle d'ondulations planétaires, sur lequel il est transporté.

Mais aussi ce cercle est des plus excentriques du système, à cause sans doute des mouvements différents dont Mars est animé, tantôt comme planète, tantôt comme satellite,

pendant le temps de sa révolution entière autour de la force
motrice de notre système, de là, cette apparence de sa marche désordonnée dans la sphère.

Car, les perturbations et les déplacements irréguliers des
astres, sur leur orbite naturelle, sont produits par les ondulations mutuelles que chacun d'eux propage en roulant
dans l'éther, et cela en raison directe du volume et de la
vitesse de chaque corps et la distance réciproque.

C'est donc à cause du volume assez grand du Soleil, que
toutes les planètes sont forcées de sortir de leur orbite en
décrivant les courbes épicycloïdes dont l'étendue serait proportionnelle aux diverses distances du Soleil aux planètes
et qui ont lieu pendant le mouvement annuel de l'astre sur
l'écliptique.

Les perturbations, au contraire, seraient causées par les
oscillations plus ou moins sensibles qu'éprouvent les planètes en passant à côté les unes des autres avec des volumes
différents.

Ainsi l'hypothèse des ondulations se prêterait mieux que
l'hypothèse de l'attraction pour calculer à chaque instant
les déplacements ou les perturbations réciproques de toutes
les planètes.

Cependant, ne connaissant pas encore les termes de pro-
gression par lesquels les vitesses des ondes éthérées s'affai-
blissent en s'éloignant du centre moteur, nous ne pouvons
pas non plus avoir la valeur réelle des forces agissant sur les
astres, en raison du volume et de la pesanteur spécifique de
chacun d'eux.

Donc, privés de ces notions fondamentales, il nous sera
extrêmement difficile, pour ne pas dire impossible, de parvenir à connaître la distance exacte qui nous sépare des
corps célestes, et leurs véritables mouvements épicycloïdes,
c'est-à-dire le vrai mécanisme de la sphère céleste.

Dans ce cas, ne serait-ce pas ici le lieu où, comme mot de la fin, cadreraient assez bien les vers que Népomucène Lemercier, dans sa Panhypocrisiade, fait dire à la Terre à l'adresse de Copernic :

> A quoi bon t'enquérir, pour guider ton ménage,
> Si le Soleil ou moi nous faisons un voyage ?

Pl. XII. à la fin.

Fig. 58

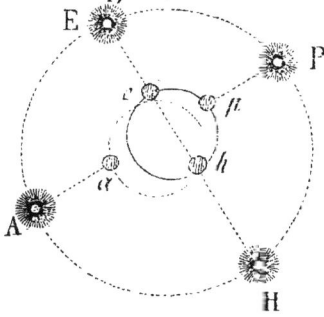

Fig. 59

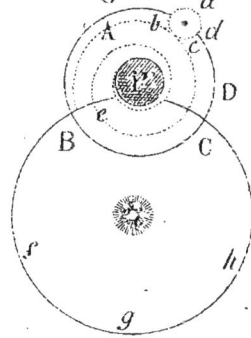

Fig. 60

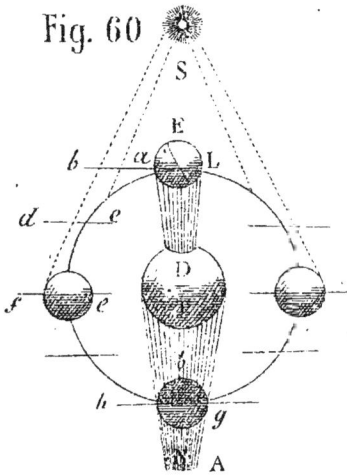

Fig. 61

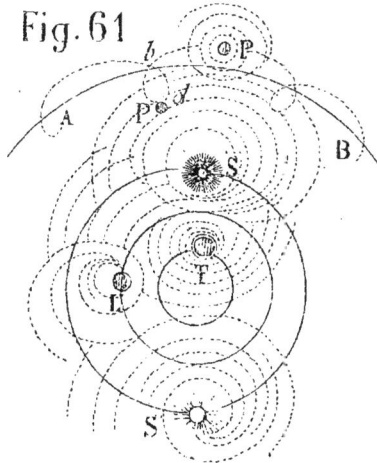

Fig. 62

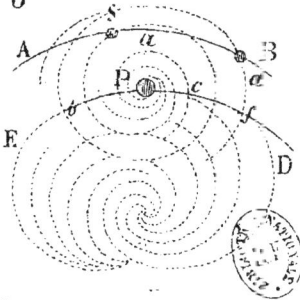

Fig. 63

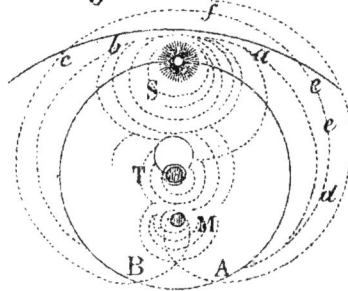

Imp. Lagier-Fornery, Avignon.